气-固两相流旋转耦合场制备Si_3N_4颗粒混合过程流场分析

余冬玲 张小辉 吴南星 著

吉林大学出版社
长春

图书在版编目(CIP)数据

气-固两相流旋转耦合场制备 Si_3N_4 颗粒混合过程流场分析 / 余冬玲,张小辉,吴南星著. --长春:吉林大学出版社,2020.9

ISBN 978-7-5692-7098-3

Ⅰ. ①气… Ⅱ. ①余… ②张… ③吴… Ⅲ. ①氮化硅陶瓷—制备 Ⅳ. ①TQ174.75

中国版本图书馆 CIP 数据核字(2020)第 177224 号

书　　名　气-固两相流旋转耦合场制备 Si_3N_4 颗粒混合过程流场分析
　　　　　QI-GU LIANGXIANGLIU XUANZHUAN OUHECHANG ZHIBEI Si_3N_4 KELI HUNHE GUOCHENG LIUCHANG FENXI

作　　者　余冬玲　张小辉　吴南星　著
策划编辑　吴亚杰
责任编辑　刘守秀
责任校对　周　鑫
装帧设计　王　茜
出版发行　吉林大学出版社
社　　址　长春市人民大街 4059 号
邮政编码　130021
发行电话　0431－89580028/29/21
网　　址　http://www.jlup.com.cn
电子邮箱　jdcbs@jlu.edu.cn
印　　刷　香河县宏润印刷有限公司
开　　本　787mm×1092mm　1/16
印　　张　14.5
字　　数　260 千字
版　　次　2021 年 9 月　第 1 版
印　　次　2021 年 9 月　第 1 次
书　　号　ISBN 978-7-5692-7098-3
定　　价　65.00 元

前　言

Si_3N_4 陶瓷具有良好的抗氧化性、耐磨性、高导热性、抗热震性、耐碱侵蚀性、低电导率、抗熔融冰晶石润湿性等优点，在航天航海、武器装备、核工程等领域具有广泛的应用前景。然而，当前工艺制备的 Si_3N_4 颗粒性能存在颗粒组分不均、颗粒级配小、颗粒压缩率小的问题，导致热等静压成型烧结的 Si_3N_4 陶瓷断裂韧性差、抗弯强度小、致密度低等缺陷。针对 Si_3N_4 颗粒性能存在的问题，专家学者进行了一系列制备工艺研究，其中，代表性的有机械混合工艺、气相热解工艺、聚合物先驱体工艺、碳热还原工艺和溶胶凝胶工艺。这些工艺仅仅在一定程度上改善了 Si_3N_4 颗粒性能，但都未能很好地解决存在的问题。主要原因是未从颗粒成型工艺原理层面解析 Si_3N_4 颗粒性能与成型工艺参数之间的内在关联性，而成型工艺对于 Si_3N_4 颗粒性能有重要的影响。因此，剖析 Si_3N_4 颗粒成型工艺原理与颗粒性能之间本质的关联性，是改善 Si_3N_4 颗粒性能的基础。

本专著深入地分析了气-固两相流旋转耦合场制备 Si_3N_4 颗粒混合过程流场特性，分析了轴-径组合结构、底-壁组合结构与 Si_3N_4 颗粒混合过程之间的内在关联性。第 1 章阐述了 Si_3N_4 陶瓷、粉体的制备技术背景，结合 Si_3N_4 粉体的工艺问题，提出气-固两相流旋转耦合场制备 Si_3N_4 颗粒新方法、新工艺；第 2 章结合计算流体力学理论基础，建立气-固两相流气体-Si_3N_4 粉体欧拉-欧拉数学模型，修正 RNG k-ε 离散模型分析 Si_3N_4 粉体混合过程旋转耦合场内部湍流现象，数值求解 Si_3N_4 粉体混合过程旋转耦合室内 Si_3N_4 粉体运动特性。第 3 章为改善气-固两相流旋转耦合室内存在径向流强、轴向流弱的缺陷，旋转耦合室中上层引入轴向结构形成轴-径组合结构并对轴向结构进行结构设计。第 4 章分析不同空间参数轴-径组合结构对气-固两相流旋转耦合场的影响规律，通过云图分析 Si_3N_4 粉体混合过程中涡环受不同离底距与层间距的影响特性，确定最佳轴-径组合结构空间参数。第 5 章结合结构参数与空间参数的研究基础，分析几何参数对气-固两相流旋转耦合室内 Si_3N_4 粉体混合特征的影响。第 6 章 Si_3N_4 粉体颗粒性能分析，基于实验结果与数值分析结果进行对比，验证数值分析的正确性。第 7 章总述轴-径组合结构在不同结构参数、空间参数与几何参数下对气-固两相流旋转耦合场制备 Si_3N_4 颗粒的性能的影响。第 8 章进一步阐述了 Si_3N_4 陶瓷、粉体的制备技术背景，提出了气-固两相流旋转耦合场制备 Si_3N_4 颗粒混合流场与底-壁组合结构的内在关联性。第 9 章建立气-固两相流旋转耦合场制备 Si_3N_4 粉体混合过程的数理模型基础，分析旋转内流场状态。第 10 章分析底-壁组合结构设计与气-固两相流旋转耦合场制备 Si_3N_4 颗粒对制粒室混合流场的影响。第 11 章分析底-壁组合结构几何参数与气-固两相流旋转耦合场制备 Si_3N_4 颗粒混合流场的影响。第 12 章分析底-壁组合结构空间参数与气-固两相流旋转耦合场制备 Si_3N_4 颗粒混合流场的影响。第 13 章总述底-壁组合结构在不同结构参数、空间参数与几何参数下对气-固两相流旋转耦合场制备 Si_3N_4 颗粒的性能的影响。

本专著来源于作者主持的课题研究成果，有以下课题组老师及硕士研究生参与了本专著的研究工作，其中课题组老师有吴南星、廖达海、汪伟、江竹亭、方长福，硕士研究生有张小辉、邓立钧、段桃、郑琦、朱祚祥、宁翔、方永振、花拥斌等。专著的成果基于以上成员的智慧和辛勤劳作，在此致以诚挚的谢意。

人生有限，智慧无穷，随着 Si_3N_4 粉体制备技术不断发展，气-固两相流旋转耦合场制备 Si_3N_4 颗粒研究成果将日益丰富，本专著由于作者的研究水平及时间有限，可能一叶障目，有不当之处，还恳请读者指正。

余冬玲
景德镇陶瓷大学
2020 年 06 月

目　录

上篇　气-固两相流旋转耦合场制备 Si_3N_4 颗粒混合过程分析——轴-径组合结构

下篇 气-固两相流旋转耦合场制备 Si_3N_4 颗粒混合过程数值分析——底-壁组合结构

上篇　气-固两相流旋转耦合场制备 Si_3N_4 颗粒混合过程分析——轴-径组合结构

第1章　概　论

1.1　著作来源

本课题来源于国家自然科学基金项目“基于 CFD-DEM 耦合方法的 Si_3N_4 粉体干法制备机理研究”(项目编号:51964022)。该课题的研究具有非常好的工程应用前景,能够揭示制备 Si_3N_4 颗粒的粉体成型规律,对制备节能环保、高品质的 Si_3N_4 颗粒具有一定的理论指导意义。

1.2　课题研究背景

轴承滚子是工业机械领域的关键部件,其性能优劣直接影响装备的精度、寿命、极限转速等重要指标[1]。Si_3N_4 陶瓷材料具有优异的力学性能、化学性能和独特的自润滑性能,适用于高温、高速、腐蚀性介质等许多金属材料无法适应的特殊场合[2]。采用 Si_3N_4 陶瓷材料制备的轴承滚子适应性广泛且与钢制滚道静摩擦系数小,不易烧伤滚道和发生冷焊,能显著延长使用寿命。但相比金属轴承滚子存在脆性大和断裂韧性低的缺点,改善其脆性和断裂韧性[3]一直是研究重点。Si_3N_4 陶瓷粉料是制备 Si_3N_4 陶瓷轴承滚子的关键原料,粉料的处理方式对成品质量影响巨大[4]。目前沿用的球磨-喷雾湿法造粒制粉技术[5,6]存在工艺复杂、颗粒粒径分布不合理等问题,干法造粒制粉技术[7,8]能很好地解决这个问题并得到行业青睐。Si_3N_4 粉体与分散剂、添加剂、烧结助剂等混合形成 Si_3N_4 粉体颗粒,压制成型后通过热等静压烧结技术制备 Si_3N_4 陶瓷轴承滚子。采用干法造粒制粉技术制备的 Si_3N_4 粉体颗粒存在级配不易控制、流动性差、组分不均等问题，影响后续的压制与烧结工艺。组分均匀性[9]是影响脆性和韧性的重要因素，混合均匀性是影响组分均匀性的关键步骤。因此，近年来研究干法制备 Si_3N_4 粉体颗粒的混合过程以提高组分均匀性是相关研究人员攻关的重要方向。

1.3 Si_3N_4 材料的结构与性能

1.3.1 Si_3N_4 材料的结构

Si_3N_4 材料是由 N 与 Si 元素人工合成的共价键化合物。由图 1-1 Si_3N_4 材料的分类可知，Si_3N_4 材料有晶体与非晶体之分，非晶 Si_3N_4 材料即无定形 Si_3N_4 材料，晶体 Si_3N_4 材料分为四方 Si_3N_4 晶系、六方 Si_3N_4 晶系、立方 Si_3N_4 晶系。六方 Si_3N_4 晶系主要分为 α-Si_3N_4，β-Si_3N_4。

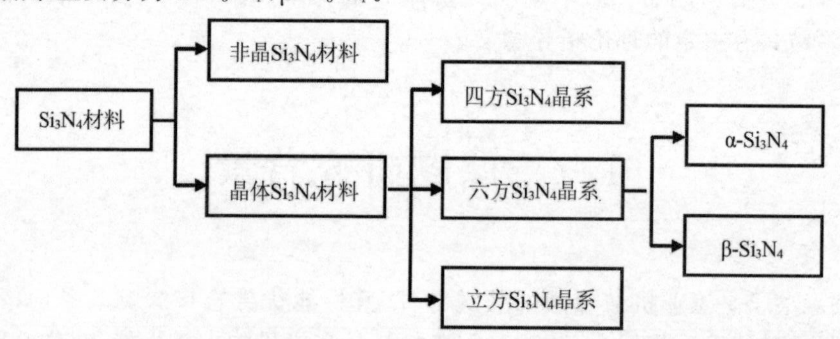

图 1-1 Si_3N_4 材料的分类

Fig. 1-1 Classification of Si_3N_4 materials

目前制备 Si_3N_4 陶瓷的 α-Si_3N_4 与 β-Si_3N_4 均属六方晶系。不同晶型的 Si_3N_4 外观有所不同，α-Si_3N_4 表面呈颗粒状，多为白色或灰白色，是亚稳态的低温相。β-Si_3N_4 表面呈长柱状，颜色相对较深，是稳定的高温相。α-Si_3N_4 比 β-Si_3N_4 具有更高的自由能，稳定性相对较低。α-Si_3N_4 在 1 400～1 600℃可以转变为 β-Si_3N_4，α 相到 β 相的转变不可逆。

1.3.2　Si_3N_4 材料的性能

(1)物理性能

Si_3N_4 的理论密度约为3.19g/cm^3,常温下没有熔点,在常压高温1 877℃时直接分解为液态硅与氮气。Si_3N_4 导热系数大,约为18.4W(m・K),热膨胀系数低,约为2.35×10^{-6}/K,仅为 Al_2O_3 的1/3,高温性能好,硬度高,具有优良的抗热震性与热疲劳性。

(2)化学性能

Si_3N_4 的化学性能稳定,除氢氟酸与浓氢氧化钠外,几乎能耐受所有无机酸和一些碱溶液、熔融碱和盐的腐蚀。Si_3N_4 具有很好的抗氧化性,抗氧化温度高达1 400℃,在中性或还原气氛中可达1 800℃。在潮湿空气200℃或干燥空气800℃下,表面 Si_3N_4 能与 O_2 反应,生成 SiO_2 表层保护氧化膜,阻止继续氧化。

(3)机械性能

Si_3N_4 莫氏硬度≥9,具有较好的耐磨性与自润滑性。Si_3N_4 产生自润滑的原因在于压力作用下摩擦面的 Si_3N_4 发生微量分解形成气薄膜层,从而减小摩擦阻力。Si_3N_4 相比其他材料具有更好的机械性能,由表1-1 Si_3N_4 与其他材料机械性能对比可知,热压烧结法制备 Si_3N_4 的机械性能普遍优于反应烧结法。热压烧结法制备 Si_3N_4 的弹性模量(28.44×10^4 MPa)、抗弯强度(549～686 MPa)远高于其他材料,抗拉强度(514.8 MPa)仅次于45#钢,抗压强度(588～980 MPa)、泊松比(0.290)仅次于氧化锆陶瓷与灰铸铁。

表1-1　Si_3N_4 与其他材料机械性能对比

Tab. 1-1　Comparision of mechanical properties between Si_3N_4 and other materials

材料名称	弹性模量 ×10^4/MPa	抗拉强度 /MPa	抗弯强度 /MPa	抗压强度 /MPa	泊松比
反应烧结 Si_3N_4	1.471～21.57	98.1～142.2	117.6	204.8	0.288
热压烧结 Si_3N_4	28.44	514.8	549～686	588～980	0.290
氧化铝陶瓷	3.63	185～205	343.2	1 176～2 843	0.320
热压氮化硼	3.43～8.24	49～107	39.2～78.5	235～314	—
碳化硅陶瓷	11.28～14.22	24.5～29.4	152	220～558	—
石英玻璃	6.08～7.06	22.7～72	39.2～43.6	392～783	0.170

续表

材料名称	弹性模量 ×10⁴/MPa	抗拉强度 /MPa	抗弯强度 /MPa	抗压强度 /MPa	泊松比
氧化锆陶瓷	18.63	137.3	—	2 059.2	0.360
石墨	0.69	8.8～11.8	14.6～24.7	34.2～78.7	—
灰铸铁	11.27～15.69	98.1～313	245～528	490～1 176	0.23～0.27
45＃钢	19.61～20.59	529～637	—	264～352	0.24～0.28

1.4 Si_3N_4 粉体制备方法与 Si_3N_4 陶瓷制备方法

1.4.1 Si_3N_4 粉体制备方法

Si_3N_4 粉体是制备 Si_3N_4 陶瓷轴承滚子必需的原料，其质量好坏对最终成品有重要影响。研究表明，高质量的 Si_3N_4 粉体[10]一般有粉体超微化、纯度高、比表面积高和粒度分布均匀等要求。目前制备 Si_3N_4 粉体主要分为固相反应法、气相反应法与液相反应法。

1)固相反应法

固相反应法是指固相间反应制取固态化合物或固溶体粉料的方法。反应原理如下：在固体状态下，不同原料接触混合，原子、离子通过缓慢的扩散、靠近然后穿过体积内部发生反应。固相反应法制备 Si_3N_4 粉体主要分为硅粉直接氮化法与自蔓延高温合成法。

(1)硅粉直接氮化法

原料选用块状硅，由图 1-2 硅粉直接氮化法制备 Si_3N_4 粉体工艺流程图可知，块状硅经球磨后往气氛炉中通 N_2，在 1 400℃以上发生反应[11]得到 Si_3N_4 块，再次球磨得到 Si_3N_4 细粉。这种方法最为常用，工艺简单，成本低，适合大规模生产，早在 1960 年就用此法生产耐火级的 Si_3N_4 粉体。但该法存在一定的缺点，它需要 1 400℃以上的高温，反应时间长，产物易结块需球磨粉碎，在粉碎的过程中易混入杂质。

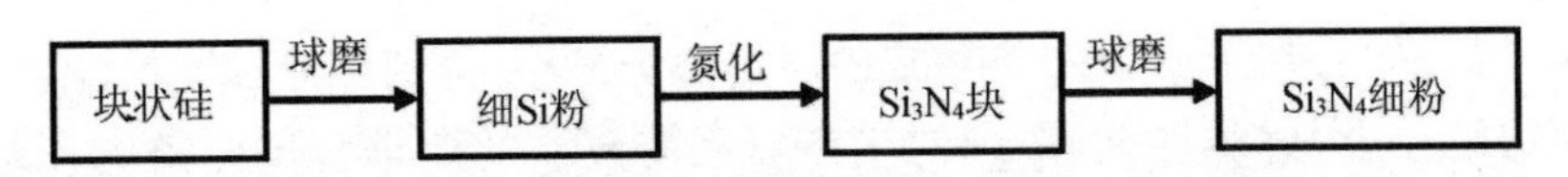

图 1-2 硅粉直接氮化法制备 Si_3N_4 粉体工艺流程图

Fig. 1-2 Process flow chart of Si_3N_4 powder prepared by silicon powder direct nitriding

(2)自蔓延高温合成法

自蔓延高温合成法[12]又称燃烧合成法，由图 1-3 自蔓延高温合成法制备 Si_3N_4 粉体工艺流程图可知，块状硅经球磨成细 Si 粉，往反应炉中通 N_2，点燃反应物，反应物一旦被引燃，将会利用自身释放出来的能量不断地自发向前扩展，直至完全反应，最终得到 Si_3N_4 块，再次球磨得到 Si_3N_4 细粉。这种方法耗时短，得到的产物纯度高，无污染，但反应过程不易控制且产物中 β 相含量高。

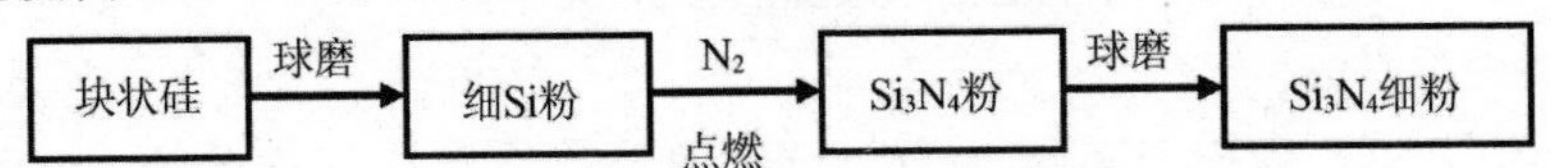

图 1-3 自蔓延高温合成法制备 Si_3N_4 粉体工艺流程图

Fig. 1-3 Process flow chart of Si_3N_4 powder prepared by self propagating high temperature synthesis

2)气相反应法

气相反应法是指直接利用气体或将物质制备成气体，使之在气体状态下发生物理或化学反应，在冷却过程中凝聚长大形成微粒的超细粉体制备方法。气相反应法制备 Si_3N_4 粉体主要分为高温气相反应法、热分解法与碳热还原法。

(1)高温气相反应法

原料选用 $SiCl_4$ 之类的硅卤化物或 SiH_4 之类的硅氢化物，由图 1-4 高温气相反应法制备 Si_3N_4 粉体工艺流程图可知，氮源选用 NH_3，用激光或等离子技术提供热源，高温下发生气态反应[13]生成 Si_3N_4 粉体。这种方法可制备高纯度、超细 Si_3N_4 粉体，但生产成本高、产率低、量产难。

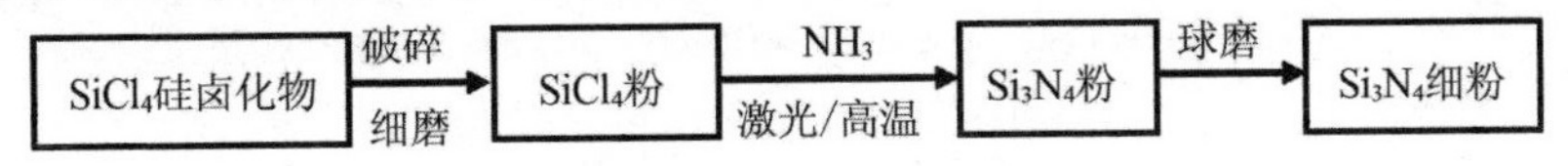

图 1-4 高温气相反应法制备 Si_3N_4 粉体工艺流程图

Fig. 1-4 Process flow chart of Si_3N_4 powder prepared by high temperature gas phase reaction method

(2)热分解法

原料选用液相 $SiCl_4$ 与 NH_3 气体，由图 1-5 热分解法制备 Si_3N_4 粉体工艺流程图可知，液相 $SiCl_4$ 与 NH_3 气体在低温下发生界面反应后生成固相的 $Si(NH_2)$

或 $Si(NH_2)_4$，然后在 1 400～1 600℃的高温下分解[14]得到纯 Si_3N_4 粉体。该法产物纯度高，粒径小，烧结性能好，但对生产设备有较高的要求且反应条件较苛刻，花费高。

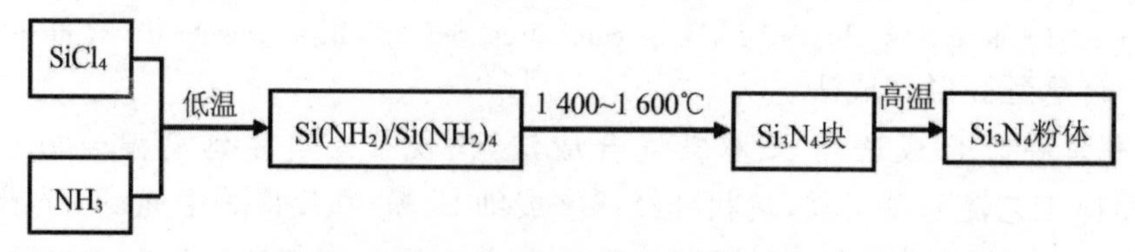

图 1-5　热分解法制备 Si_3N_4 粉体工艺流程图

Fig. 1-5　Process flow chart of Si_3N_4 powder prepared by thermal decomposition method

(3)碳热还原法

原料选用 SiO_2 微粉和碳粉，由图 1-6 碳热还原反应法制备 Si_3N_4 粉体工艺流程图可知，两者混合后在 N_2 气氛下发生碳热还原反应[15]，首先 C 与 SiO_2 反应生成气态 SiC，再与 N_2 反应生成 Si_3N_4。该法同样工艺简单，原料价格低廉，粒径分布均匀且 α-Si_3N_4 含量高，高含量的 α 相可以提高烧结后的抗弯强度，但 SiO_2 不易还原氮化会使制备得到的 Si_3N_4 粉体中存在少量的 SiO_2 杂质，Si_3N_4 粉体纯度低。

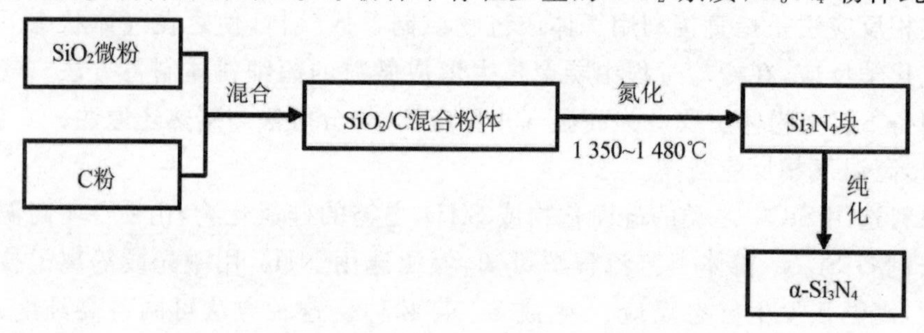

图 1-6　碳热还原氮化法制备 Si_3N_4 粉体工艺流程图

Fig. 1-6　Process flow chart of Si_3N_4 powder preparation by carbothermal reduction nitriding

3)液相反应法

液相反应法是指溶液反应获得均相溶液，除去溶剂后得到所需粉末的前驱体，经热解得到细小粉末的制粉方法。液相反应法制备 Si_3N_4 粉体主要为溶胶凝胶法。

溶胶凝胶法：

原料选用粒径较大的 SiO_2 粉体，由图 1-7 溶胶凝胶法制备 Si_3N_4 粉体工艺流程图可知，SiO_2 粉体经过破碎细磨等前处理工序后，溶于溶剂中形成均匀的溶液，溶质与溶剂水解生成 1nm 左右的粒子并组成溶胶，蒸发干燥后成凝胶[16]，最后通过烧结得到纳米级的 Si_3N_4 粉体。

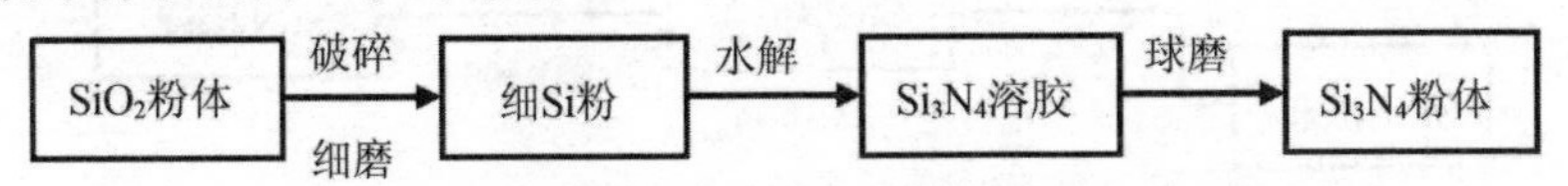

图 1-7　溶胶凝胶法制备 Si_3N_4 粉体工艺流程图

Fig. 1-7　Process flow chart of Si_3N_4 powder preparation by sol gel method

1.4.2　Si_3N_4 陶瓷制备方法

Si_3N_4 陶瓷是一种强共价键化合物，烧结致密化是制备 Si_3N_4 陶瓷的第一步。目前制备 Si_3N_4 陶瓷的烧结方法主要分为反应烧结法、热压烧结法、气压烧结法、热等静压烧结法等。

(1)反应烧结法

反应烧结法[17]是最早制备 Si_3N_4 陶瓷的方法，主要用于耐火 Si_3N_4 陶瓷的制备。由图 1-8 反应烧结法制备 Si_3N_4 陶瓷工艺流程图可知，Si 粉与 Si_3N_4 粉的混合粉末压制成所需形状，在 1 200℃的氮化炉中预氮化，此时的样品具有一定的强度，下一步进行机械加工得到所需零件，最后在 1 400℃以上再次烧结得到 Si_3N_4 陶瓷制品，此时制得的 Si_3N_4 陶瓷制品与第一次烧结后相比尺寸有所减小。此法收缩率低，适用于制备形状复杂、尺寸精确的零件且成本低，但烧结后样品致密性不够、强度较低。

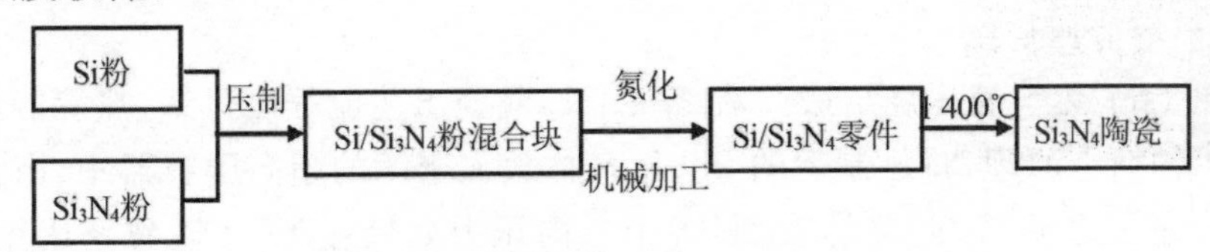

图 1-8　反应烧结法制备 Si_3N_4 陶瓷工艺流程图

Fig. 1-8　Process flow diagram of Si_3N_4 ceramics prepared by reaction sintering

(2)热压烧结法

由图 1-9 热压烧结法[18]制备 Si_3N_4 陶瓷工艺流程图可知，热压烧结法是将 Si_3N_4 粉末与烧结助剂(MgO，Al_2O_3，CeO_2 等)在一定压强以上与 1 600℃以上的温度下进行烧结。在烧结过程中，从单轴方向边加压边加热，成型与烧结同时完成，可加速重排与致密化。此法优点在于制得的 Si_3N_4 陶瓷制品强度高、密度大且制备周期短，但成本高，烧结设备复杂，难以制备形状复杂的 Si_3N_4 陶瓷制品，同时在烧结过程中单轴加压导致 Si_3N_4 陶瓷制品存在各向异性。

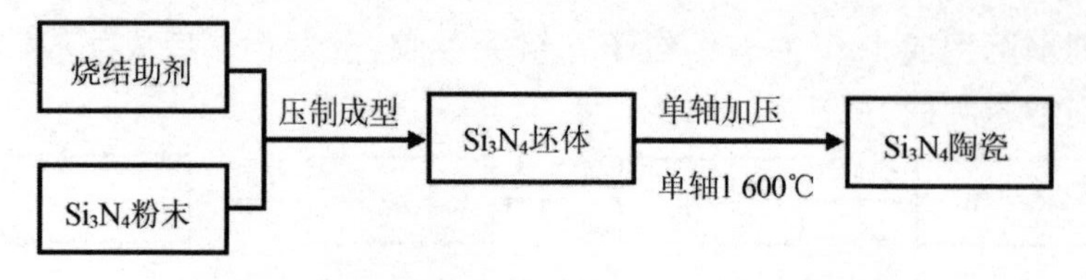

图 1-9 热压烧结法制备 Si_3N_4 陶瓷工艺流程图

Fig. 1-9 Process flow diagram of Si_3N_4 ceramics prepared by hot pressing sintering

(3)气压烧结法

由图 1-10 气压烧结法[19]制备 Si_3N_4 陶瓷工艺流程图可知，压强控制在 1～10MPa 下，温度控制在 2 000℃左右，通过提高 N_2 压强抑制 Si_3N_4 高温分解问题，同时添加少量烧结助剂促进 Si_3N_4 晶粒生长，最终得到长柱状晶粒的 Si_3N_4 陶瓷，其致密度大且强度高。此法发展前景广阔，生产成本较低且适合大规模生产，烧成温度略高于其他烧结方法，能够获得致密度高、强度高且耐磨性好的 Si_3N_4 陶瓷制品，但存在工艺条件相对难控制的缺点。

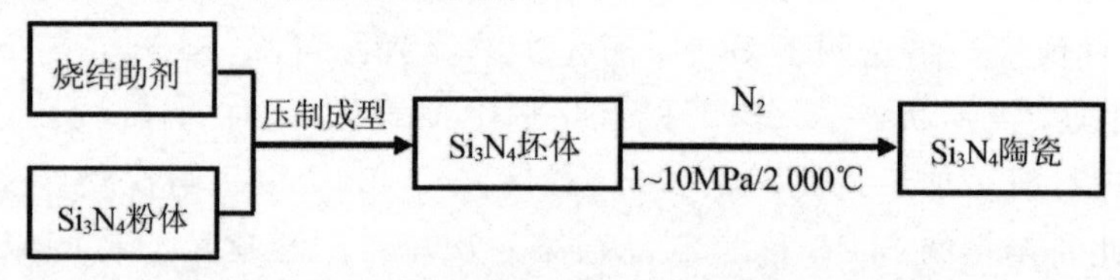

图 1-10 气压烧结法制备 Si_3N_4 陶瓷工艺流程图

Fig. 1-10 Process flow diagram of Si_3N_4 ceramics prepared by air pressure sintering

(4)热等静压烧结法

由图 1-11 热等静压烧结法[20]制备 Si_3N_4 陶瓷工艺流程图可知，热等静压烧结法是应用帕斯卡原理，将压制后的 Si_3N_4 坯体放入密闭的超高压容器中，由惰性气体均匀传递压力于 Si_3N_4 坯体表面，各个方向压力处处相等，实现致密固结、浸渍碳化、扩散连接，提高 Si_3N_4 制品密度、屈服强度与疲劳性能等。该法制得的 Si_3N_4 陶瓷制品受热均匀、密度分布均一，但工艺复杂且制备成本高昂。

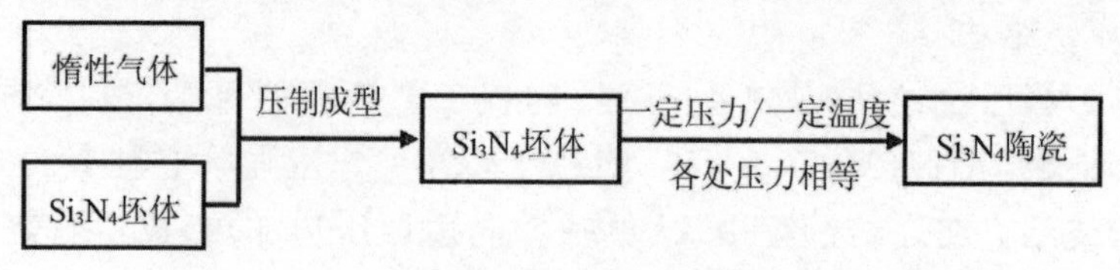

图 1-11 热等静压法制备 Si_3N_4 陶瓷工艺流程图

Fig. 1-11 Process flow diagram of Si_3N_4 ceramics prepared by hot isostatic pressure method

1.5　Si_3N_4 陶瓷研究现状

尽管 Si_3N_4 陶瓷力学性能、化学性能和自润滑性能优异，但其脆性大与断裂韧性低的缺陷在很大程度上限制了它的实际应用。Si_3N_4 内部缺少滑移系统，在外力的作用下易产生裂纹源，裂纹源的快速蔓延表现为脆性断裂[21,22]，通过一些传统的增韧方式[23]能缓解这种现象。自韧是近几年发展起来的一种能够有效提高 Si_3N_4 陶瓷断裂韧性的新工艺，其实质是通过合理的成分设计和工艺参数优化，使 Si_3N_4 陶瓷在原位形成合理长径比、直径的晶粒，从而起到类似晶须的补强增韧作用。

近年来改善和提高 Si_3N_4 陶瓷的韧性和脆性成为研究者关注的焦点。Lange 等[24]研究了 Si_3N_4 陶瓷的强度、断裂韧性和微观结构的关系，发现长柱状 β-Si_3N_4 晶粒能改善和提高抗弯强度和断裂韧性。Tani 等[25]利用 GPS 方法制备 Y-Al 系自韧 Si_3N_4 陶瓷，其抗弯强度达到 550～900MPa，断裂韧性达到 8～11MPa · $m^{1/2}$；Pyzik 等[26]利用热压的方法制备 Y-Mg-Ca 系自韧 Si_3N_4 陶瓷，其抗弯强度提高到 1 250 MPa，断裂韧性提高到 8～14 MPa · $m^{1/2}$；罗学涛等[27]研究发现加入 10％的 Si_3N_4 晶种时，采用热压法制备 Y-La 系自韧 Si_3N_4 陶瓷，抗弯强度达到 887～1 004MPa，断裂韧性达到 8.43～11.2 MPa · $m^{1/2}$。最近研究表明，通过控制 β-Si_3N_4 晶粒尺寸也能提高 Si_3N_4 陶瓷的耐磨性能、冲击性能和热传导性能等。我国对 Si_3N_4 陶瓷的研究始于 20 世纪 80 年代初期，起步相对较晚。Si_3N_4 陶瓷的发展已经取得了一定成果，但目前仍存在一些问题：高温强度问题、补强增韧机理问题、微观结构与力学性能问题等。

在采用干法造粒制粉技术制备 Si_3N_4 陶瓷过程中，需将高纯度的 Si_3N_4 粉体与添加剂、分散剂、烧结助剂等充分混合使其具有理想的形状、大小与合理的粒径分布[28,29]。混合效果不佳将大大影响 Si_3N_4 粉体颗粒的均匀度与流动性，影响坯体性与烧结后 Si_3N_4 陶瓷的韧性和脆性。

1.6 研究内容及意义

1.6.1 研究内容

(1)制备 Si_3N_4 颗粒的粉体混合过程数值分析理论基础。结合计算流体力学理论相关知识,建立气-固两相流气体-Si_3N_4 粉体欧拉-欧拉数学模型,修正 RNG k-ε离散模型分析 Si_3N_4 粉体混合过程旋转耦合场内部湍流现象,数值求解 Si_3N_4 粉体混合过程旋转耦合室内 Si_3N_4 粉体体积分布与速度场。

(2)轴-径组合结构设计对制备 Si_3N_4 颗粒的粉体混合效果数值分析。为改善铰刀式径向结构下气-固两相流旋转耦合室内存在径向流强、轴向流弱的缺陷,旋转耦合室中上层加装轴向结构形成轴-径组合结构并对轴向结构进行结构设计。对比不同轴-径组合结构旋转耦合室内 Si_3N_4 粉体速度场与体积分布,分析四种不同轴向结构对旋转耦合场的影响特性,确定最佳轴-径组合结构。

(3)轴-径组合结构空间参数对制备 Si_3N_4 颗粒的粉体混合效果数值分析。在完成结构设计基础上,分析不同空间参数轴-径组合结构对多相流旋转耦合场的影响规律。通过云图分析 Si_3N_4 粉体混合过程中涡环受不同离底距与层间距的影响特性,根据其影响特性确定最佳轴-径组合结构空间参数。

(4)轴-径组合结构几何参数对制备 Si_3N_4 颗粒的粉体混合效果数值分析。根据上述选定结构参数与空间参数,应用控制变量法确定轴-径组合结构几何参数。即当结构参数与空间参数均确定时,分析几何参数对旋转耦合室内 Si_3N_4 粉体混合效果的影响,通过云图变化寻找影响规律。

(5) 多相流旋转耦合场制备 Si_3N_4 粉体颗粒性能分析。利用 SEM 扫描电镜(Korea COXEM EM-30AX)对铰刀式径向结构旋转耦合室与经过上述步骤确定的传统开启涡轮式轴-径组合结构旋转耦合室内所制 Si_3N_4 粉体颗粒微观形貌进行观察分析,通过智能粉体测试仪(丹东百特 BT-1001)计算所制 Si_3N_4 粉体颗粒的流动性指数。将上述实验结果与数值分析结果进行对比,侧面验证数值分析的正确性。

1.6.2 研究意义

(1)针对现有多相流旋转耦合场径向流强、轴向流弱的缺陷,提出在中上层加装轴向结构形成轴-径组合结构的方法，分析其结构参数、空间参数与几何参数对旋转耦合场的影响规律，对 Si_3N_4 粉体颗粒存在的级配不佳、流动性差及组分不均等问题进行改善。

(2)利用SEM扫描电镜、筛网、智能粉体测试仪等仪器对数值模拟结果侧面验证，确认所建模型和数值分析的正确性，一定程度上改善了 Si_3N_4 粉体混合效果不佳导致经压制、烧结等工艺后 Si_3N_4 陶瓷轴承滚子脆性大与断裂韧性低的问题，所得结论对旋转耦合室内轴-径组合结构制备高性能 Si_3N_4 陶瓷轴承滚子有一定的参考价值。

第2章　气-固两相流旋转耦合场制备 Si_3N_4 颗粒混合过程数值分析基础

2.1　引　言

本节内容主要对旋转耦合场数值模拟研究基础、气-固两相流理论、湍流模型、轴向结构与径向结构旋转耦合场混合特性、数学模型进行阐述，分析各类模型适用范围。上述理论的建立是分析旋转耦合场的基础知识，理论完善程度直接影响数值模拟结果的正确性与准确性。

2.2　湍流模型分析

流体的运动状态一般分为层流、过渡流与湍流，最直接的判断方法就是流体运动速度。速度较小时，流体与流体之间界限清晰且在各自的区域内分层流动，这种流动状态称为层流；速度继续增大，流体界限呈现波浪状，此时称为过渡流。速度很大时，流体与流体之间的界限开始模糊且开始有旋涡出现，运动极其不规则、不稳定且尺度范围大，这种流动状态最为复杂，称为湍流。在计算流体力学中，湍流的比例最大。在数学上，一般采用雷诺数(Re)来量化流体从层流到湍流的变化程度，具体的计算公式如下：

$$Re = \rho ND^2/60\mu \tag{2-1}$$

式中，ρ——密度；

N——旋转主轴转速；

μ——动力黏性系数；

D——轴向结构或径向结构直径。

雷诺数小表明流体与流体之间黏性力大。雷诺数大表明流体之间受惯性影响小。当雷诺数小于 2 000 时，表现为层流。当雷诺数在 2 000～4 000 之间时，表现为过渡流。当雷诺数大于 4 000 时，表现为湍流。本书中 $Re>4\ 000$，故旋转耦合场呈现湍流状态。

在数值计算中，湍流模型是以雷诺平均运动方程[30]与脉动运动方程为基础，对一系列模型进行假设，通过理论推导并与实际经验相结合，最终得到的一组表达湍流平均量的封闭方程组。由于湍流运动极不规则、不稳定且尺度范围大，故无法精确描述，主要是半经验公式。常用的湍流模型[31,32]有 k-ε 模型、k-ω 模型、Spalart-Allmaras 模型和雷诺应力模型。k-ε 模型分为 Standard k-ε 模型、RNG k-ε 模型与 Realizable k-ε 模型。Standard k-ε 模型是一种理想化的半经验公式。RNG k-ε 模型考虑到湍流旋涡并在 ε 方程中增加了一个约束条件，不仅有效提高了计算的精度和可信度，而且增加了适用的雷诺数范围。Realizable k-ε 模型应用范围更广但不适用于高速旋转运动的计算。本文主要涉及旋转运动计算，故相比之下 RNG k-ε 模型更适合。k-ω 模型分为 Standard k-ω 模型和 SST k-ω 模型，但其主要应用于剪切流与 Re 较低时。雷诺应力模型是制作最为精细的模型，对计算机的要求高且花费时间较长。Spalart-Allmaras 模型主要针对航空领域。

综合考虑以上湍流模型，本书所用的气-固两相流旋转耦合室中主要涉及旋转与涡流，故选用 RNG k-ε 模型。

2.3　气-固两相流分析

气-固两相流理论[33]是研究两种不同物态、不同组分的物质共存并具有明显分界面的两相流体流动力学、传热传质学和热力学以及相关的科学共性问题。物理上，物质的相分为气相、液相和固相。两相流是指存在变动分界面的两种独立物质组成的物体流动。流动形态除了按单相流那样区分为层流、过渡流和湍流外，还可按照两相相对含量、相界面的分布特性和流场几何条件等划分。本书中所用到的 Si_3N_4 粉体在高速旋转的流场下其运动特性与流体相似，故看成拟流体。空气看成气相，Si_3N_4 粉体看作固相。故本书所研究的旋转耦合场的模型看作气-固两相流模型。

两相流的理论分析比单相流复杂得多，通用的两相流微分方程至今仍未建立，目前所采用的都是其简化模型。描述两相流通常有两种方法：欧拉-拉格朗日法与欧拉-欧拉法。

欧拉-拉格朗日法[34]注重于离散相中每一个流动质点运动全过程，本书所研究多相流旋转耦合场制备 Si_3N_4 颗粒的粉体混合过程，故在此不做详述。

欧拉-欧拉法[35,36]中两相流模型分为 VOF 模型、混合模型与欧拉-欧拉模型。VOF 模型主要应用于两相无交叉情形且两相之间速度差较大时，其运算准确性不高。混合模型采用混合特性参数方程描述两相流场，可以应用于速度不同的两相流。虽然相比欧拉-欧拉模型有所简化，但界面特性表达不完全、处理扩散特性难度较高，运算的准确性下降。欧拉-欧拉模型中相同相之间与两相之间均设置交换系数，通过耦合来求解计算。本书所研究的混合过程中 Si_3N_4 粉体与 Si_3N_4 粉体有相互作用，同时 Si_3N_4 粉体与空气也有相互作用，选用欧拉-欧拉模型最为合适。

2.4 轴向结构、径向结构旋转耦合场混合特性

旋转耦合设备是工业生产领域中的重要工具，主要用于产生均匀组成、促进化学反应或物理过程及改变物相关系。轴、径向结构是旋转耦合设备中重要部件之一。在旋转耦合过程中，传动装置带动轴、径向结构，以此实现将机械能传递给旋转耦合室内流体，促使流体强制对流，在强制扩散过程中完成混合过程。轴、径向结构旋转一方面对流体具有直接剪切作用，使流体高度湍动，另一方面产生高速射流推动耦合室内流体以一定轨道形式在旋转耦合室内循环流动，此轨道形式即流体的流型。静止或低速流体在高速射流强剪切作用下产生漩涡，加速局部范围内物料混合。耦合室内流体在旋转设备作用下进行三维流动，为便于分析与研究，通常根据流体流入与流出方式，按圆柱坐标区分即轴向结构和径向结构。

2.4.1 轴向结构混合特性

轴向结构中叶片与叶轮旋转平面之间夹角小于 90°，宏观流型为单循环流动形式，由图 2-1 轴向结构流型图可知，流体从叶轮下方流出，至耦合室底部碰撞后

改变运动方向沿壁面向顶部运动，范围覆盖整个耦合室，最终沿轴向向下返回叶轮区。耦合室内流体在轴向结构的作用下轴向流动且在较大范围内均匀分布，但剪切能力较弱，不存在分区循环且单位功率产生的流量大，与径向结构相比局部混合效果较差。

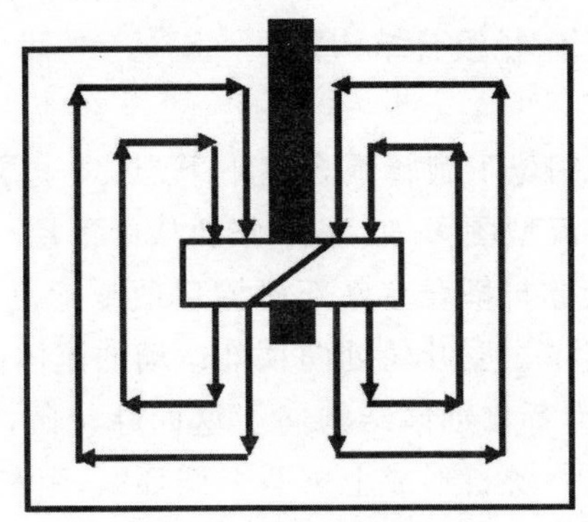

图 2-1　轴向结构流型图

Fig. 2-1　Flow pattern diagram of axial structure

2.4.2　径向结构混合特性

径向结构中叶片与叶轮旋转平面之间夹角为 90°，在旋转过程中对流体产生强大的离心力，由图 2-2 径向结构流型图可知，流体由轴向吸入，再沿半径方向向两侧射出，在出口处产生强烈的径向运动，在径向结构上下两部各产生一个循环区。耦合室内以径向结构为界分为上下两个循环区域，阻断了耦合室内顶部流体与底部流体的翻转流动，循环区间混合时间是循环区内混合时间 10 倍以上，难以实现流体在全耦合室内循环。

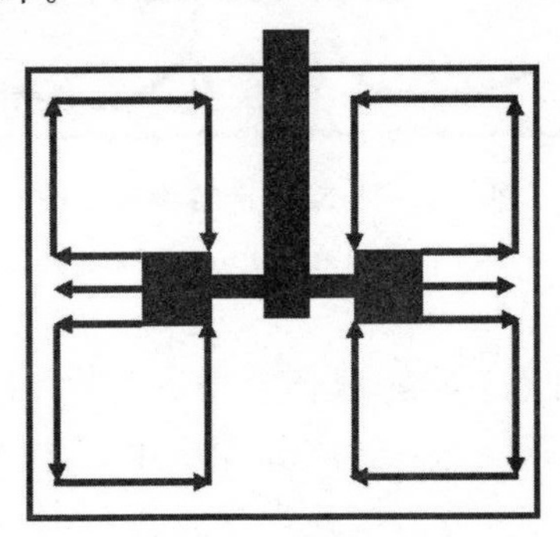

图 2-2　径向结构流型图

Fig. 2-2　Flow pattern diagram of radial structure

2.4.3 组合结构混合特性

轴向结构与径向结构都有各自优点与不足，单一轴向结构或径向结构往往不能满足需求，近年来越来越多地由单一化向组合化发展。常见组合形式有轴-轴组合结构、径-径组合结构、轴-径组合结构。

(1)轴-轴组合结构

轴-轴组合结构由分别位于旋转耦合室中下层、中上层的轴向结构组合而成。由图 2-3 轴-轴组合结构流型图可知，流体分别从中下层、中上层轴向结构叶轮下方流出，中下层叶轮处流体与耦合室底部碰撞后改变运动方向沿壁面向中上部运动，中上层叶轮处流体与中下层叶轮处向顶部运动的流体碰撞后向顶部运动，向中上部与顶部的流体最终沿各自轴向结构向下返回叶轮区，共形成 4 个涡环。旋转耦合室以约一半高度为界，各自形成上下两个循环区，阻断了耦合室内顶部流体与底部流体的翻转流动。

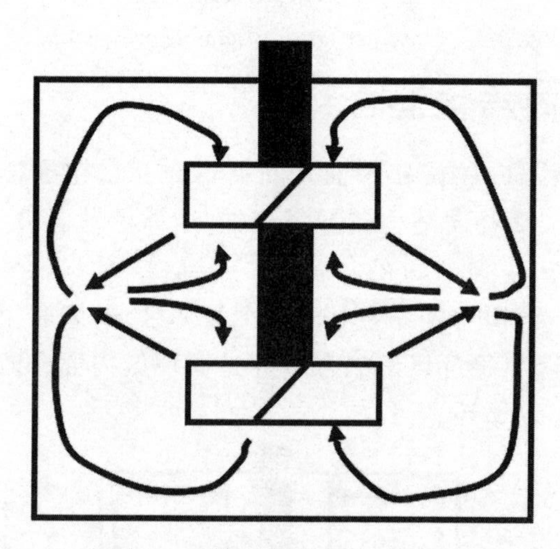

图 2-3　轴-轴组合结构流型图

Fig. 2-3　Flow pattern diagram of axial-axial combined structure

(2)径-径组合结构

径-径组合结构由分别位于旋转耦合室中下层、中上层的径向结构组合而成。由图 2-4 径-径组合结构流型可知，流体分别从中下层、中上层径向结构的轴向处吸入，沿半径方向向两侧射出，在出口处产生强烈径向运动，上下各产生一个循环区，共产生 8 个循环区。

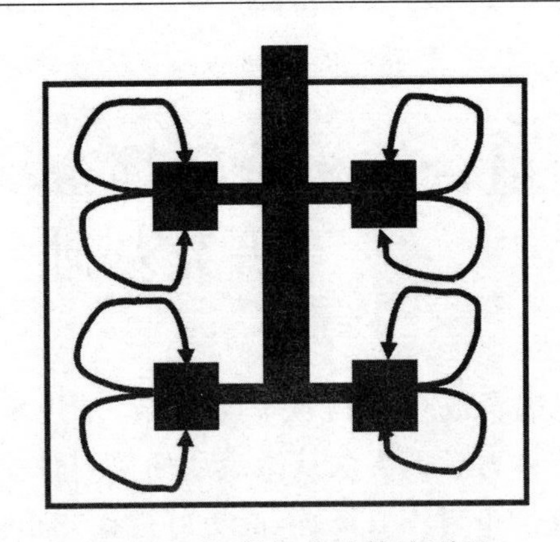

图 2-4　径-径组合结构流型图

Fig. 2-4　Flow pattern diagram of radial-radial combined structure

(3)轴-径组合结构

轴-径组合结构由分别位于旋转耦合室中上层轴向结构与中下层径向结构组合而成。由图 2-5 轴-径组合结构流型可知，中上层轴向结构处流体从叶轮下方流出，与中下层径向结构处流体碰撞后一部分朝耦合室顶部运动，一部分形成涡环返回叶轮区。中下层径向结构处流体由轴向吸入，再沿半径方向向两侧射出，在出口处产生强烈的径向运动，上下两部各产生一个循环区。相比前两种组合结构情形，上层轴向结构产生的涡环与下层径向结构产生的涡环交融，整体循环效果较好。

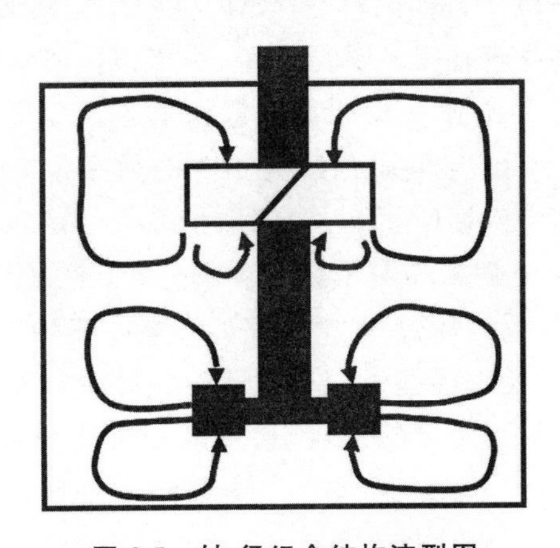

图 2-5　轴-径组合结构流型图

Fig. 2-5　Flow pattern diagram of axial-radial combined structure

2.5 轴-径组合结构旋转耦合场数值模拟研究基础

轴-径组合结构旋转耦合场内部流场非常复杂,采用实验观测的手段相对困难,我们可以通过计算流体力学的方法从微观层面得到轴-径组合结构下旋转耦合流场的速度场、体积分数分布与压力场等,能更好地探究粉体混合与粒化过程。

相关学者对类似多相流旋转耦合室内组合结构、空间参数、几何参数对旋转耦合场的影响进行了研究。马庆勇等[37]对比分析单层、组合结构对混合效果的影响,发现组合结构大大改善单层结构中下层堆积严重的现象。董敏等[38]研究双螺带-六斜叶圆盘涡轮组合结构对旋转耦合场的影响,上双螺带下六斜叶圆盘涡轮为最佳组合结构。马鑫等[39]采用粒子图像测速法测量四斜叶式在单层、双层平行组合布置、双层交错组合布置下旋转耦合场,平行组合与交错组合的布置方式显著影响各相位处的流动,同时决定尾涡的运动方式。刘宝庆等[40]研究新型大双叶片宽适应性搅拌器不同离底距下消耗功率与搅拌效果,离底距离比在 0.19～0.24 时搅拌效果最佳且消耗功率最低。郑国军等[41]对双层 CBY 桨的旋转耦合特性进行探究,发现桨叶层间距/桨叶直径是临界层间距,小于该值能实现物料的整体循环,否则出现分离。朱荣生等[42]对比分析原型双吸泵和不同偏心距与偏心角度下的双吸泵特性,在偏心距为 8mm 与偏心角度为 180°时效率最高。兰普等[43]研究斜盘偏心距对恒压变量柱塞泵的影响,偏心距的取值 0.5～3mm 之间效果最佳。张昭等[44]研究不同叶片数量下涡流工具下游速度场分布,平均切向速度随叶片数量增加而增大,旋流强度则相反。张鑫等[45]研究离心泵内三种不同起始直径叶片下内部旋转耦合场,合理的起始直径能够减小回流旋涡区域。高勇等[46]分析双层桨中下层桨形状与结构尺寸对气含率的影响,通过改变桨叶安装高度、倾斜角度、叶片长度能提高气体的分散能力。赵利军等[47]研究双卧轴搅拌机内叶片数量和排布方式对旋转耦合场的影响,相比排布方式,叶片数量对搅拌均匀性的影响更大。

综上所述,轴-径组合结构、空间参数、几何参数能在一定程度上影响多相流旋转耦合室内部流场,故在已有研究基础上,基于 CFD 方法构建多相流旋转耦合场制备 Si_3N_4 颗粒的粉体混合过程欧拉-欧拉模型,数值分析旋转耦合室内气-固两相流的体积分布与速度场。

2.6　气-固两相流旋转耦合场制备 Si_3N_4 颗粒的粉体混合过程数学模型构建

流体力学是连续介质力学的一门分支，是研究流体现象以及相关力学行为的科学。流体流动需要遵守物理守恒定律[48-50]：质量守恒定律、动量守恒定律和能量守恒定律。

(1)对制备 Si_3N_4 颗粒的粉体混合过程做以下假设：

① 旋转耦合室内空气相与 Si_3N_4 粉体相均为连续介质，两相均视为拟流体且共存于同一三维空间，耦合室内任意控制体均同时被两种流体占据；

② 旋转耦合室内呈湍流运动状态；

③ 旋转耦合室内 Si_3N_4 粉体相与空气相遵循各自的控制方程；

④ Si_3N_4 粉体的体积分数与速度均连续；

⑤ Si_3N_4 粉体相与空气相具有时均相互作用；

⑥ Si_3N_4 粉体仅受重力与阻力，忽略其他力的影响。

(2)在气-固两相流中，若不考虑相间质量、能量传递，根据基本质量、动量守恒定律，各相在控制体内的瞬时、局部守恒方程为连续性守恒方程和动量守恒方程。

连续性守恒方程：

Si_3N_4 粉体相连续性方程：

$$\frac{\partial m_s}{\partial t} + \nabla \cdot (m_s \boldsymbol{v}_s) = \sum_{s=1}^{n} \dot{m}_{sg} \tag{2-2}$$

空气相连续性方程：

$$\frac{\partial m_g}{\partial t} + \nabla \cdot (m_g \boldsymbol{v}_{sg}) = \sum_{g=1}^{n} \dot{m}_{gs} \tag{2-3}$$

式中：m_s，m_g 表示分别表示 Si_3N_4 粉体相和空气相的质量；$\boldsymbol{v}_s$，$\boldsymbol{v}_g$ 分别表示 Si_3N_4 粉体相和空气相的速度矢量；$\dot{m}_{sg}$，$\dot{m}_{gs}$分别表示 Si_3N_4 粉体相和空气相的质量传递(其中 $\dot{m}_{gs} = -\dot{m}_{sg}$)。

动量守恒方程：

Si_3N_4 粉体相动量守恒方程：

$$\frac{\partial(m_s \boldsymbol{v}_s)}{\partial t} + \nabla \cdot (m_s \boldsymbol{v}_s \boldsymbol{v}_s) = -\alpha_s \nabla p + \nabla \cdot \overline{\overline{\tau}}_s + \sum_{s=1}^{n} (\boldsymbol{R}_{sg} + \dot{m}_{sg} \boldsymbol{v}_{sg}) + m_s (\boldsymbol{F}_s + \boldsymbol{F}_{\mathrm{lif},s} + \boldsymbol{F}_{\mathrm{Vm},s}) \tag{2-4}$$

$$\overline{\overline{\tau}}_s = \alpha_s \mu_s (\nabla \boldsymbol{v}_s + \nabla \boldsymbol{v}_s^{\mathrm{T}}) + \alpha_s \left(\lambda_s - \frac{2}{3}\mu_s\right) \nabla \cdot \boldsymbol{v}_s \overline{\overline{I}} \tag{2-5}$$

空气相动量守恒方程：

$$\frac{\partial(m_g \boldsymbol{v}_g)}{\partial t} + \nabla \cdot (m_g \boldsymbol{v}_g \boldsymbol{v}_g) = -\alpha_g \nabla p + \nabla \cdot \overline{\overline{\tau}}_g + \sum_{g=1}^{n} (\boldsymbol{R}_{gs} + \dot{m}_{gs} \boldsymbol{v}_{gs}) + m_g (\boldsymbol{F}_g + \boldsymbol{F}_{\mathrm{lif},g} + \boldsymbol{F}_{\mathrm{Vm},g}) \tag{2-6}$$

$$\overline{\overline{\tau}}_g = \alpha_g \mu_g (\nabla \boldsymbol{v}_g + \nabla \boldsymbol{v}_g^{\mathrm{T}}) + \alpha_g \left(\lambda_g - \frac{2}{3}\mu_g\right) \nabla \cdot \boldsymbol{v}_g \overline{\overline{I}} \tag{2-7}$$

式中：α_s，α_g 分别表示 Si_3N_4 粉体相和空气相的体积分数比；μ_s，λ_s 分别表示 Si_3N_4 粉体相分子黏度和体积黏度；μ_g，λ_g 表示空气相分子黏度和体积黏度；$\boldsymbol{R}_s$，$\boldsymbol{R}_g$ 分别表示 Si_3N_4 粉体相和空气相的体积力；$\boldsymbol{F}_{\mathrm{lif},s}$，$\boldsymbol{F}_{\mathrm{lif},g}$ 分别表示 Si_3N_4 粉体相和空气相上升力；$\boldsymbol{F}_{Vm,s}$，$\boldsymbol{F}_{Vm,g}$ 分别表示 Si_3N_4 粉体相和空气相虚拟质量力；$\boldsymbol{R}_{sg}$，$\boldsymbol{R}_{gs}$ 为 Si_3N_4 粉体相与空气相之间相互作用力，且两相之间是相对封闭的（$\boldsymbol{R}_{gs} = -\boldsymbol{R}_{sg}$）；$p$ 为 Si_3N_4 粉体相与空气相共有压力；$\overline{\overline{\tau}}_s$ 为 Si_3N_4 粉体相应变张量，$\overline{\overline{\tau}}_g$ 为空气相应变张量；$\overline{\overline{I}}$ 为两相单位张量。

2.7 本章小结

为探究多相流旋转耦合场制备 Si_3N_4 颗粒的粉体混合过程，分析旋转耦合室内流体运动状态并对比多种湍流模型，修正 RNG k-ε 离散模型分析 Si_3N_4 粉体混合过程旋转耦合场内部湍流现象，建立空气-Si_3N_4 粉体气-固两相欧拉-欧拉数学模型。在前人研究基础上采用 CFD 方法模拟旋转耦合室内运动状况，分析 Si_3N_4 粉体的体积分布与速度场，为更深入地探究多相流旋转耦合场制备 Si_3N_4 颗粒的粉体混合过程提供了一定的理论依据。

第3章　轴-径组合结构设计与气-固两相流旋转耦合场制备 Si_3N_4 颗粒混合过程的影响

3.1　引　言

本节内容主要对制备 Si_3N_4 颗粒的旋转耦合室内轴-径组合结构进行设计。轴向结构与径向结构分别产生轴向流与径向流，出于对搅拌效果多样性及混合过程复杂性的考虑，在实际的操作中需要选择不同的轴向结构或径向结构，但往往单一轴向结构或径向结构混合效果不理想。轴-径组合结构能在一定程度上改善旋转耦合室内部流场，故对轴-径组合结构进行设计。

3.2　铰刀式径向结构对粉体混合效果数值分析

3.2.1　数值模拟区域简化

铰刀式径向结构旋转耦合室结构示意图如图 3-1 所示。直径 $D_1=235$mm，高 $L_1=300$mm。铰刀式径向结构 1 位于底部，直径 $D_2=128$mm，由粉碎铰刀与制粒立柱组成，其中制粒立柱直径 $D_3=8$mm。旋转主轴 3 直径 $D_4=30$mm，旋转耦合室内加入的初始 Si_3N_4 粉体 2 高 $L_2=200$mm，约占整个旋转耦合室高度的 2/3。4 为旋转耦合室壁面。高速电机带动旋转主轴 3、铰刀式径向结构 1 逆时针转动，低速电机带动旋转耦合室壁面顺时针转动。旋转耦合室底部的 Si_3N_4 粉体在逆时针转动的径向结构 1 的作用下向耦合室中上部运动，与壁面发生碰撞改变运动方向朝底部运动。Si_3N_4 粉体在旋转耦合室底部运动至中上部、中上部运动至底部，不断往复实现 Si_3N_4 粉体的混合。

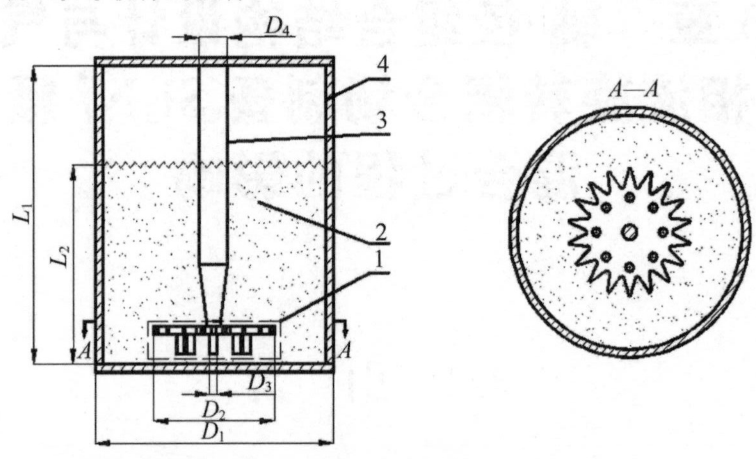

图 3-1 旋转耦合室模拟区域简化示意图

Fig. 3-1 Simplified schematic diagram of rotating coupling chamber simulated area

1—铰刀式径向结构；2—Si_3N_4 粉体；3—旋转主轴；4—旋转耦合室壁面

3.2.2 物理模型建立与数值求解

在 SolidWorks 软件中建立铰刀式径向结构旋转耦合室三维物理模型。由图 3-2 可知，铰刀式径向结构旋转耦合室主要由旋转耦合室壁面、旋转主轴、铰刀式径向结构组成。

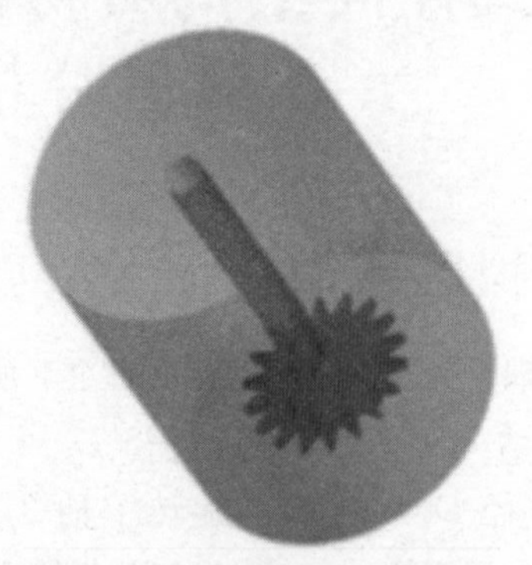

图 3-2 铰刀式径向结构旋转耦合室模拟区域示意图

Fig. 3-2 Schematic diagram of simulation area of reamer type radial structure rotating coupling chamber

建立好的三维物理模型通过布尔减运算将铰刀式径向结构区域与剩余区域分开，利用 ICEM 软件设置网格。由图 3-3 网格设置示意图可知，铰刀式径向结构处模型复杂且高速旋转，故其临近区域设置为动态运算区域，采用大小为 5 的非结构性网格处理，共计 62 486 个网格。剩余区域模型相对简单且流场强度相对较低，故设置为静态运算区域，采用大小为 6 的结构性网格处理，共计 91 314 个网格。

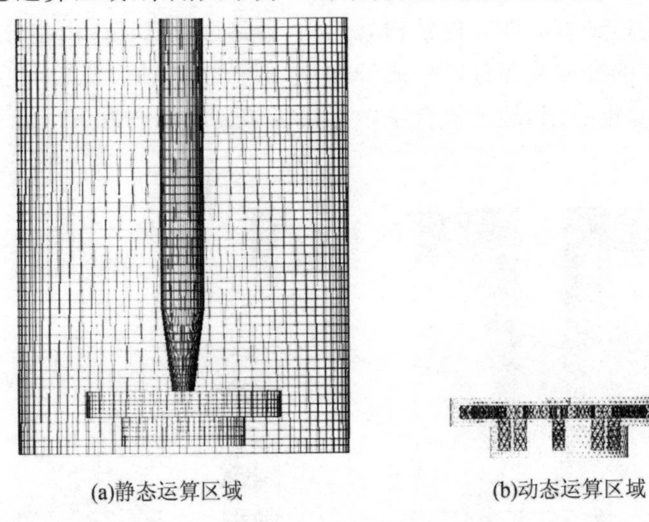

(a)静态运算区域　　(b)动态运算区域

图 3-3　网格设置示意图

Fig. 3-3　Schematic diagram of mesh setting up

动态运算区域与静态运算区域存在重合区域，将其设置为 Interface，数据在重合区域通过耦合计算进行交换。铰刀式径向结构、旋转主轴与旋转耦合室壁面设置为 Wall 边界。铰刀式径向结构、制粒立柱与旋转主轴高速顺时针旋转，旋转耦合室壁面低速逆时针旋转。

铰刀式径向结构旋转耦合室的内部流场运算采用 ANSYS 中的 Fluent 模块。静态运算区域运用 Moving mesh 模型，动态运算区域运用 MRF 模型，非稳态耦合场采用压力隐式求解，利用欧拉-欧拉多相流模型模拟 Si_3N_4 粉体与空气的分布情况。湍流模型为 RNG k-ε 模型，离散相为二阶迎风格式。Si_3N_4 粉体粒径设置为 0.013mm。旋转耦合室内加入约 2/3 的初始 Si_3N_4 粉体。

3.2.3　数值模拟结果分析

(1)铰刀式径向结构旋转耦合室内 Si_3N_4 粉体轴向速度场分析

铰刀式径向结构旋转耦合室内 Si_3N_4 粉体轴向速度场如图 3-4 所示，其中左侧为速度云图，右侧为速度矢量图。铰刀式径向结构附近处速度最大，旋转主轴带动铰刀式径向结构高速顺时针旋转，旋转耦合室壁面低速逆时针旋转，其主要产生水平射流(即径向流)带动 Si_3N_4 粉体在水平截面上四处扩散，与旋转耦合室壁面碰撞后改变运动方向，产生向上向下的轴向流，一部分沿着旋转耦合室壁面朝顶部运动，在重力的作用下返回径向结构，另一部分朝旋转耦合室底部运动，碰到旋转耦合室底部改变运动方向朝径向结构处运动，最终形成涡环。由上分析可知：铰刀式径向结构产生的径向流部分转变成轴向流，但产生的轴向流较弱且需要克服重力，最终到达的高度有限，旋转耦合室中上层区域速度几乎为 0。

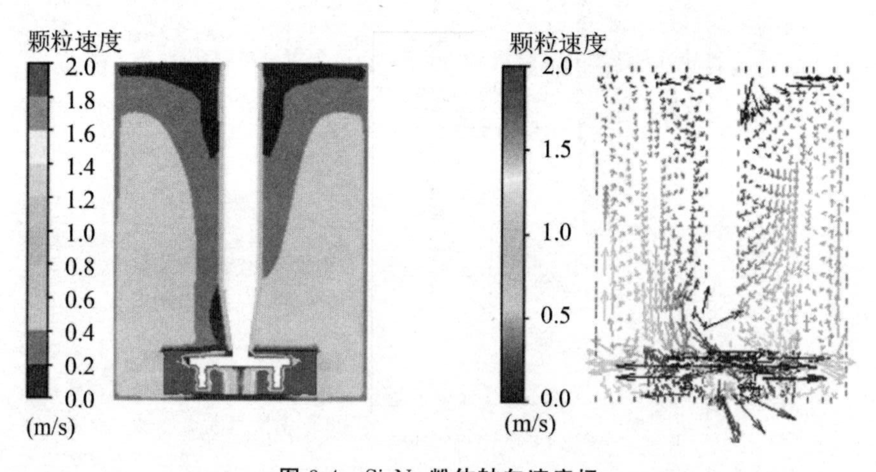

图 3-4　Si_3N_4 粉体轴向速度场

Fig. 3-4　Axial cloud chart of Si_3N_4 powder velocity

(2)铰刀式径向结构旋转耦合室内 Si_3N_4 粉体径向速度场分析

铰刀式径向结构旋转耦合室内距离底部 10mm 处 Si_3N_4 粉体径向速度场如图 3-5 所示。从速度云图可以看出铰刀式径向结构附近圆状区域速度最大，其半径约为整个横截面圆半径的 1/2，该圆环状区域中除铰刀式径向结构正中心区域与制粒立柱附近区域速度小于 2.0m/s，剩余区域速度均大于 2.0m/s。整个圆形横截面除去中心圆后剩余圆环状区域由里到外速度逐渐递减，旋转耦合室壁面区域速度非常小，在 0～0.2m/s 之间。从速度矢量图可以看出铰刀式径向结构带动旋转耦合室中心区域 Si_3N_4 粉体向四周溅射，在受到四周 Si_3N_4 粉体的阻力作用下运动趋势从里到外逐渐变成圆环状，产生打旋现象，旋转耦合室壁面区域 Si_3N_4 粉体几乎不运动，未能实现 Si_3N_4 粉体在径向横截面很好的流动。

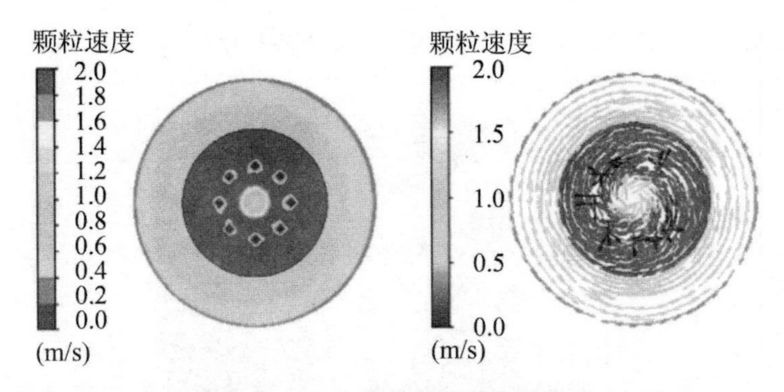

图 3-5　Si_3N_4 粉体下层径向速度场

Fig. 3-5　Radial cloud chart of Si_3N_4 powder velocity at lower layer

铰刀式径向结构旋转耦合室内距离底部 203mm 处 Si_3N_4 粉体径向速度场如图 3-6 所示。整个径向横截面大致分为三个区域，截面中心到铰刀式径向结构处附近区域速度在 0.2～0.4m/s 之间，中间圆环状区域速度在 0.4～0.6m/s 之间，旋转耦合室壁面区域速度在 0～0.2m/s 之间，相邻两区域之间的速度差最大仅为 0.2m/s。整个径向横截面 Si_3N_4 粉体的运动趋势几乎全为圆环状，存在严重的打旋现象。

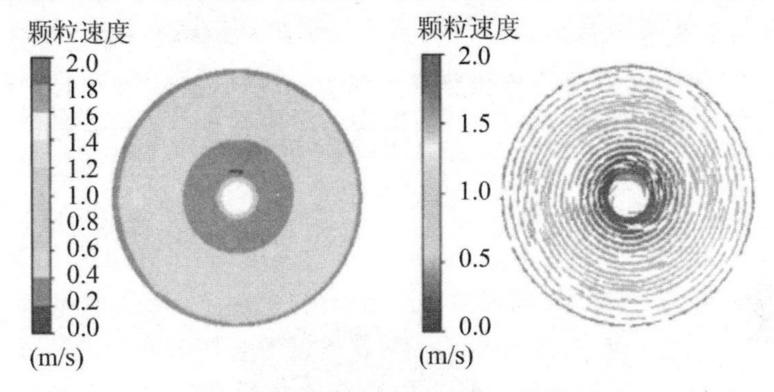

图 3-6　Si_3N_4 粉体上层径向速度场

Fig. 3-6　Radial cloud chart of Si_3N_4 powder velocity at upper layer

(3)铰刀式径向结构旋转耦合室内 Si_3N_4 粉体轴向体积分布云图分析

铰刀式径向结构旋转耦合室内 Si_3N_4 粉体轴向分布云图如图 3-7 所示，Si_3N_4 粉体颗粒分布在整个旋转耦合室内 85%的区域，结合速度场，下层铰刀式径向结构高速旋转产生上下两个涡环，距离径向结构越远，运动趋势越弱。涡环对旋转耦合室两侧底部与两侧中上部部分区域影响较弱，Si_3N_4 粉体颗粒未能得到很好的流动形成堆积区，体积分数在 0.9～1.0 之间，约占整个横截面的 25%。旋转耦合室顶部约 10%区域几乎不受涡环影响，体积分数在 0～0.1 之间。剩余区域约占整个横截面的 65%,受不同程度涡环的影响,体积分数分层分布在 0.1~0.9 之间。

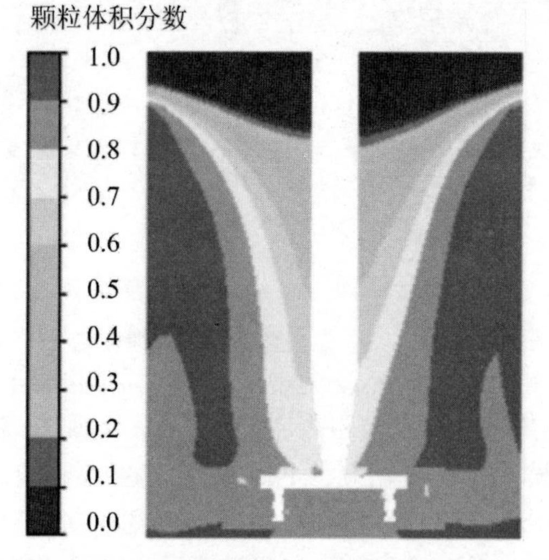

图 3-7 Si_3N_4 粉体体积分数轴向云图

Fig. 3-7 Axial cloud chart of Si_3N_4 powder volume fraction

(4)铰刀式径向结构旋转耦合室内 Si_3N_4 粉体径向体积分布云图分析

铰刀式径向结构旋转耦合室内距离底部 10mm 处 Si_3N_4 粉体径向体积分布云图如图 3-8 所示。整个平面的 Si_3N_4 粉体颗粒体积分数几乎全部在 0.80 以上,旋转耦合室底部堆积严重,仅有零星区域体积分数在 0.78~0.79 之间。在仅有铰刀式径向结构情形下,旋转耦合室底部 Si_3N_4 粉体未能得到很好的流动形成堆积区。

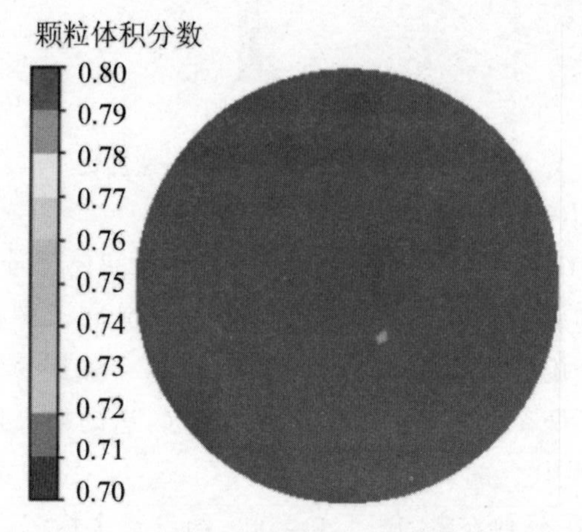

图 3-8 Si_3N_4 粉体下层体积分数径向云图

Fig. 3-8 Radial cloud chart of Si_3N_4 powder volume fraction at lower layer

铰刀式径向结构旋转耦合室内距离底部 203mm 处 Si_3N_4 粉体径向体积分布云图如图 3-9 所示。整个横截面大致分 3 个区域，横截面中心到铰刀式径向结构区域体积分数在 0.70～0.71 之间，约占整个横截面的 25%。径向结构邻近呈圆环状区域体积分数在 0.71～0.77 之间，约占整个横截面的 5%。剩余 70%区域体积分数在 0.80 以上。在仅有铰刀式径向结构的情况下，旋转耦合室上层大部区域体积分数仍大于 0.80。

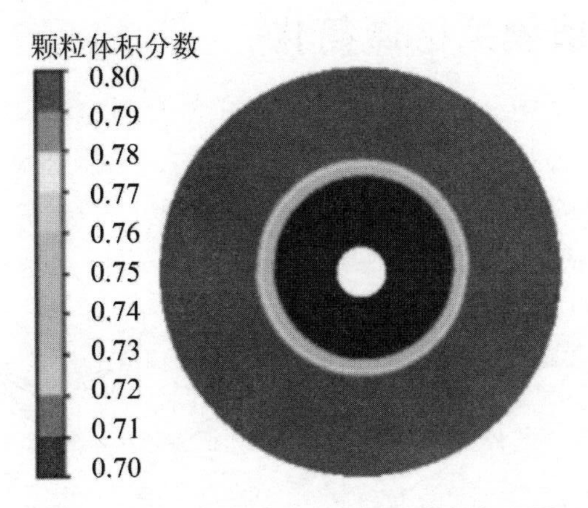

图 3-9　Si_3N_4 **粉体上层体积分数径向云图**

Fig. 3-9　Radial cloud chart of Si_3N_4 powder volume fraction at upper layer

3.2.4　结论

(1)旋转耦合室内在仅有铰刀式径向结构的情形下，铰刀式径向结构高速旋转产生水平射流，与壁面碰撞后改变运动方向，产生向上向下的有限轴向流且需克服重力，最终到达的高度有限，旋转耦合室中上层区域堆积严重。

(2)在仅有铰刀式径向结构情形下，旋转耦合室底部中心区域 Si_3N_4 粉体在受到阻力后运动趋势从里到外逐渐变成圆环状，产生打旋现象，底部两侧区域堆积严重。

3.3 圆盘涡轮式轴-径组合结构对粉体混合效果数值分析

3.3.1 数值模拟区域简化

圆盘涡轮式轴向结构分为传统圆盘涡轮式与直斜交错圆盘涡轮式两种，其三维模型如图 3-10 所示。传统圆盘涡轮式轴向结构由 1 个圆盘和 6 片倾斜 45°的叶片组成。直斜交错圆盘涡轮式轴向结构由 1 个圆盘、3 片倾斜 45°的叶片和 3 片倾斜 90°的叶片交错组成。

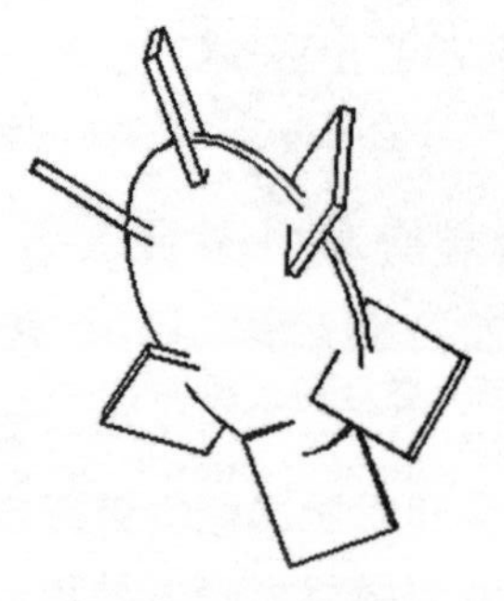

(a) 传统圆盘涡轮式

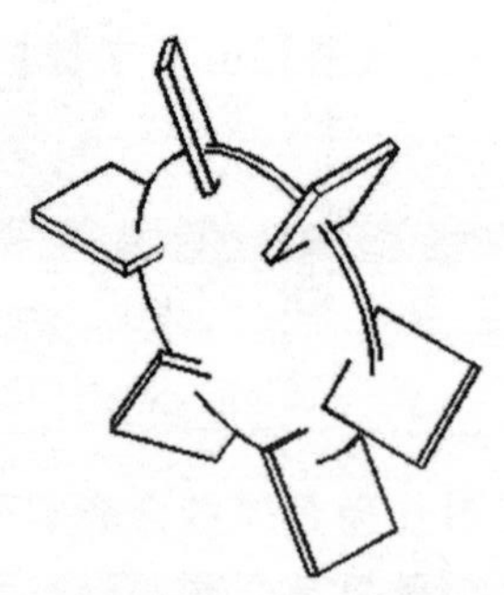

(b) 直斜交错圆盘涡轮式

图 3-10　轴向结构三维模型

Fig. 3-10　3D model of axial structure

以传统圆盘涡轮式轴-径组合结构为例，由 3-11 圆盘涡轮式组合结构旋转耦合室模拟区域简化示意图可知，圆盘涡轮式轴向结构 3 位于旋转耦合室中上部，径向结构与轴向结构由旋转主轴 4 连接，其直径 $D_4=30\text{mm}$。旋转耦合室内加入的初始 Si_3N_4 粉体 2 高 $L_2=200\text{mm}$，约占整个旋转耦合室高度的 2/3。5 为旋转耦合室壁面。高速电机带动旋转主轴 4、铰刀式径向结构 1 和圆盘涡轮式轴向结构逆时针转动，低速电机带动旋转耦合室顺时针转动。底部 Si_3N_4 粉体在逆时针转动的径向结构 1 作用下向顶部运动，中上部的 Si_3N_4 粉体在轴向结构 2 作用下向底部运动。Si_3N_4 粉体不断从旋转耦合室底部向顶部、顶部向底部运动，不断往复实现 Si_3N_4 粉体颗粒的制备。

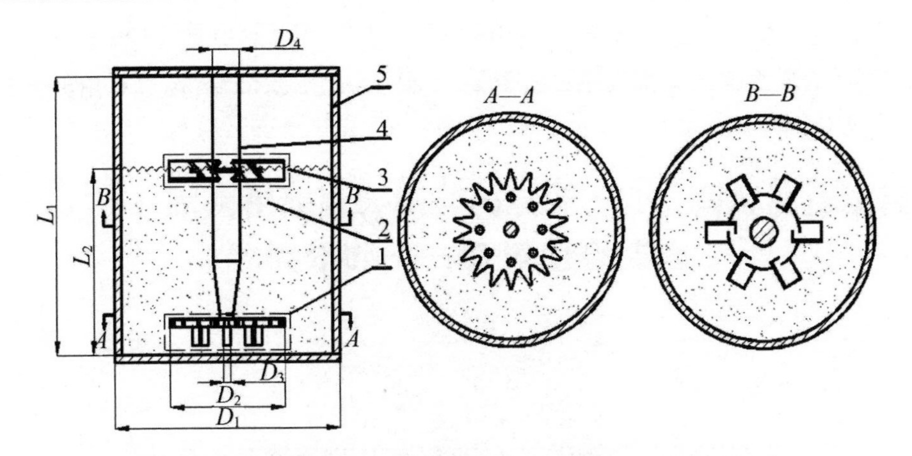

图 3-11　圆盘涡轮式组合结构旋转耦合室模拟区域简化示意图

Fig. 3-11　Simplified diagram of the simulation area of the rotating coupling chamber of the disk turbine combined structure

1—铰刀式径向结构；2—Si_3N_4 粉体；3—圆盘涡轮式轴向结构；4—旋转主轴；5—旋转耦合室壁面

3.3.2　物理模型建立与数值求解

在 SolidWorks 软件中建立圆盘涡轮式组合结构旋转耦合室三维物理模型。建立好的三维物理模型通过布尔减运算将铰刀式径向结构区域、圆盘涡轮式轴向结构区域与剩余区域分开，利用 ICEM 软件设置网格。由图 3-12 网格划分示意图可知，动态运算区域 1 与动态运算区域 2 内结构相对不规则，采用大小为 4 的非结构性网格进行处理，共计 118 453 个网格。静态运算区域模型相对简单，采用大小为 6 的结构性网格处理，共计 71 638 个网格。

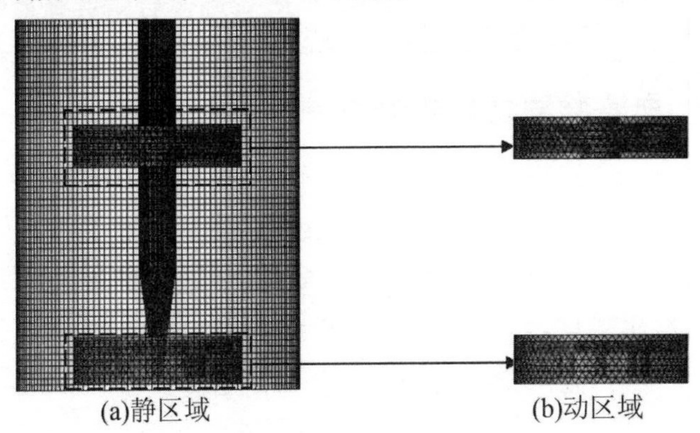

图 3-12　网格划分示意图

Fig. 3-12　Schematic diagram of grid division

以传统圆盘涡轮式轴-径组合结构为例，分为 3 个运算区域，其中 2 个为动态运算区域，1 个为静态运算区域。由图 3-13 圆盘涡轮式组合结构边界条件设置示意图可知，动态运算区域 1 与动态运算区域 2 分别与静态运算区域存在重合区域交界面 1 和交界面 2，通过交界面实现数据耦合。动态运算区域设置为动态滑移网格，静态运算区域设置为多重参考坐标系，剩余均设置为墙。

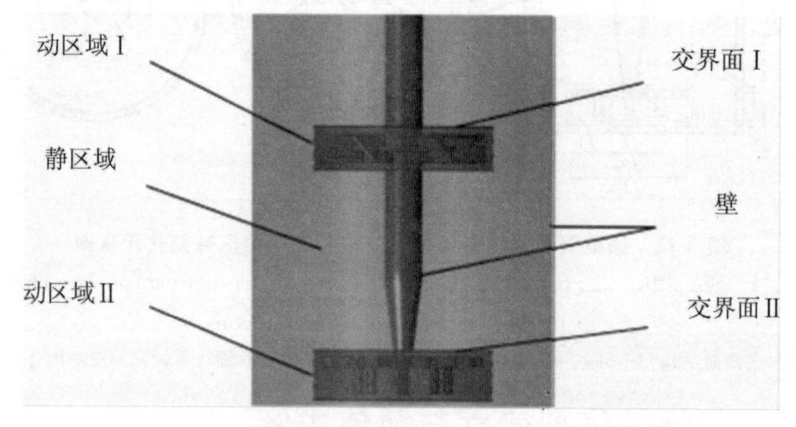

图 3-13　圆盘涡轮式组合结构边界条件设置示意图

Fig. 3-13　Schematic diagram of boundary condition setting for disk turbine combined structure

圆盘涡轮式组合结构旋转耦合室的内部流场运算采用 ANSYS 中的 Fluent 模块。静态运算区域运用 Moving mesh 模型，动态运算区域运用 MRF 模型，非稳态耦合场采用压力隐式求解，利用欧拉-欧拉多相流模型模拟 Si_3N_4 粉体与空气的分布情况。湍流模型为 RNG k-ε 模型，离散相为二阶迎风格式。Si_3N_4 粉体粒径设置为 0.013mm。旋转耦合室内加入约 2/3 的初始 Si_3N_4 粉体。

3.3.3　数值模拟结果分析

(1)旋转耦合室内 Si_3N_4 粉体轴向速度场分析

圆盘涡轮式轴-径组合结构旋转耦合室内 Si_3N_4 粉体轴向速度场如图 3-14 所示。通过分析可知：铰刀式径向结构处与圆盘涡轮轴向结构处附近速度最大，圆盘涡轮式轴向结构位于旋转耦合室的中上部，高速旋转产生与水平面呈 45°的切向流，切向流带动一部分 Si_3N_4 粉体沿着 45°方向向壁面运动，与壁面发生碰撞后分成两部分，一部分朝顶部运动后改变运动方向并在重力的作用下向底部运动，另一部分朝底部运动并与铰刀式径向结构产生的较弱轴向流相互作用形成涡环，切向

流带动另一部分 Si_3N_4 粉体沿 45°方向向顶部运动并与前一部分撞击顶部后向底部运动的 Si_3N_4 粉体形成涡环。由上分析可知：圆盘涡轮式组合结构弥补了铰刀式径向结构径向流强、轴向流弱的缺陷，显著增强了轴向流并使 Si_3N_4 粉体的运动高度能到达整个旋转耦合室，圆盘涡轮式轴向结构产生的 45°切向流在与顶部或壁面撞击后形成涡环并与铰刀式径向结构产生的径向流交融，实现 Si_3N_4 粉体底部向顶部、顶部向底部的循环运动。

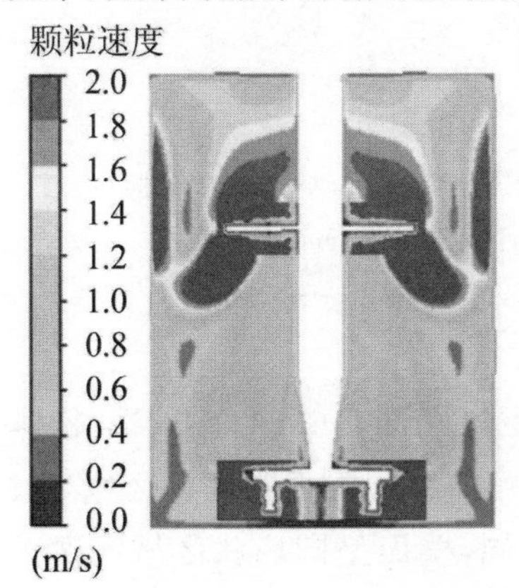

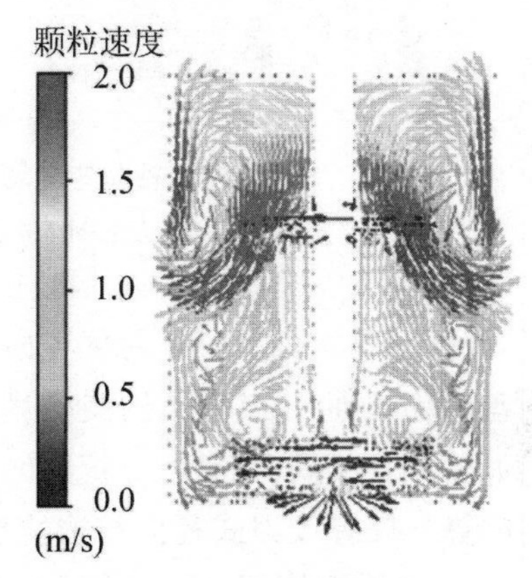

图 3-14　Si_3N_4 粉体轴向速度场(圆盘涡轮式轴-径组合结构)

Fig. 3-14　Axial cloud chart of Si_3N_4 powder velocity

(Axial-radial combined structure of disc turbine)

直斜交错圆盘涡轮式轴-径组合结构旋转耦合室内 Si_3N_4 粉体轴向速度场如图 3-15 所示。通过分析可知：铰刀式径向结构与直斜交错圆盘涡轮轴向结构附近速度最大，交错圆盘涡轮式轴向结构位于旋转耦合室中上部，由 3 片倾斜 45°与 3 片倾斜 90°的叶片相互交替组成，高速旋转产生与水平面呈 45°的切向流和与水平面呈 90°的水平射流。45°的切向流与传统圆盘涡轮轴向结构情形下大致相同。90°的水平射流带动 Si_3N_4 粉体在中上层水平面向四周扩散，与壁面碰撞后改变运动方向产生向上向下的轴向流，向上运动的轴向流在撞击顶部后改变运动方向，向下运动的轴向流与铰刀式径向结构所产生的涡环发生交融。由上分析可知：交错圆盘涡轮式组合结构同样弥补了铰刀式径向结构径向流强、轴向流弱的缺陷，但仅有 3 片叶片产生切向流与径向结构产生的涡环交融，剩余 3 片叶片产生的 90°水平射流在撞击壁面后与径向结构产生的涡环交融一定程度上增加了轴向流，但增加的轴向流仅分布在轴向结构与径向结构之间，两侧轴向流增强不明显。交错圆盘涡轮式组合结构所增加的轴向流仅分布在局部区域，Si_3N_4 粉体的循环流动相对圆盘涡轮式组合结构较差。

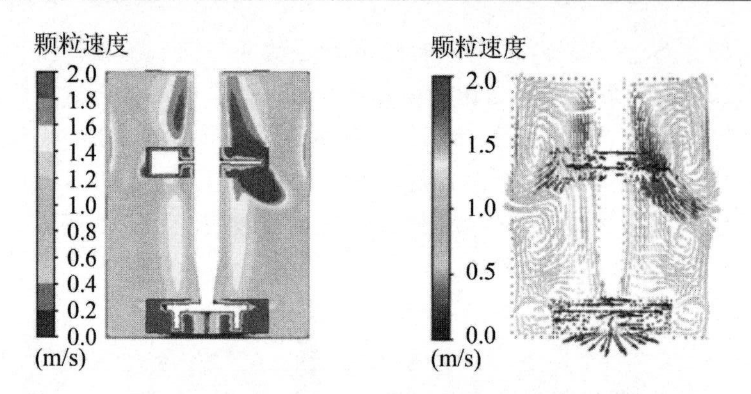

图 3-15　Si_3N_4 粉体轴向速度场(直斜交错圆盘涡轮式轴-径组合结构)

Fig. 3-15　Axial cloud chart of Si_3N_4 powder velocity

(Axial-radial combined structure of staggered disc turbine)

(2)旋转耦合室内 Si_3N_4 粉体径向速度场分析

圆盘涡轮式轴-径组合结构旋转耦合室内距离底部 10mm 处 Si_3N_4 粉体径向速度场如图 3-16 所示。通过分析可知:铰刀式径向结构附近圆环状区域 Si_3N_4 粉体运动趋势与仅有铰刀式径向结构情形大致相同,壁面呈圆环状区域速度大于仅有铰刀式径向结构情形,在 0.2～0.4m/s 之间,剩余圆环状区域速度在 0.4～0.8m/s 之间,整体优于仅有铰刀式径向结构情形。径向横截面中间呈圆环状区域 Si_3N_4 粉体向壁面的运动过程中受到周围 Si_3N_4 粉体的阻力,但速度减小的趋势要小于仅有铰刀式径向结构情形,Si_3N_4 粉体从横截面中心到壁面向外扩散的趋势优于仅有铰刀式径向结构情形,到壁面区域逐渐变成圆环状,存在打旋现象的区域面积小于仅有铰刀式径向结构情形,Si_3N_4 粉体在径向横截面的流动得到很好的改善。

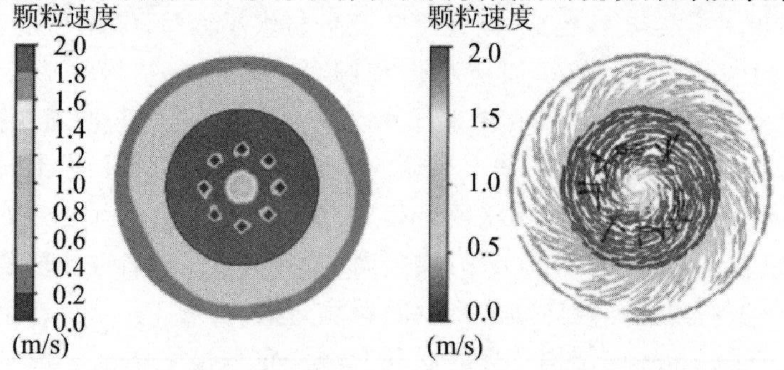

图 3-16　Si_3N_4 粉体下层径向速度场(圆盘涡轮式轴-径组合结构)

Fig. 3-16　Radial cloud chart of Si_3N_4 powder velocity at lower layer

(Axial-radial combined structure of disc turbine)

直斜交错圆盘涡轮式轴-径组合结构旋转耦合室内距离底部 10mm 处 Si_3N_4 粉体径向速度场如图 3-17 所示。通过分析可知：铰刀式径向结构附近区域 Si_3N_4 粉体运动趋势与前者大致相同。除去中心圆后剩余圆环状区域由里到外速度依次递减，前期速度减小的趋势较慢，临近旋转耦合室壁面速度减小的趋势加快，壁面区域速度非常小，在 0～0.2m/s 之间。从速度矢量图可以看出相比圆盘涡轮式轴-径组合结构情形，径向结构附近部分呈圆环状区域仍存在一定程度打旋，临近壁面区域粉体向四周扩散的趋势才逐渐显现，到壁面区域又出现打旋，Si_3N_4 粉体在下层径向横截面的流动差于圆盘涡轮式轴-径组合结构情形。

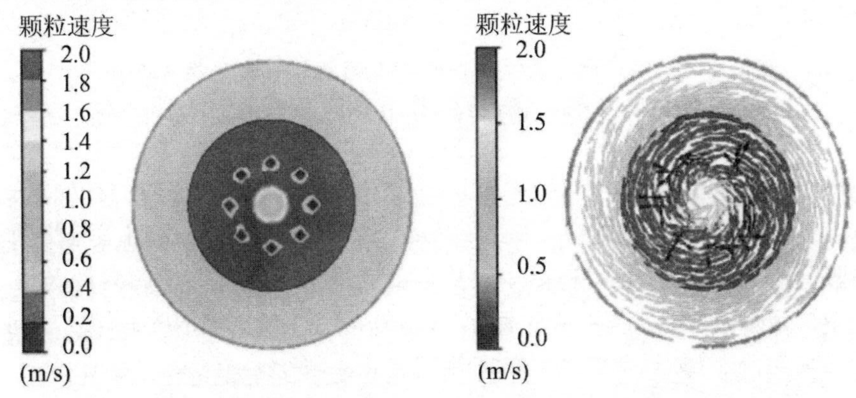

图 3-17　Si_3N_4 粉体下层径向速度场（直斜交错圆盘涡轮式轴-径组合结构）

Fig. 3-17　Radial cloud chart of Si_3N_4 powder velocity at lower layer (Axial-radial combined structure of staggered disc turbine)

圆盘涡轮式轴-径组合结构旋转耦合室内距离底部 203mm 处 Si_3N_4 粉体径向速度场如图 3-18 所示。通过分析可知：Si_3N_4 粉体的运动速度在上层径向横截面分层分布，旋转耦合室中心至圆盘涡轮式轴向结构速度依次增大，最大速度在 2.0m/s 以上，壁面与轴向结构中间圆环状区域速度先减小后增大，到壁面区域速度再次达到 2.0m/s 以上，相邻区域之间的速度差明显大于仅有铰刀式径向结构情形，有利于 Si_3N_4 粉体在径向横截面的流动。从速度矢量图可以看出圆盘涡轮式轴向结构带动周围 Si_3N_4 粉体向外扩散，在受到周围 Si_3N_4 粉体的阻力后，逐渐呈圆环状的运动趋势相比仅有铰刀式径向结构大大减缓，打旋现象有很大程度改善。

直斜交错圆盘涡轮式轴-径组合结构旋转耦合室内距离底部 203mm 处 Si_3N_4 粉体径向速度场如图 3-19 所示。通过分析可知：Si_3N_4 粉体的运动速度在上层径向横截面分层分布，整体的趋势均是从里到外速度先依次增大，在轴向结构处速度达到最大 2.0m/s 以上，然后先减小再增大。但相比圆盘涡轮式轴-径组合结构情

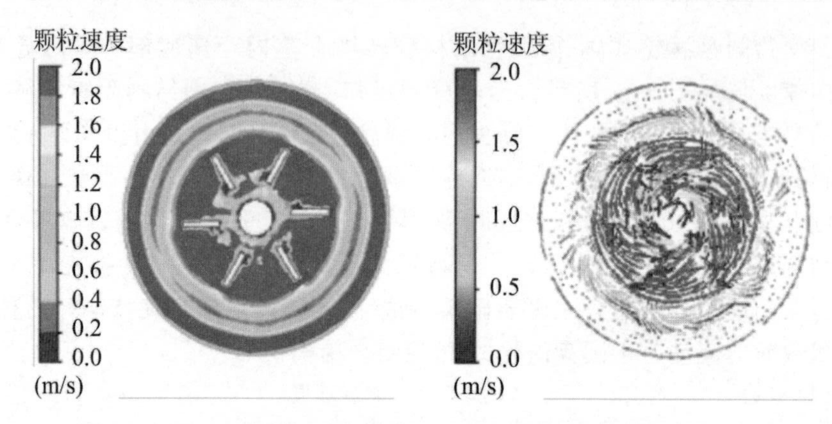

图 3-18　Si_3N_4 粉体上层径向速度场(圆盘涡轮式轴-径组合结构)

Fig. 3-18　Radial cloud chart of Si_3N_4 powder velocity at upper layer

(Axial-radial combined structure of disc turbine)

形,临近轴向结构处速度在 1.4～1.8m/s 区域面积有所增大,接近旋转耦合室壁面处速度在 1.4～1.8m/s 之间,未达 2.0m/s 以上,分层分布的明显程度有所下降,相邻区域之间的速度差有所减小。从速度矢量图可以看出相比圆盘涡轮式轴-径组合结构情形,同时结合轴向速度场可以得出 3 片倾斜 90°的叶片增强轴向结构附近处的轴向流,但临近壁面区域轴向流增强相对较小。

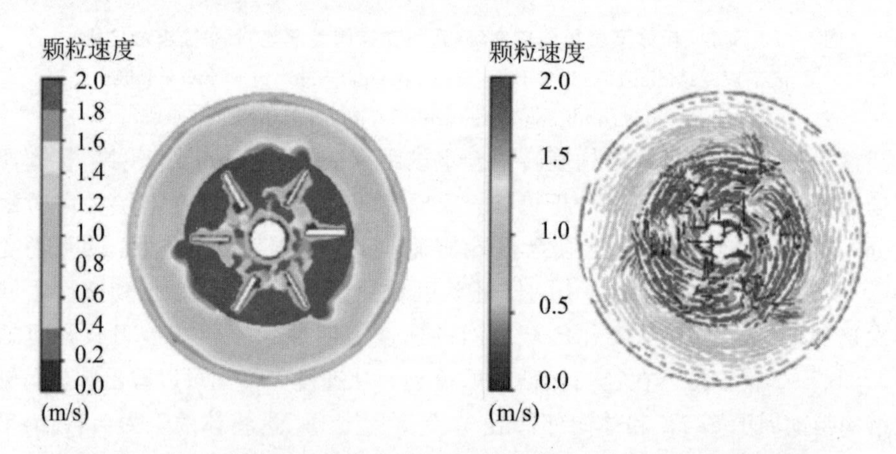

图 3-19　Si_3N_4 粉体上层径向速度场(直斜交错圆盘涡轮式轴-径组合结构)

Fig. 3-19　Radial cloud chart of Si_3N_4 powder velocity at upper layer

(Axial-radial combined structure of staggered disc turbine)

(3)旋转耦合室内 Si_3N_4 粉体轴向体积分布云图分析

圆盘涡轮式轴-径组合结构旋转耦合室内 Si_3N_4 粉体轴向分布云图如图 3-20

所示，Si_3N_4 颗粒几乎分布在整个旋转耦合室，下层铰刀式径向结构与上层圆盘涡轮式轴向结构同时高速旋转分别产生的小涡环交融形成两个大涡环，两个大涡环贯穿整个旋转耦合室。在底部和顶部部分区域及圆盘涡轮式轴向结构两侧共约14%区域是涡环影响的死角，体积分数在0.8～0.9之间。无区域体积分数大于0.9。轴向结构两侧呈圆环状、轴向结构与径向结构之间部分区域受涡环一定程度影响，体积分数在0.3～0.7之间，约占整个横截面的28%。剩余区域受到的影响更弱，体积分数在0.7～0.8之间，约占总面积的58%。相比圆盘涡轮式轴-径组合结构情形，Si_3N_4 粉体颗粒分布更为均匀，运动区域能达到整个旋转耦合室，体积分数大于0.9的区域几乎为0。

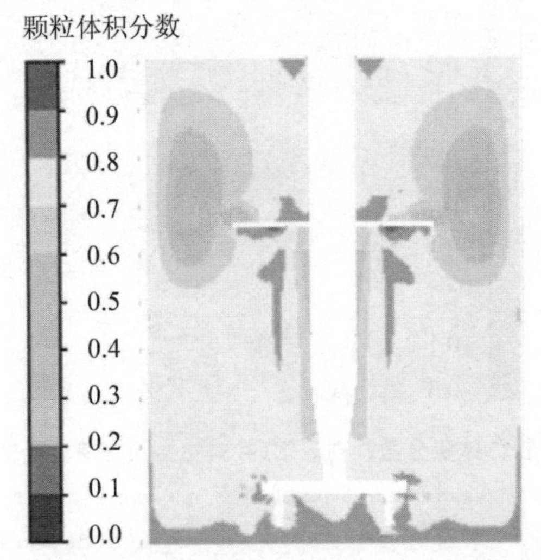

图 3-20　Si_3N_4 **粉体体积分数轴向云图(圆盘涡轮式轴-径组合结构)**

Fig. 3-20　Axial cloud chart of Si_3N_4 powder volume fraction

(Axial-radial combined structure of disc turbine)

直斜交错圆盘涡轮式轴-径组合结构旋转耦合室内 Si_3N_4 粉体轴向分布云图如图3-21所示，Si_3N_4 粉体颗粒分布在旋转耦合室内约97%的区域，结合速度场可知下层铰刀式径向结构与上层交错圆盘涡轮式轴向结构同时高速旋转分别产生小涡环交融形成大涡环，其中倾斜90°的叶片产生的涡环主要作用在轴向结构与径向结构之间区域，倾斜45°的叶片产生的涡环主要作用在轴向结构与径向结构两侧区域。顶部部分区域 Si_3N_4 粉体受涡环的影响较小且在重力的作用下导致体积分数几乎为0，约占横截面的3%。旋转耦合室左右两侧底部、径向结构上层、轴向结构叶片周围部分区域是涡环影响的死角，体积分数在0.8～0.9之间，约占整个横截面的 8%。轴向结构两侧呈不规则圆环状区域与旋转主轴中上部两侧区域受到涡环一定程度影响，体积分数在 0.3～0.7 之间，约占总面积的 30%。剩余区域受到的影响更弱，体积分数在 0.7～0.8 之间，约占总面积的 59%。相比圆盘涡轮式轴-径组合结构情形，Si_3N_4 颗粒在旋转耦合室内分布的区域有所减小，体积分数大于 0.8 的区域有所减小，但轴向结构两侧呈不规则圆环状区域中 0.5～0.6 区域面积有所减小，0.6～0.7 区域面积有所增大。

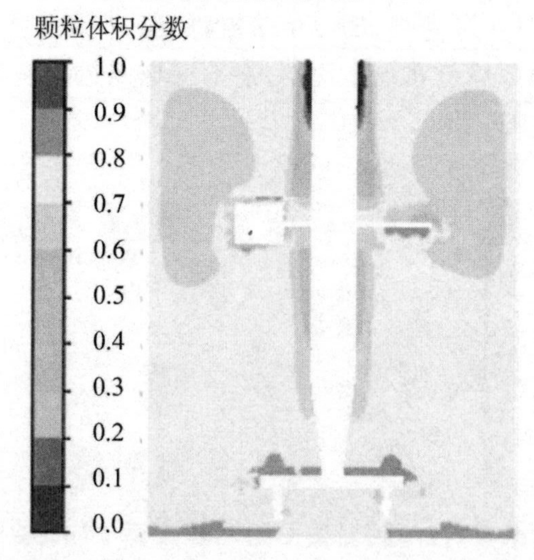

图 3-21　Si_3N_4 粉体体积分数轴向云图（直斜交错圆盘涡轮式轴-径组合结构）

Fig. 3-21　Axial cloud chart of Si_3N_4 powder volume fraction

(Axial-radial combined structure of staggered disc turbine)

(4)旋转耦合室内 Si_3N_4 粉体径向体积分布云图分析

圆盘涡轮式轴-径组合结构旋转耦合室内距离底部 10mm 处 Si_3N_4 粉体径向体积分布云图如图 3-22 所示，整个径向横截面分 3 个区域，铰刀式径向结构附近部分区域体积分数大于 0.80，约占横截面的 5%。径向结构两侧与壁面呈圆环状区域体积分数在 0.77～0.78 之间，约占横截面的 71%。剩余区域体积分数在 0.70～0.77，0.78～0.80 之间，约占横截面的 24%。相比仅有铰刀式径向结构情形，圆盘涡轮式轴-径组合结构能在一定程度上影响旋转耦合室底部的体积分布，堆积情况得到一定改善。

直斜交错圆盘涡轮式轴-径组合结构旋转耦合室内距离底部 10mm 处 Si_3N_4 粉体径向体积分布云图如图 3-23 所示，整个径向横截面分 2 个区域，铰刀式径向结构附近与壁面部分区域体积分数在 0.78～0.79 之间，约占横截面的 26%。剩余区域体积分数在 0.70～0.78 之间，约占总面积的 74%。相比圆盘涡轮式轴-径组合结构情形，横截面内 0.78～0.79 区域增大，但体积分数大于 0.79 区域有所减小。

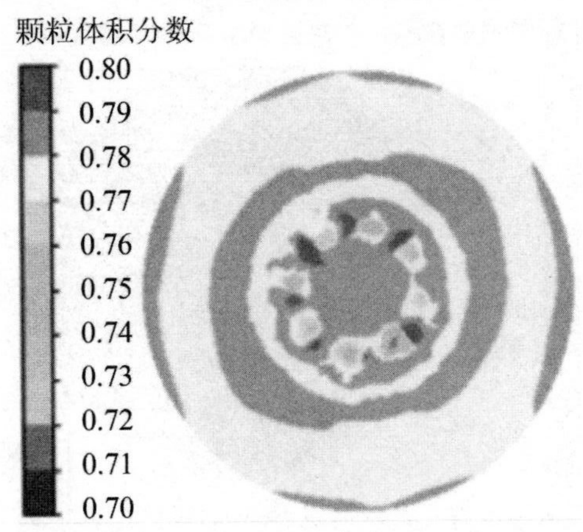

图 3-22　Si_3N_4 **粉体下层体积分数径向云图(圆盘涡轮式轴-径组合结构)**

Fig. 3-22　Radial cloud chart of Si_3N_4 powder volume fraction at lower layer (Axial-radial combined structure of disc turbine)

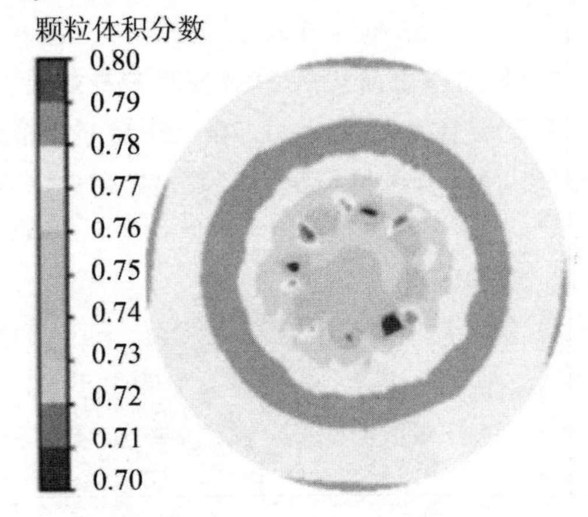

图 3-23　Si_3N_4 **粉体下层体积分数径向云图(直斜交错圆盘涡轮式轴-径组合结构)**

Fig. 3-23　Radial cloud chart of Si_3N_4 powder volume fraction at lower layer (Axial-radial combined structure of staggered disc turbine)

圆盘涡轮式组合结构旋转耦合室内距离底部 203mm 处 Si_3N_4 粉体径向体积分布云图如图 3-24 所示，整个横截面分 3 个区域，圆盘涡轮式轴向结构附近呈旋涡状区域体积分数在 0.80 以上，约占横截面的 15%。旋涡状四周区域体积分数在 0.74～0.80 之间，约占整个横截面的 8%。剩余区域体积分数在 0.70～0.74

之间，约占总面积的77%。相比仅有铰刀式径向结构情形，圆盘涡轮式轴-径组合结构能有效促进上层 Si_3N_4 粉体的循环流动。

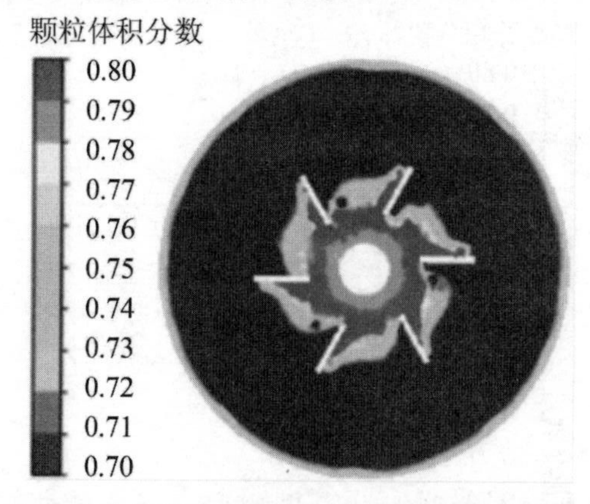

图 3-24 Si_3N_4 粉体上层体积分数径向云图(圆盘涡轮式轴-径组合结构)

Fig. 3-24 Radial cloud chart of Si_3N_4 powder volume fraction at upper layer (Axial-radial combined structure of disc turbine)

直斜交错圆盘涡轮式组合结构旋转耦合室内距离底部203mm处 Si_3N_4 粉体径向体积分布云图如图3-25所示，整个横截面分3个区域，轴向结构中心区域体积分数在0.71～0.80之间，约占总面积的28%。直斜交错叶片附近约4%区域体积分数大于0.80。剩余区域体积分数在0.70～0.71之间，约占整个横截面的68%。相比圆盘涡轮式轴-径组合结构情形，体积分数大于0.78区域有所减少，堆积情况有所改善。

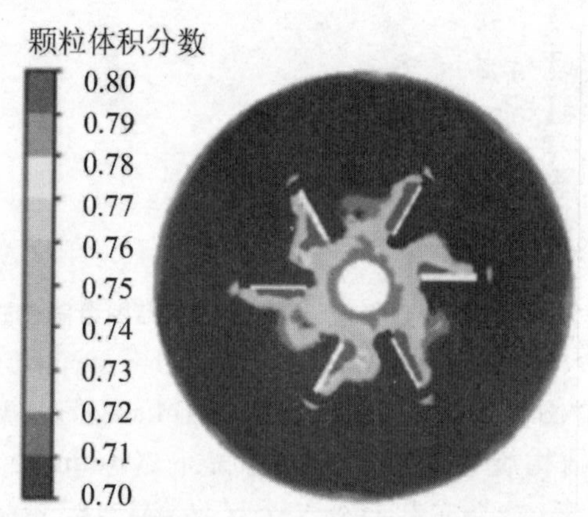

图 3-25 Si_3N_4 粉体上层体积分数径向云图(直斜交错圆盘涡轮式轴-径组合结构)

Fig. 3-25 Radial cloud chart of Si_3N_4 powder volume fraction at upper layer (Axial-radial combined structure of staggered disc turbine)

3.3.4　结论

(1)传统圆盘涡轮式轴-径组合结构弥补了铰刀式径向结构径向流强、轴向流弱的缺陷,显著增强了轴向流并使 Si_3N_4 粉体的运动高度能到达整个旋转耦合室,并与铰刀式径向结构产生的径向流交融,实现 Si_3N_4 粉体底部向顶部、顶部向底部的循环运动。

(2)直斜交错圆盘涡轮式轴-径组合结构同样弥补了铰刀式径向结构径向流强、轴向流弱的缺陷,但相比传统圆盘涡轮式组合结构,涡环仅在一定程度上增强了轴向流,但增加的轴向流仅分布在轴向结构与径向结构之间,两侧轴向流增强不明显,循环流动效果较差。

3.4　开启涡轮式轴-径组合结构对粉体混合效果数值分析

3.4.1　数值模拟区域简化

开启涡轮式轴向结构分为传统开启涡轮式与直斜交错开启涡轮式两种,其三维物理模型如图 3-26 所示。传统开启涡轮式轴向结构由 1 个圆盘和 6 片倾斜 45°的叶片组成。直斜交错开启涡轮式轴向结构由 1 个圆盘、3 片倾斜 45°的叶片和 3 片倾斜 90°的叶片交错组成。

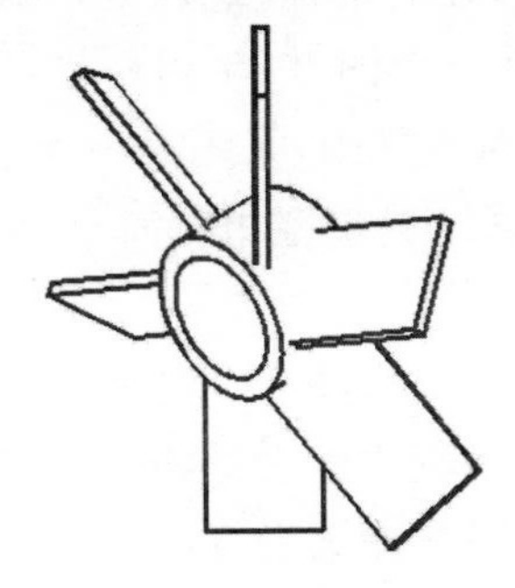

(a)传统开启涡轮式

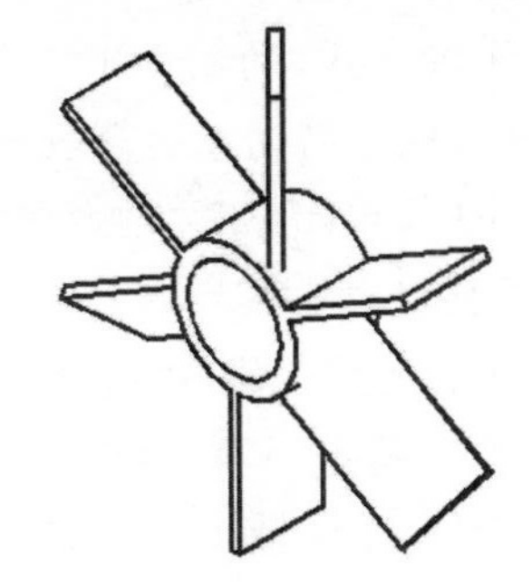

(b)直斜交错开启涡轮式

图 3-26　轴向结构三维物理模型

Fig. 3-26　3D physical model of axial structure

以传统开启涡轮式轴-径组合结构为例，开启涡轮式组合结构模拟区域简化示意图如图 3-27 所示。开启涡轮式轴向结构 3 位于旋转耦合室中上部，径向结构与轴向结构由旋转主轴 4 连接，其直径 $D_4=30\text{mm}$。旋转耦合室内加入的初始 Si_3N_4 粉体 2 高 $L_2=200\text{mm}$，占整个旋转耦合室高度的 2/3。5 为旋转耦合室的壁面。

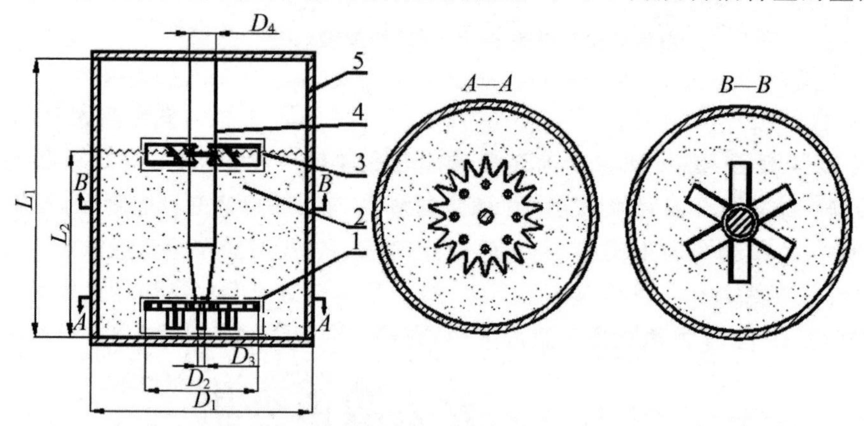

图 3-27　开启涡轮式组合结构旋转耦合室模拟区域简化示意图

Fig. 3-27　Simplified schematic diagram of rotating coupling chamber simulated area with open turbine combined structure

1—铰刀式径向结构；2— Si_3N_4 粉体；3—开启涡轮式轴向结构；4—旋转主轴；5—旋转耦合室壁面

3.4.2　边界条件设置及数值求解

在 SolidWorks 软件中建立开启涡轮式组合结构旋转耦合室三维物理模型。建立好的三维物理模型通过布尔减运算将铰刀式径向结构区域、开启涡轮式轴向结构与剩余区域分开，利用 ICEM 软件设置网格。由图 3-28 网格划分示意图可知，动态运算区域 1 与动态运算区域 2 内结构相对不规则，采用大小为 4 的非结构性网格进行处理，共计 127 461 个网格。静态运算区域模型相对简单，采用大小为 6 的结构性网格处理，共计 69 587 个网格。

以传统开启涡轮式轴-径组合结构为例，分为 3 个运算区域，其中 2 个为动态运算区域，1 个为静态运算区域。由图 3-29 开启涡轮式组合结构边界条件设置示意图可知，动态运算区域 1 与动态运算区域 2 分别与静态运算区域存在重合区域交界面 1 和交界面 2，通过交界面实现数据耦合。动态运算区域设置为动态滑移网格，静态运算区域设置为多重参考坐标系，剩余均设置为墙。

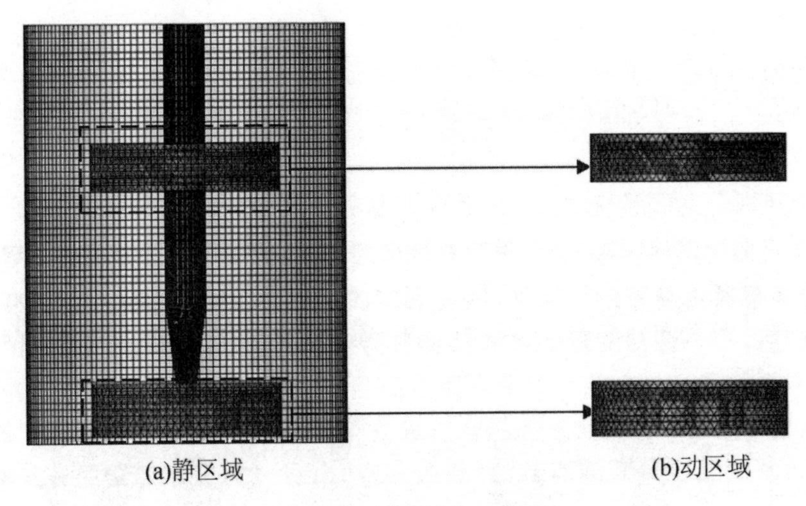

图 3-28　网格划分示意图

Fig. 3-28　Schematic diagram of grid division

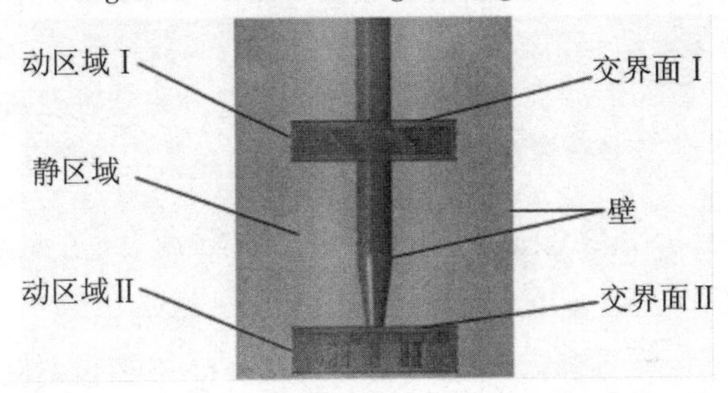

图 3-29　开启涡轮式组合结构边界条件设置示意图

Fig. 3-29　Schematic diagram of boundary condition setting for open turbine combined structure

开启涡轮式组合结构旋转耦合室的内部流场运算采用 ANSYS 中的 Fluent 模块。静态运算区域运用 Moving mesh 模型，动态运算区域运用 MRF 模型，非稳态耦合场采用压力隐式求解，利用欧拉-欧拉多相流模型模拟 Si_3N_4 粉体与空气的分布情况。湍流模型为 RNG k-ε 模型，离散相为二阶迎风格式。Si_3N_4 粉体粒径设置为 0.013mm。旋转耦合室内加入约 2/3 的初始 Si_3N_4 粉体。

3.4.3　数值模拟结果分析

(1)旋转耦合室内 Si_3N_4 粉体轴向速度场分析

开启涡轮式轴-径组合结构旋转耦合室内 Si_3N_4 粉体轴向速度场如图 3-30 所

示，铰刀式径向结构处与开启涡轮轴向结构处附近速度最大，开启涡轮式轴向结构位于旋转耦合室的中上部，在旋转主轴高速旋转的带动下产生与水平面呈 45°的切向流，45°切向流带动一部分 Si_3N_4 粉体沿着 45°方向向壁面运动后发生碰撞分成两部分的运动趋势与加装圆盘涡轮式轴向结构情形下大致相同。与之不同的是直接朝旋转耦合室顶部和发生碰撞后朝顶部的运动趋势增强，在旋转耦合室中上层所形成的涡环相对较大，朝底部的运动趋势有所减弱，与铰刀式径向结构产生的轴向流相互作用形成的涡环相对较小。由上分析可知：开启涡轮式轴向结构增强的轴向流更多地分布在旋转耦合室中上部，分布在旋转耦合室中下部的有所减弱。

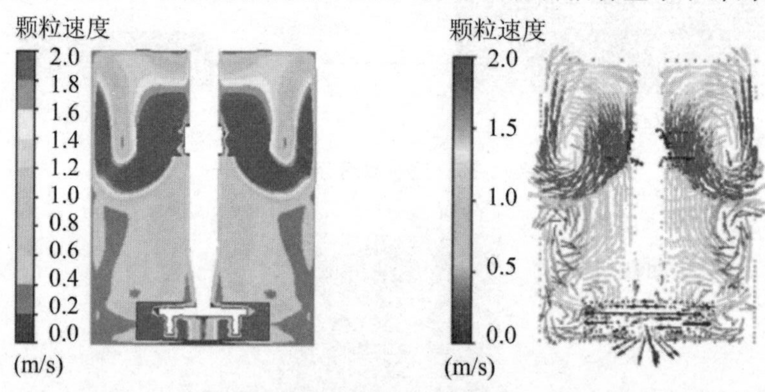

图 3-30　Si_3N_4 粉体轴向速度场（开启涡轮式轴-径组合结构）

Fig. 3-30　Axial cloud chart of Si_3N_4 powder velocity

(Axial-radial combined structure of open turbine)

直斜交错开启涡轮式轴-径组合结构旋转耦合室内 Si_3N_4 粉体轴向速度场如图 3-31 所示，铰刀式径向结构处与直斜交错开启涡轮式轴向结构处附近速度最大，交错开启涡轮式轴向结构位于旋转耦合室的中上部，其由 3 片倾斜 45°与 3 片倾斜 90°的叶片相互交替组成。在旋转主轴高速旋转的带动下分别产生与水平面呈 45°的切向流和与水平面呈 90°的水平射流。45°的切向流运动趋势与加装开启涡轮轴向结构产生的切向流大致相同。90°的水平射流运动趋势与加装交错圆盘涡轮轴向结构产生的水平射流大致相同。由上分析可知：开启涡轮式组合结构仅有 3 片叶片产生的切向流与径向结构产生的涡环形成大涡环，剩余 3 片叶片产生的 90°水平射流在撞击壁面后与径向结构产生的涡环发生作用在一定程度上增加了轴向流，增加的轴向流仅分布在轴向结构与径向结构之间，在旋转耦合室两侧轴向流增加不明显。直斜交错开启涡轮式组合结构所增加的轴向流仅分布在局部区域，循环流动效果相比开启涡轮式组合结构较差。

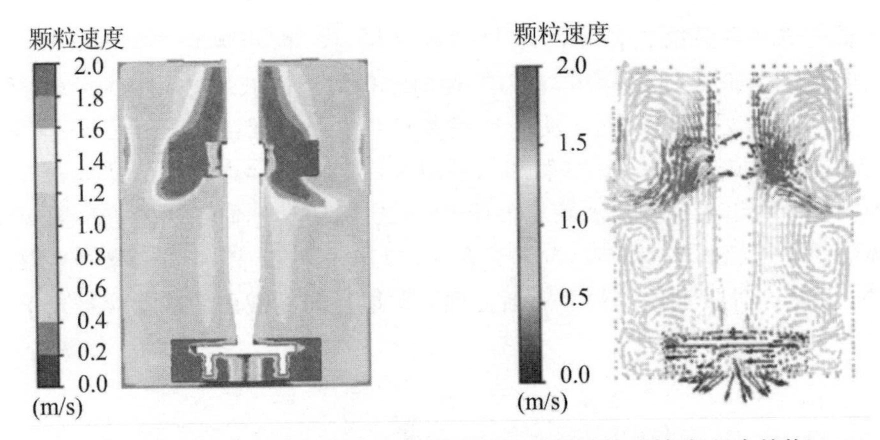

图 3-31 Si_3N_4 粉体轴向速度场(直斜交错开启涡轮式轴-径组合结构)

Fig. 3-31 Axial cloud chart of Si_3N_4 powder velocity

(Axial-radial combined structure of staggered open turbine)

(2)旋转耦合室内 Si_3N_4 粉体径向速度场分析

开启涡轮式轴-径组合结构旋转耦合室内距离底部10mm处 Si_3N_4 粉体径向速度场如图3-32所示,铰刀式径向结构附近区域 Si_3N_4 粉体运动趋势与前面三种情形大致相同,径向结构两侧呈月牙状区域速度在0.4~0.8m/s之间,剩余区域速度在0~0.4m/s之间。相比圆盘涡轮式轴-径组合结构情形,径向结构附近呈圆环状区域 Si_3N_4 粉体向四周扩散趋势更明显,打旋现象区域明显减少,Si_3N_4 粉体在下层径向横截面的流动性在整体上优于传统圆盘涡轮式轴-径组合结构、直斜交错圆盘涡轮式轴-径组合结构情形。

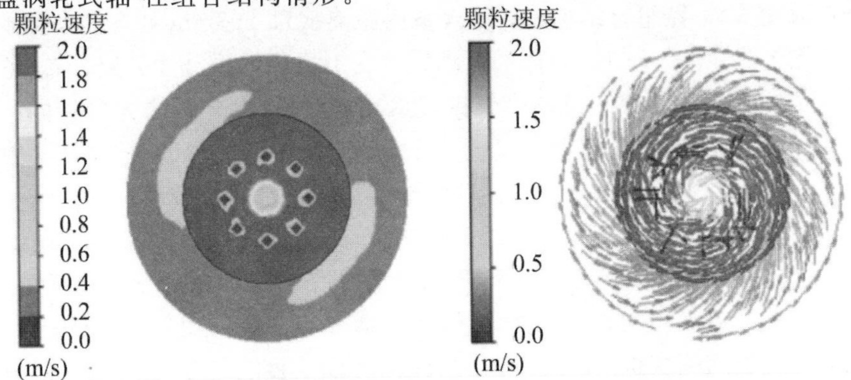

图 3-32 Si_3N_4 粉体下层径向速度场(开启涡轮式轴-径组合结构)

Fig. 3-32 Radial cloud chart of Si_3N_4 powder velocity at lower layer

(Axial-radial combined structure of open turbine)

直斜交错开启涡轮式轴-径组合结构旋转耦合室内距离底部 10mm 处 Si_3N_4 粉体径向速度场如图 3-33 所示，铰刀式径向结构附近区域 Si_3N_4 粉体运动趋势与前面几种情形大致相同，径向结构附近呈圆环状区域速度在 0.8～1.0m/s 之间，剩余区域速度在 0～0.8m/s 之间，相邻的两区域之间均存在一定的速度差。从速度矢量图可以看出相比开启涡轮式轴-径组合结构情形，径向结构附近呈圆环状区域粉体向四周扩散的趋势相对较小，存在一定程度的打旋，直到旋转耦合室壁面区域 Si_3N_4 粉体向外扩散的趋势才逐渐显现。下层径向横截面的流动性略差于开启涡轮式轴-径组合结构情形。

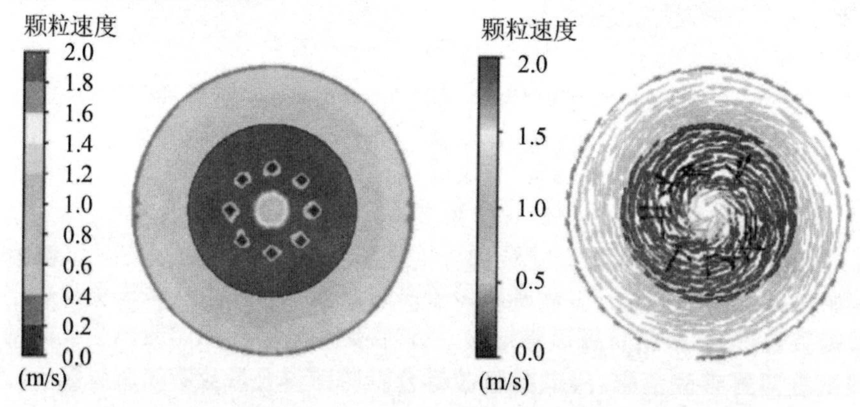

图 3-33　Si_3N_4 粉体下层径向速度场(直斜交错开启涡轮式轴-径组合结构)

Fig. 3-33　Radial cloud chart of Si_3N_4 powder velocity at lower layer

(Axial-radial combined structure of staggered open turbine)

开启涡轮式轴-径组合结构旋转耦合室内距离底部 203mm 处 Si_3N_4 粉体径向速度场如图 3-34 所示，Si_3N_4 粉体的运动速度在上层径向横截面分层分布，整体运动趋势与传统圆盘涡轮式或直斜交错圆盘涡轮式轴-径组合结构大致相同。但相比圆盘涡轮组合结构情形，壁面速度大于 2.0m/s 区域有所增大，轴向结构附近速度在 1.4～1.8m/s 之间区域有所减小，存在明显速度差的区域面积有所增大。从速度矢量图可以看出相比圆盘涡轮组合结构情形，运动速度在 0.8～1.4m/s 之间的 Si_3N_4 粉体向外扩散的趋势更为明显，中上层的 Si_3N_4 粉体的流动性更强。

直斜交错开启涡轮式轴-径组合结构旋转耦合室内距离底部 203mm 处 Si_3N_4 粉体径向速度场如图 3-35 所示，Si_3N_4 粉体的运动速度在上层径向横截面分层分布，整体的趋势均是从里到外速度先依次增大，在轴向结构处速度达到最大 2.0m/s 以上，然后先减小再增大。但相比开启涡轮组合结构情形，轴向结构附近速度大于 2.0m/s 的区域有所增大，临近旋转耦合室壁面区域速度在 1.4～1.8m/s 之间，未到达 2.0m/s 以上，分层分布的明显程度有所下降，相邻区域之间的速度差有所减小。3 片倾斜 90°的叶片增强了轴向结构附近处的轴向流，但邻近旋转耦合室壁面区域增强的轴向流相对较小。

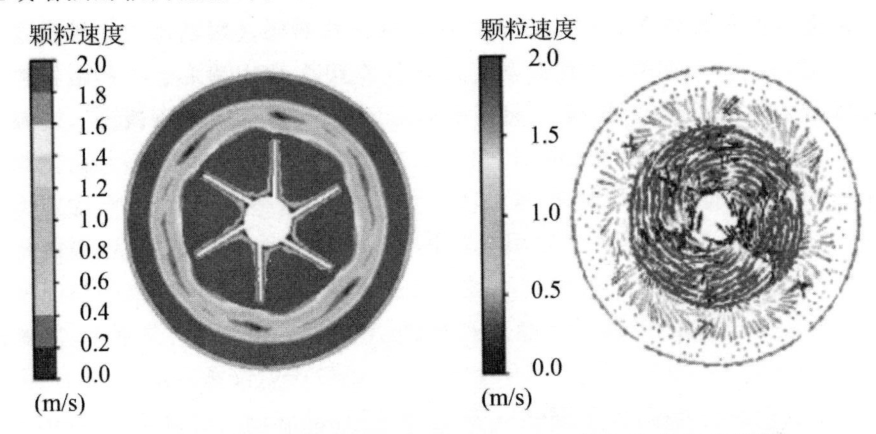

图 3-34　Si_3N_4 粉体上层径向速度场(开启涡轮式轴-径组合结构)

Fig. 3-34　Radial cloud chart of Si_3N_4 powder velocity at upper layer (Axial-radial combined structure of open turbine)

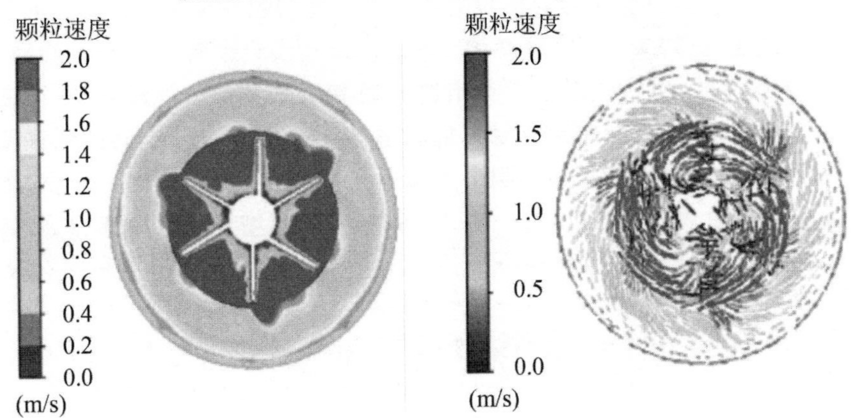

图 3-35　Si_3N_4 粉体上层径向速度场(直斜交错开启涡轮式轴-径组合结构)

Fig. 3-35　Radial cloud chart of Si_3N_4 powder velocity at upper layer (Axial-radial combined structure of staggered open turbine)

(3)旋转耦合室内 Si_3N_4 粉体轴向体积分布云图分析

开启涡轮式轴-径组合结构旋转耦合室内 Si_3N_4 粉体轴向分布云图如图 3-36 所示，径向结构与轴向结构同时高速转动分别产生小涡环交融形成大涡环，相比圆盘涡轮组合结构情形，开启涡轮轴向结构产生的涡环增强的轴向流更多地分布在中上部和壁面区域，轴向结构与径向结构之间的轴向流增强相对较小。底部和顶部部分区域与开启涡轮轴向结构两侧约 6%区域体积分数在 0.8～0.9 之间，涡环影响不到的死角区域大大减小。轴向结构两侧呈圆环状区域及轴-径组合结构之间部分区域体积分数在 0.3～0.7 之间，其中大于 0.6 的区域约占总面积的 12%，0.3～0.6 区域约占总面积的 24%，相比圆盘涡轮组合结构情形，0.6～0.7 区域面积有所减小。剩余区域体积分数在 0.7～0.8 之间，约占总面积的 58%。

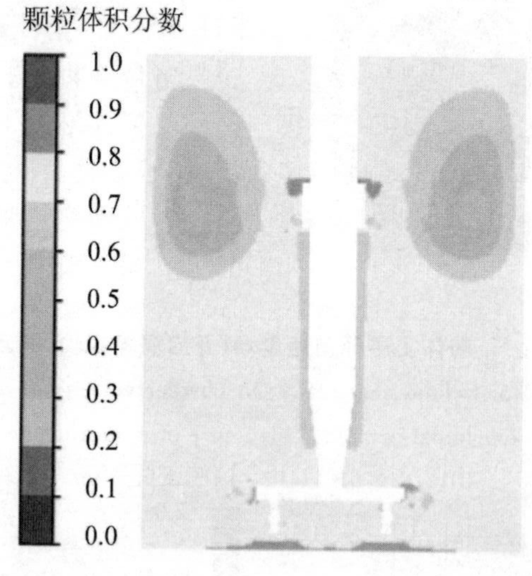

图 3-36　Si_3N_4 粉体体积分数轴向云图(开启涡轮式轴-径组合结构)

Fig. 3-36　Axial cloud chart of Si_3N_4 powder volume fraction

(Axial-radial combined structure of open turbine)

直斜交错开启涡轮式轴-径组合结构旋转耦合室内 Si_3N_4 粉体轴向分布云图如图 3-37 所示，Si_3N_4 粉体分布在几乎整个制粒室，下层铰刀式径向结构与上层交错开启涡轮式轴向结构同时高速转动分别产生小涡环交融形成大涡环，其中倾斜 90°的叶片产生的涡环主要作用在轴向结构与径向结构之间区域，倾斜 45°的叶片产生的涡环主要作用在轴向结构与径向结构两侧区域。旋转耦合室左右两侧底部与径向结构上层部分区域是涡环影响的死角，体积分数在 0.8 以上，约占总面积的 6%。轴向结构两侧呈不规则圆环状区域与旋转主轴中上部和中下部两侧部分区域受到涡环一定程度的影响，体积分数在 0.3～0.7 之间，约占总面积的 30%，其中大于 0.6 区域的面积约 26%。剩余区域受到的影响更弱，体积分数在 0.7～0.8 之间，约占总面积的 64%。相比开启涡轮式组合结构情形，体积分数大于 0.8 的区域有所增大，轴向结构两侧呈不规则圆环状区域中大于 0.6 的区域有所增大。

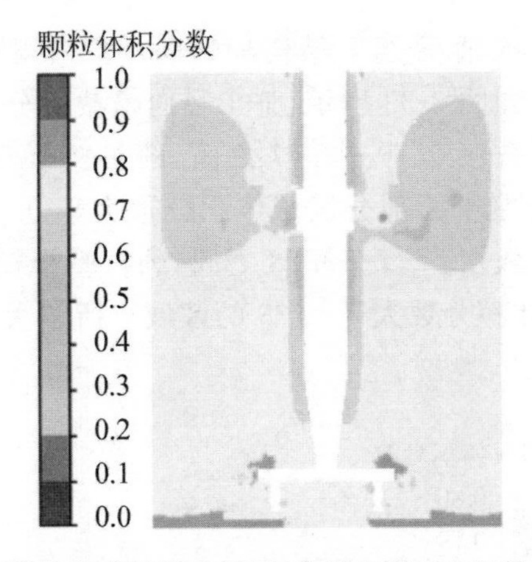

图 3-37　Si_3N_4 **粉体体积分数轴向云图(直斜交错开启涡轮式轴-径组合结构)**

Fig. 3-37　Axial cloud chart of Si_3N_4 powder volume fraction

(Axial-radial combined structure of staggered open turbine)

(4)旋转耦合室内 Si_3N_4 粉体径向体积分布云图分析

开启涡轮式轴-径组合结构旋转耦合室内距离底部 10mm 处 Si_3N_4 粉体径向体积分布云图如图 3-38 所示，整个径向横截面分 2 个区域，铰刀式径向结构四周圆环状和旋转耦合室壁面对称分布的弧形区域体积分数在 0.76～0.77 之间，约占总面积的 40%。剩余区域体积分数在 0.77 以上，约占整个横截面的 60%。相比圆盘涡轮组合结构情形，体积分数在 0.77 以上面积有所减少，Si_3N_4 颗粒分布在下层径向横截面整体更为均匀。

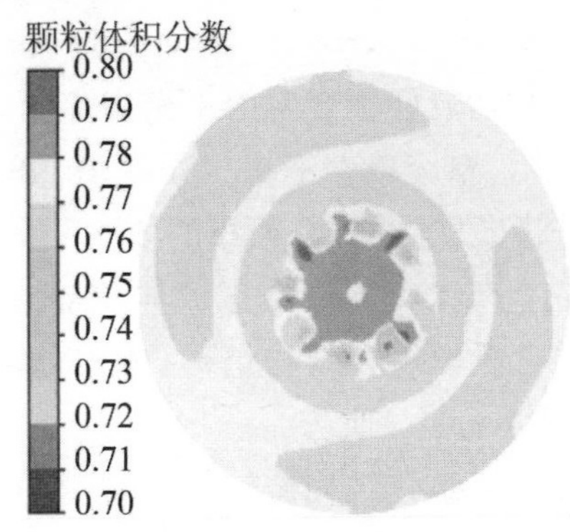

图 3-38　Si_3N_4 **粉体下层体积分数径向云图(开启涡轮式轴-径组合结构)**

Fig. 3-38　Radial cloud chart of Si_3N_4 powder volume fraction at lower layer

(Axial-radial combined structure of open turbine)

直斜交错开启涡轮式轴-径组合结构旋转耦合室内距离底部 10mm 处 Si_3N_4 粉体径向体积分布云图如图 3-39 所示，整个径向横截面分为 3 个区域，截面中心到轴向结构区域体积分数在 0.70～0.77 之间，约占整个横截面的 40%。轴向结构临近区域及旋转耦合室壁面部分区域体积分数大于 0.78，约占整个横截面的 12%。剩余区域体积分数在 0.77～0.78 之间，约占整个横截面的 48%。相比开启涡轮组合结构情形，体积分数大于 0.78 的区域有所增大，下层径向横截面的混合效果相对较差。

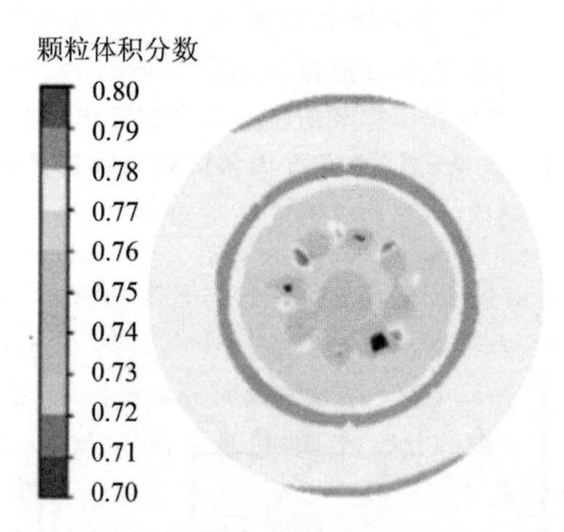

图 3-39　Si_3N_4 **粉体下层体积分数径向云图(直斜交错开启涡轮式轴-径组合结构)**

Fig. 3-39　Radial cloud chart of Si_3N_4 powder volume fraction at lower layer (Axial-radial combined structure of staggered open turbine)

开启涡轮式轴-径组合结构旋转耦合室内距离底部 203mm 处 Si_3N_4 粉体径向体积分布云图如图 3-40 所示，整个横截面分 3 个区域，开启涡轮式轴向结构叶片附近部分区域体积分数大于 0.80，约占总面积的 3%。壁面至中心约 70%呈圆环状区域体积分数在 0.70～0.71 之间。剩余区域体积分数在 0.72～0.77 之间，约占总面积的 27%。相比圆盘涡轮组合结构情形，体积分数大于 0.80 区域大大减少，轴向结构附近区域堆积情况明显改善。

直斜交错开启涡轮式轴-径组合结构旋转耦合室内距离底部 203mm 处 Si_3N_4 粉体径向体积分布云图如图 3-41 所示，整个横截面分为 3 个区域，旋转耦合室壁面到中心呈圆环状区域体积分数在 0.70～0.71 之间，约占总面积的 65%。交错叶片附近部分区域体积分数大于 0.79，约占总面积的 3%。剩余区域体积分数在 0.71～0.79 之间，约占总面积的 32%。相比开启涡轮组合结构情形，轴向结构中心区域中体积分数大于 0.75 的区域有所减小，但交错叶片附近区域的体积分数有所增大。

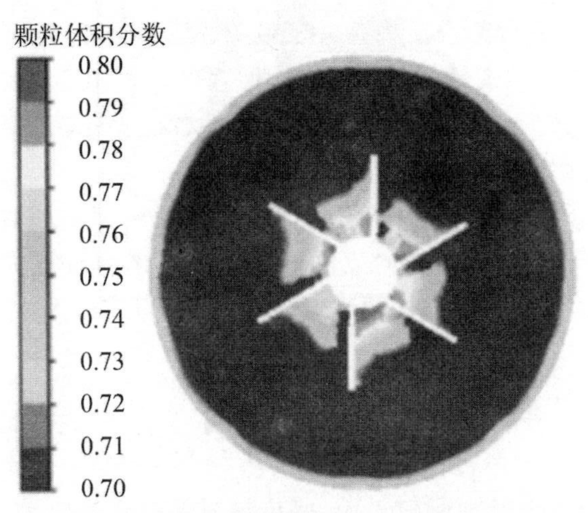

图 3-40　Si_3N_4 粉体上层体积分数径向云图（开启涡轮式轴-径组合结构）

Fig. 3-40　Radial cloud chart of Si_3N_4 powder volume fraction at upper layer (Axial-radial combined structure of open turbine)

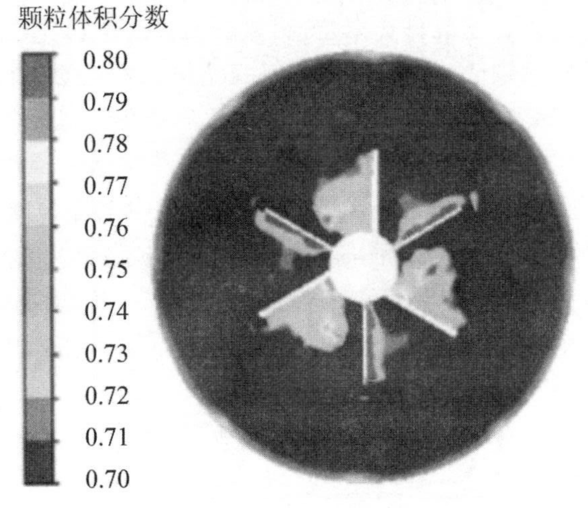

图 3-41　Si_3N_4 粉体上层体积分数径向云图（直斜交错开启涡轮式轴-径组合结构）

Fig. 3-41　Radial cloud chart of Si_3N_4 powder volume fraction at upper layer (Axial-radial combined structure of staggered open turbine)

3.4.4 结论

(1)开启涡轮式轴-径组合结构弥补了铰刀式径向结构径向流强、轴向流弱的缺陷,相比传统圆盘涡轮式轴-径组合结构,增强的轴向流更多地分布在旋转耦合室中上部,Si_3N_4 粉体向外扩散的趋势更明显,分布在旋转耦合室中下部的有所减弱,打旋现象有所改善。

(2)直斜交错开启涡轮式轴-径组合结构同样弥补了铰刀式径向结构径向流强、轴向流弱的缺陷,但增强的轴向流仅分布在轴向结构与径向结构之间,两侧增加不明显,下层径向横截面 Si_3N_4 粉体流动性略差于开启涡轮式轴-径组合结构。

3.5 本章小结

本章对旋转耦合室内铰刀式径向结构与传统圆盘涡轮轴-径组合结构、直斜交错圆盘涡轮轴-径组合结构、传统开启涡轮轴-径组合结构、交错开启涡轮式轴-径组合结构下多相流旋转耦合场进行探究,分析后得到 Si_3N_4 粉体速度场与体积分布。结果表明传统圆盘涡轮轴-径组合结构、直斜交错圆盘涡轮轴-径组合结构、传统开启涡轮轴-径组合结构、交错开启涡轮式轴-径组合结构均可弥补铰刀式径向结构下径向流强、轴向流弱的缺陷并显著增强 Si_3N_4 粉体的运动高度。传统开启涡轮式轴-径组合结构增强轴向流大都分布在旋转耦合室中上部,与底部铰刀式径向结构产生的涡环交融形成一个大涡环,Si_3N_4 粉体向外扩散的趋势最明显,打旋现象明显改善。综上分析,对传统开启涡轮式轴-径组合结构继续深入研究。

第4章 轴-径组合结构空间参数与气-固两相流旋转耦合场制备Si_3N_4颗粒混合过程的影响

4.1 引 言

本章内容主要分析气-固两相流旋转耦合室内开启涡轮式轴-径组合结构空间参数对旋转耦合场的影响。建立开启涡轮式轴-径组合结构在不同离底距、层间距下旋转耦合室物理模型,进行网格划分、边界条件设置,采用 ANSYS 中 Fluent 模块对旋转耦合室内部流场进行数值模拟,对比分析速度云图与体积分布云图得到 Si_3N_4 粉体混合过程受不同离底距与层间距的影响特性,根据其影响特性确定开启涡轮式轴-径组合结构最佳空间参数。

4.2 开启涡轮式轴-径组合结构离底距对粉体混合效果数值分析

4.2.1 数值模拟区域简化

以开启涡轮式轴-径组合结构离底距等于 10mm 为例,其模拟区域简化示意图如图 4-1 所示。开启涡轮式轴向结构 3 位于旋转耦合室中上部,径向结构与轴向结构由旋转主轴 4 连接,其直径 $D_4=30$mm。旋转耦合室内加入的初始 Si_3N_4 粉体 2 高 $L_2=200$mm,占整个旋转耦合室高度的 2/3。5 为旋转耦合室的壁面。

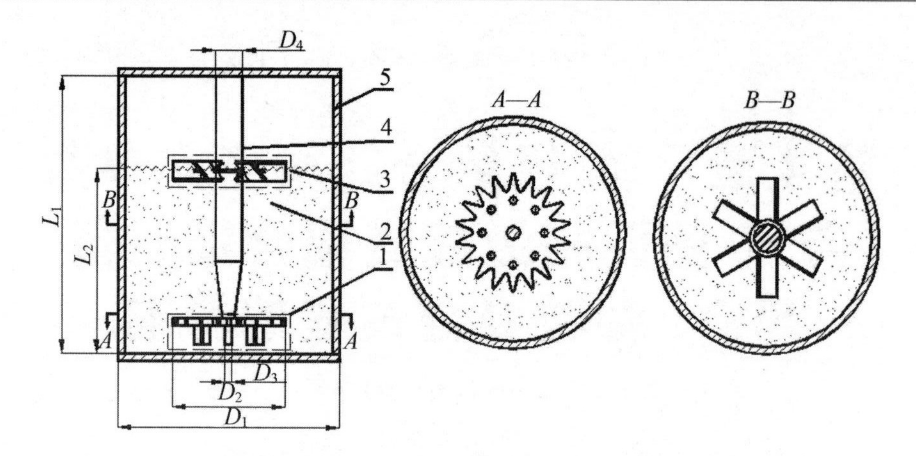

图 4-1 开启涡轮式组合结构旋转耦合室模拟区域简化示意图

Fig. 4-1 Simplified schematic diagram of rotating coupling chamber simulated area with open turbine combined structure

1—铰刀式径向结构；2— Si_3N_4 粉体；3—开启涡轮式轴向结构；4—旋转主轴；5—旋转耦合室壁面

4.2.2 边界条件设置及数值求解

在 SolidWorks 软件中建立开启涡轮式组合结构旋转耦合室三维物理模型。建立好的三维物理模型通过布尔减运算将铰刀式径向结构区域、开启涡轮式轴向结构与剩余区域分开，利用 ICEM 软件设置网格。由图 4-2 网格划分示意图可知，动态运算区域 1 与动态运算区域 2 内结构相对不规则，采用大小为 4 的非结构性网格进行处理，共计 127 461 个网格。静态运算区域模型相对简单，采用大小为 6 的结构性网格处理，共计 69 587 个网格。

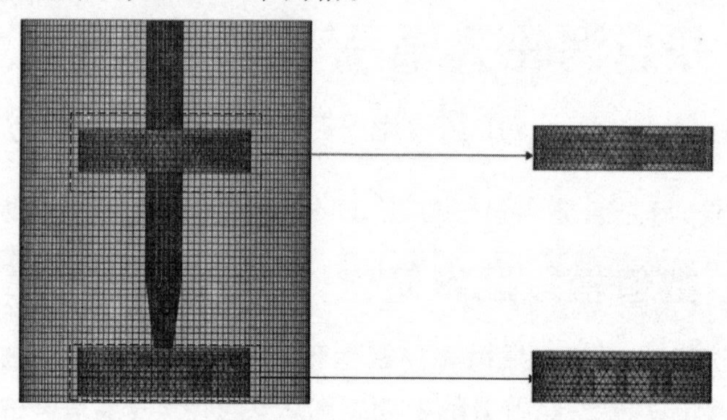

图 4-2 网格划分示意图

Fig. 4-2 Schematic diagram of grid division

以传统开启涡轮式轴-径组合结构为例，分为 3 个运算区域，其中 2 个为动态运算区域，1 个为静态运算区域。由图 4-3 开启涡轮式组合结构边界条件设置示意图可知，动态运算区域 1 与动态运算区域 2 分别与静态运算区域存在重合区域交界面 1 和交界面 2，通过交界面实现数据耦合。动态运算区域设置为动态滑移网格，静态运算区域设置为多重参考坐标系，剩余均设置为墙。

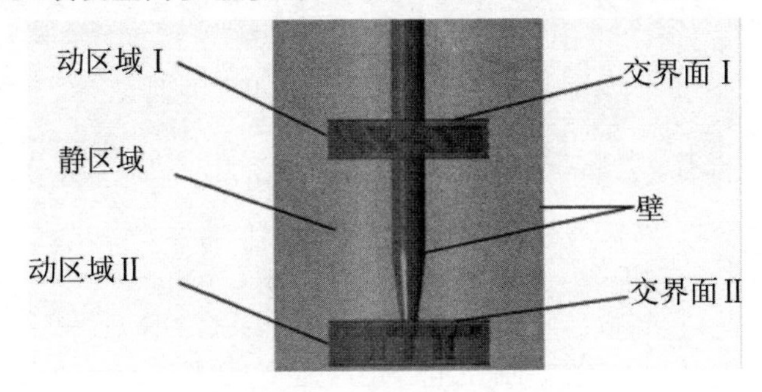

图 4-3　开启涡轮式组合结构边界条件设置示意图

Fig. 4-3　Schematic diagram of boundary condition setting for open turbine combined structure

开启涡轮式组合结构旋转耦合室的内部流场运算采用 ANSYS 中的 Fluent 模块。静态运算区域运用 Moving mesh 模型，动态运算区域运用 MRF 模型，非稳态耦合场采用压力隐式求解，利用欧拉-欧拉多相流模型模拟 Si_3N_4 粉体与空气的分布情况。湍流模型为 RNG k-ε 模型，离散相为二阶迎风格式。Si_3N_4 粉体粒径设置为 0.013mm。旋转耦合室内加入约 2/3 的初始 Si_3N_4 粉体。

4.2.3　数值模拟结果分析

(1)旋转耦合室内 Si_3N_4 粉体轴向速度场分析

旋转耦合室内开启涡轮式轴-径组合结构距离底部 $L_1=6$mm 时 Si_3N_4 粉体轴向速度场如图 4-4 所示。通过分析可知：底部铰刀式径向结构高速旋转产生水平射流带动 Si_3N_4 粉体在水平截面上四处扩散，与壁面碰撞后产生向上向下的轴向流，一部分朝旋转耦合室顶部运动形成涡环，另一部分朝旋转耦合室底部运动距离较小无法形成涡环，同时因为铰刀式径向结构与开启涡轮式轴向结构之间的层间距不变导致轴向结构相对其他情形下在旋转耦合室内的位置有所下移，轴向结构产生的流场与径向结构产生的流场相互作用在旋转耦合室中下部所构成的涡环相对更大，在旋转耦合室顶部所产生的涡环相对有所减小。

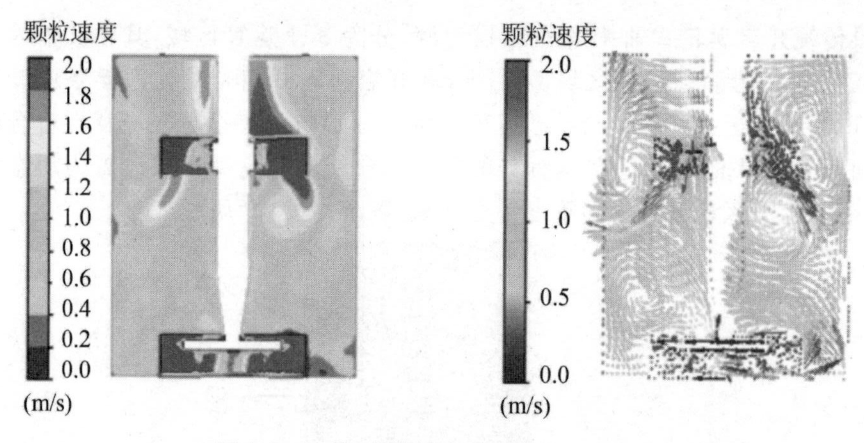

图 4-4　Si_3N_4 **粉体轴向速度场**($L_1=6$mm)

Fig. 4-4　Axial cloud chart of Si_3N_4 powder velocity ($L_1=6$mm)

旋转耦合室内开启涡轮式轴-径组合结构距离底部 $L_2=8$mm 时 Si_3N_4 粉体轴向速度场如图 4-5 所示。通过分析可知：底部铰刀式径向结构高速旋转产生水平射流带动 Si_3N_4 粉体在水平截面上四处扩散，与壁面碰撞后产生向上向下的轴向流，一部分朝旋转耦合室顶部运动形成涡环，另一部分朝旋转耦合室底部运动距离较小无法形成涡环，层间距不变导致轴向结构在旋转耦合室内位置有所下移，轴向结构产生的流场与径向结构产生的流场相互作用在旋转耦合室中下部所构成的更大涡环，顶部涡环范围较小但速度较大，轴向结构与径向结构之间涡环衔接更紧密。

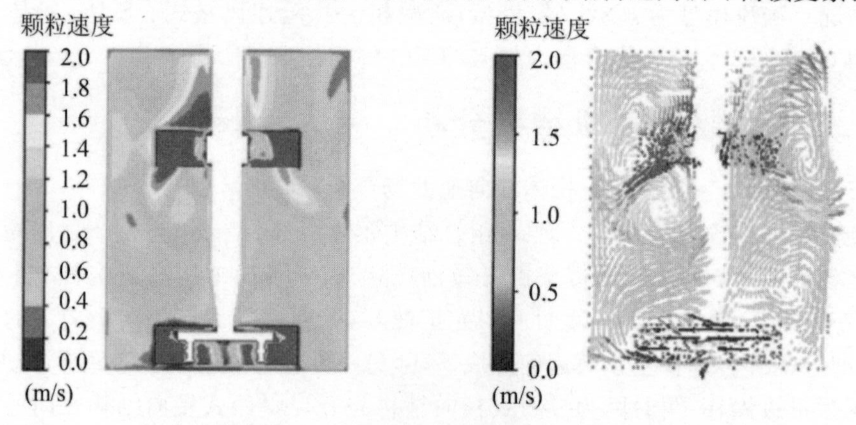

图 4-5　Si_3N_4 **粉体轴向速度场**($L_2=8$mm)

Fig. 4-5　Axial cloud chart of Si_3N_4 powder velocity ($L_2=8$mm)

旋转耦合室内开启涡轮式轴-径组合结构距离底部 $L_3=10$mm 时 Si_3N_4 粉体轴向速度场如图 4-6 所示。通过分析可知：开启涡轮式轴向结构位于旋转耦合室的中上部，在旋转主轴高速旋转的带动下产生与水平面呈45°的切向流，45°切向流带动一部分Si_3N_4粉体沿着45°方向向壁面运动后发生碰撞分成两部分，一部分朝顶部运动后改变运动方向并在重力作用下向底部运动，另一部分朝底部运动并与铰刀式径向结构产生的较弱轴向流相互作用形成涡环，切向流带动另一部分Si_3N_4粉体沿45°方向向顶部运动并与前一部分撞击顶部后向底部运动的Si_3N_4粉体形成涡环。

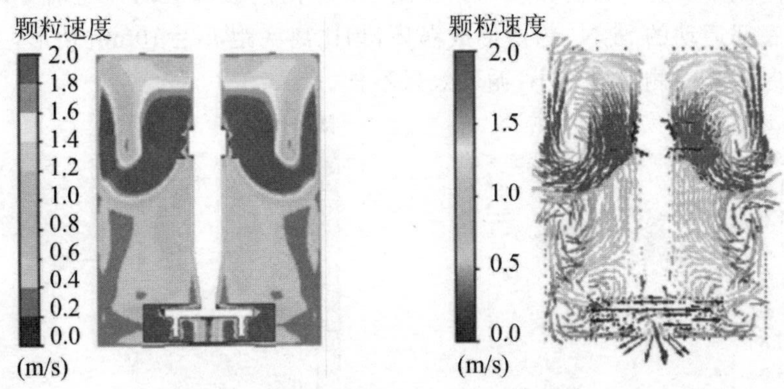

图4-6　Si_3N_4粉体轴向速度场($L_3=10mm$)

Fig. 4-6　Axial cloud chart of Si_3N_4 powder velocity ($L_3=10mm$)

旋转耦合室内开启涡轮式轴-径组合结构距离底部$L_4=12mm$时Si_3N_4粉体轴向速度场如图4-7所示。通过分析可知：开启涡轮式轴向结构产生的45°切向流带动Si_3N_4粉体沿着45°方向向壁面运动后发生碰撞分成两部分，一部分朝底部运动，另一部分Si_3N_4粉体沿45°方向向顶部运动形成涡环。相比离底距$L_3=10mm$情形，旋转耦合室底部一侧速度较小，循环交叉，易产生堆积。

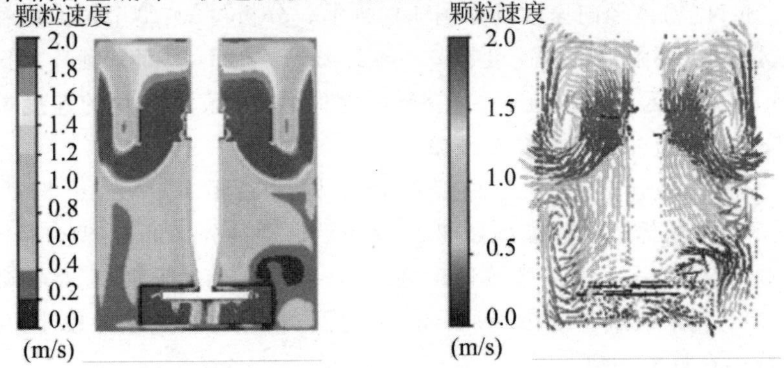

图4-7　Si_3N_4粉体轴向速度场($L_4=12mm$)

Fig. 4-7　Axial cloud chart of Si_3N_4 powder velocity ($L_4=12mm$)

旋转耦合室内开启涡轮式轴-径组合结构距离底部 $L_5=14mm$ 时 Si_3N_4 粉体轴向速度场如图 4-8 所示。通过分析可知：开启涡轮式轴向结构在旋转主轴高速旋转的带动下产生 45°的切向流，一部分 Si_3N_4 粉体沿着 45°方向向壁面运动后发生碰撞分成两部分，一部分朝顶部运动后改变运动方向并在重力的作用下向底部运动，另一部分朝底部运动并与铰刀式径向结构产生的较弱轴向流相互作用形成涡环。切向流带动另一部分 Si_3N_4 粉体沿 45°方向向顶部运动并与前一部分撞击顶部后向底部运动的 Si_3N_4 粉体形成涡环，相比离底距 $L_3=10mm$ 情形，上层开启涡轮式轴向结构一侧速度较小，循环效果不佳。

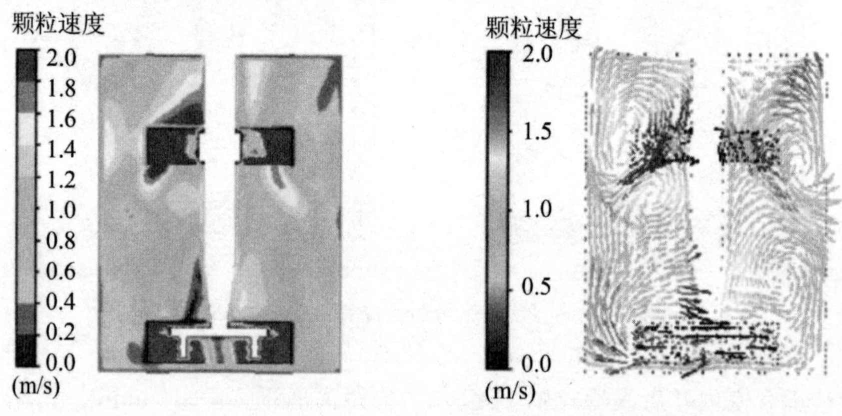

图 4-8　Si_3N_4 粉体轴向速度场（$L_5=14mm$）

Fig. 4-8　Axial cloud chart of Si_3N_4 powder velocity ($L_5=14mm$)

(2)旋转耦合室内 Si_3N_4 粉体径向速度场分析

旋转耦合室内开启涡轮式轴-径组合结构离底距 $L_1=6mm$ 时距离底部 203mm 处 Si_3N_4 粉体径向速度场如图 4-9 所示。分析可知：整个径向横截面大致分为 3 个区域，涡环附近区域速度在 0.6～1.4m/s 之间，中间呈圆环状区域速度大于 2.0m/s，剩余区域速度在 0～1.8m/s 之间，相邻区域之间的速度差相对较小，旋转耦合室壁面存在一定打旋现象。

旋转耦合室内开启涡轮式轴-径组合结构离底距 $L_2=8mm$ 时距离底部 203mm 处 Si_3N_4 粉体径向速度场如图 4-10 所示。通过分析可知：整个径向横截面大致分为 3 个区域，涡环附近区域速度在 0.6～1.4m/s 之间，中间呈圆环状区域速度大于 2.0，剩余区域速度在 0～1.8m/s 之间，相邻区域速度差较小，旋转耦合室壁面区域存在打旋现象。

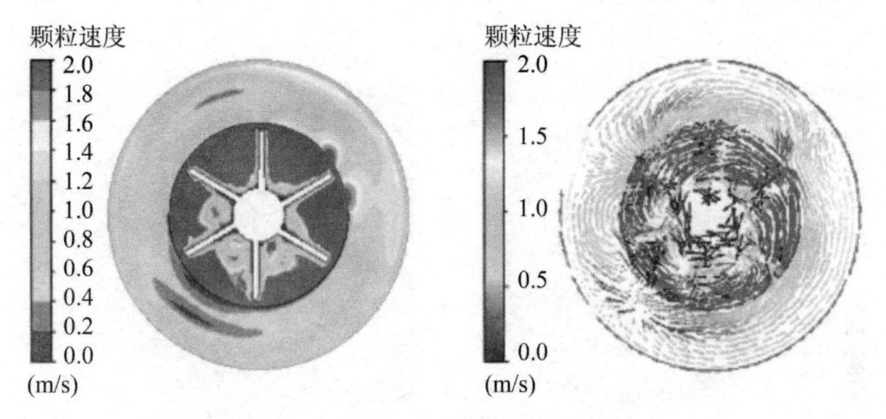

图 4-9　Si_3N_4 粉体上层径向速度场($L_1=6$mm)

Fig. 4-9　Radial cloud chart of Si_3N_4 powder velocity at upper layer ($L_1=6$mm)

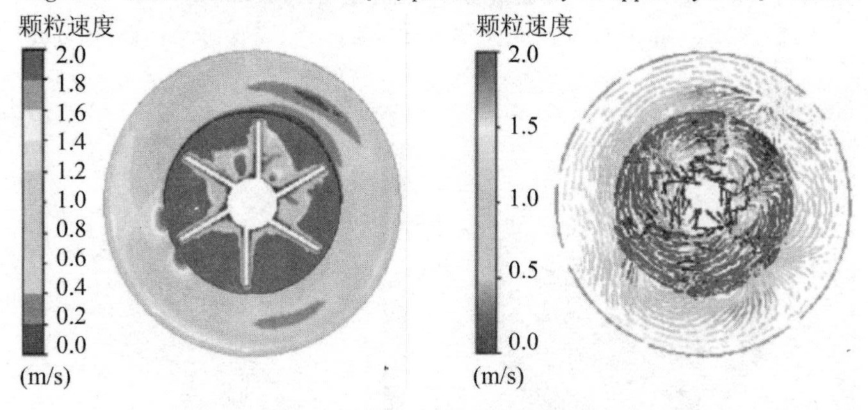

图 4-10　Si_3N_4 粉体上层径向速度场($L_2=8$mm)

Fig. 4-10　Radial cloud chart of Si_3N_4 powder velocity at upper layer ($L_2=8$mm)

旋转耦合室内开启涡轮式轴-径组合结构离底距 $L_3=10$mm 时距离底部 203mm 处 Si_3N_4 粉体径向速度场如图 4-11 所示。通过分析可知：Si_3N_4 粉体的运动速度在上层径向横截面分层分布，旋转耦合室中心至圆盘涡轮式轴向结构速度依次增大，最大速度在 2.0m/s 以上，壁面与轴向结构中间圆环状区域速度先减小后增大，到壁面区域速度再次达到 2.0m/s 以上，运动速度在 0.8～1.4m/s 之间的 Si_3N_4 粉体向外扩散的趋势明显，中上层的 Si_3N_4 粉体的流动性强。

旋转耦合室内开启涡轮式轴-径组合结构离底距 $L_4=12$mm 时距离底部 203mm 处 Si_3N_4 粉体径向速度场如图 4-12 所示。通过分析可知：开启涡轮式轴向结构附近区域速度大于 2.0m/s，旋转耦合室壁面呈圆环状区域速度大于 2.0m/s，剩余区域速度在 0～1.2m/s 之间，形成了 3 个区域之间相互的速度差。

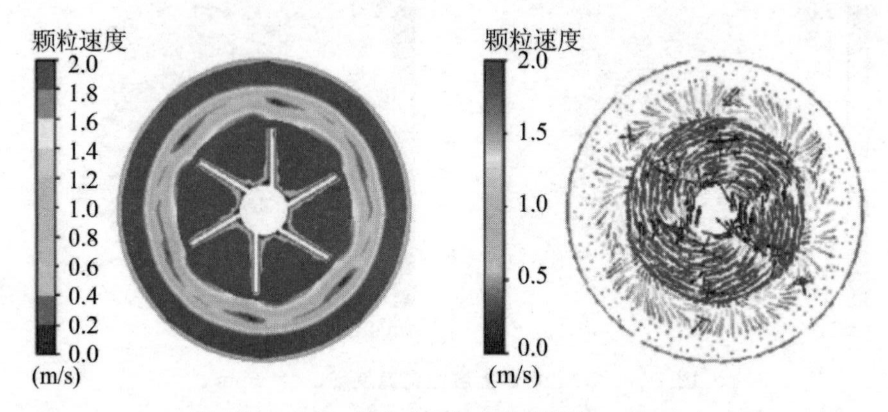

图 4-11　Si_3N_4 **粉体上层径向速度场**（$L_3=10$mm）

Fig. 4-11　Radial cloud chart of Si_3N_4 powder velocity at upper layer ($L_3=10$mm)

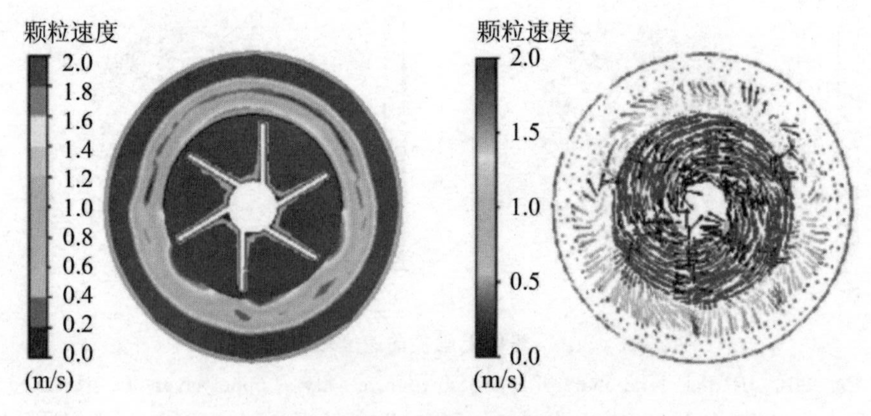

图 4-12　Si_3N_4 **粉体上层径向速度场**（$L_4=12$mm）

Fig. 4-12　Radial cloud chart of Si_3N_4 powder velocity at upper layer ($L_4=12$mm)

旋转耦合室内开启涡轮式轴-径组合结构离底距 $L_5=14$mm 时距离底部 203mm 处 Si_3N_4 粉体径向速度场如图 4-13 所示。通过分析可知：整个径向横截面大致分为 3 个区域，涡环附近区域速度在 0.6～1.4m/s 之间，中间呈圆环状区域速度大于 2.0m/s，剩余区域速度在 0～1.8m/s 之间，相邻区域速度差较小，旋转耦合室壁面区域存在打旋现象。但相比离底距 $L_1=6$mm，$L_2=8$mm 情形，速度大于 2.0m/s 的区域有所增大，横截面中心与开启涡轮式轴向结构存在速度差的区域面积有所减小。

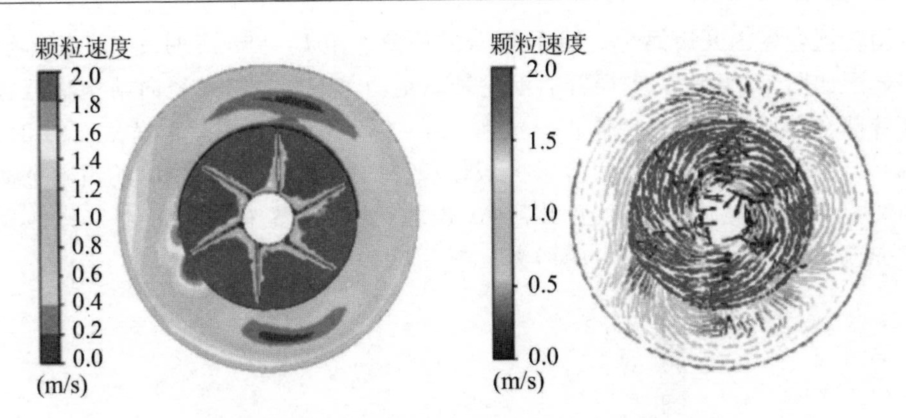

图 4-13　Si_3N_4 粉体上层径向速度场($L_5=14$mm)

Fig. 4-13　Radial cloud chart of Si_3N_4 powder velocity at upper layer ($L_5=14$mm)

(3)旋转耦合室内 Si_3N_4 粉体轴向体积分布云图分析

旋转耦合室内开启涡轮式轴-径组合结构离底距 $L_1=6$mm 时 Si_3N_4 粉体轴向分布云图如图 4-14 所示，整个横截面分 4 个区域，上层开启涡轮式轴向结构附近少数区域体积分数在 0.8～0.9 之间，约占整个横截面的 3%，上层开启涡轮轴向结构与下层铰刀式径向结构临近区域及旋转耦合室顶部部分区域体积分数在 0.4～0.7 之间，约占整个横截面的 28%，剩余区域体积分数在 0.7～0.8 之间，约占整个横截面的 69%。

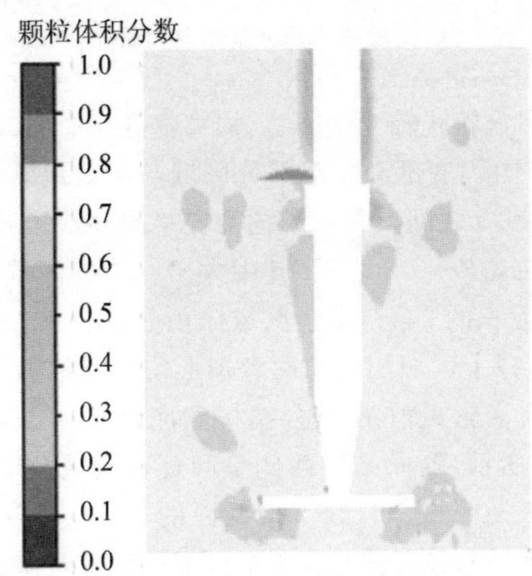

图 4-14　Si_3N_4 粉体体积分数轴向云图($L_1=6$mm)

Fig. 4-14　Axial cloud chart of Si_3N_4 powder volume fraction ($L_1=6$mm)

旋转耦合室内开启涡轮式轴-径组合结构离底距 $L_2=8mm$ 时 Si_3N_4 粉体轴向分布云图如图 4-15 所示，上层开启涡轮轴向结构与下层铰刀式径向结构临近区域及旋转耦合室顶部部分区域体积分数在 0.4～0.7 之间，约占整个横截面的 21%，上层开启涡轮式轴向结构附近少数区域体积分数在 0.8～0.9 之间，约占整个横截面的 3%，剩余区域体积分数在 0.7～0.8 之间，约占整个横截面的 76%。大于 0.80 区域相比 $L_1=6mm$ 时有所增大。

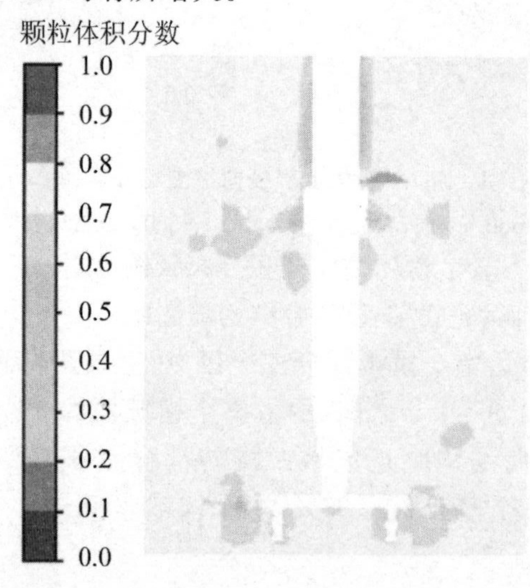

图 4-15　Si_3N_4 粉体体积分数轴向云图($L_2=8mm$)

Fig. 4-15　Axial cloud chart of Si_3N_4 powder volume fraction ($L_2=8mm$)

旋转耦合室内开启涡轮式轴-径组合结构离底距 $L_3=10mm$ 时 Si_3N_4 粉体轴向分布云图如图 4-16 所示，底部和顶部部分区域与开启涡轮轴向结构两侧约 6% 区域体积分数在 0.8～0.9 之间。轴向结构两侧呈圆环状区域及轴-径组合结构之间部分区域体积分数在 0.3～0.7 之间，其中大于 0.6 的区域约占总面积的 12%，0.3～0.6 区域约占总面积的 24%，剩余区域体积分数在 0.7～0.8 之间，约占总面积的 58%。大于 0.80 以上区域相比前两者情形均有所减小。

旋转耦合室内开启涡轮式轴-径组合结构离底距 $L_4=12mm$ 时 Si_3N_4 粉体轴向分布云图如图 4-17 所示，轴向结构两侧呈圆环状区域及轴-径组合结构之间部分区域体积分数在 0.3～0.7 之间，约占横截面的 28%，开启涡轮轴向结构两侧、旋转耦合室顶部部分区域与铰刀式径向结构下侧、旋转耦合室中下部右侧体积分数在 0.8～0.9 之间，约占横截面的 32%，剩余区域体积分数在 0.7～0.8 之间，约占整个横截面的 40%，相比前三种情形，体积分数大于 0.8 区域面积明显增大。

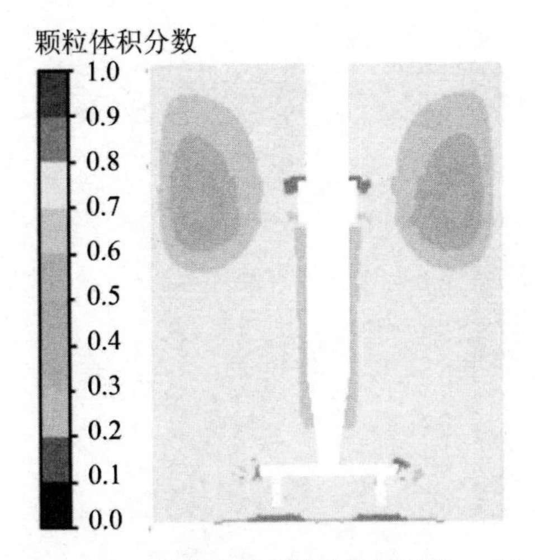

图 4-16　Si_3N_4 粉体体积分数轴向云图($L_3=10$mm)

Fig. 4-16　Axial cloud chart of Si_3N_4 powder volume fraction ($L_3=10$mm)

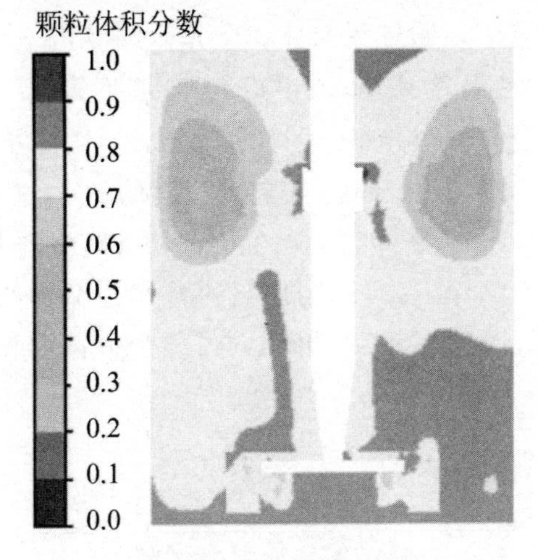

图 4-17　Si_3N_4 粉体体积分数轴向云图($L_4=12$mm)

Fig. 4-17　Axial cloud chart of Si_3N_4 powder volume fraction ($L_4=12$mm)

旋转耦合室内开启涡轮式轴-径组合结构离底距 $L_5=14$mm 时 Si_3N_4 粉体轴向分布云图如图 4-18 所示，上层开启涡轮式轴向结构一侧部分区域体积分数在 0.8～0.9 之间，约占横截面的 2%，旋转主轴两侧部分区域及铰刀式径向结构两侧部分区域体积分数在 0.4～0.7 之间，约占横截面的 21%，剩余区域体积分数在 0.7～0.8 之间，约占横截面的 77%。体积分数大于 0.8 区域面积相比 $L_4=12$mm 情形下有所减小，但体积分数在 0.7～0.8 区域面积大于 $L_3=10$mm 情形。

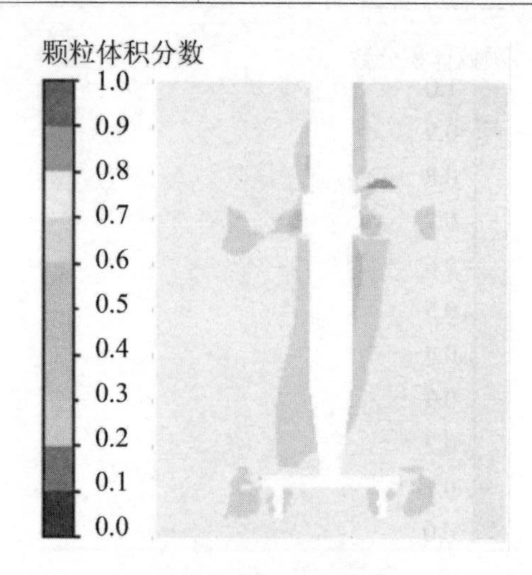

图 4-18　Si_3N_4 粉体体积分数轴向云图($L_5=14mm$)

Fig. 4-18　Axial cloud chart of Si_3N_4 powder volume fraction ($L_5=14mm$)

(4)旋转耦合室内 Si_3N_4 粉体径向体积分布云图分析

旋转耦合室内开启涡轮式轴-径组合结构离底距 $L_1=6mm$ 时距离底部 203mm 处 Si_3N_4 粉体径向体积分布云图如图 4-19 所示，上层开启涡轮式轴向结构叶片附近体积分数在 0.78 以上，约占整个横截面的 8%，横截面中心到叶片之间区域体积分数在 0.74～0.78 之间，同样约占整个横截面的 8%，平面半侧不规则圆环状区域体积分数在 0.70～0.71 之间，约占整个横截面的 40%，另半侧不规则圆环状区域体积分数在 0.71～0.74 之间，约占整个横截面积的 44%，开启涡轮式轴向结构附近存在一定堆积。

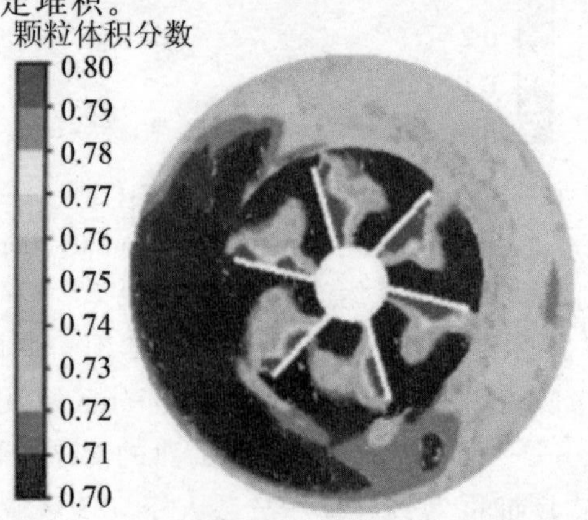

图 4-19　Si_3N_4 粉体上层体积分数径向云图($L_1=6mm$)

Fig. 4-19　Radial cloud chart of Si_3N_4 powder volume fraction at upper layer ($L_1=6mm$)

旋转耦合室内开启涡轮式轴-径组合结构离底距 $L_2=8$mm 时距离底部 203mm 处 Si_3N_4 粉体径向体积分布云图如图 4-20 所示，上层开启涡轮式轴向结构叶片附近体积分数在 0.78 以上，约占整个横截面的 7%，横截面中心到叶片之间区域体积分数在 0.74～0.78 之间，同样约占整个横截面的 6%，平面半侧不规则圆环状区域体积分数在 0.70～0.71 之间，约占整个横截面的 42%，另半侧不规则圆环状区域体积分数在 0.71～0.74 之间，约占整个横截面积的 45%，开启涡轮轴向结构附近区域相比 $L_1=6$mm 情形堆积加重。

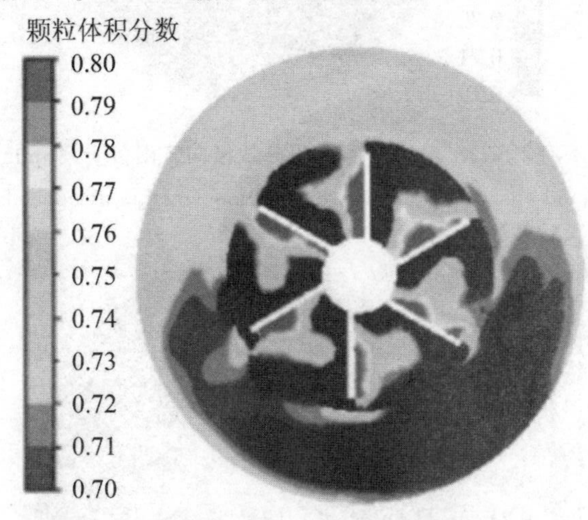

图 4-20　Si_3N_4 粉体上层体积分数径向云图（$L_2=8$mm）

Fig. 4-20　Radial cloud chart of Si_3N_4 powder volume fraction at upper layer ($L_2=8$mm)

旋转耦合室内开启涡轮式轴-径组合结构离底距 $L_3=10$mm 时距离底部 203mm 处 Si_3N_4 粉体径向体积分布云图如图 4-21 所示，整个横截面分 3 个区域，开启涡轮式轴向结构叶片附近部分区域体积分数大于 0.80，约占总面积的 3%。壁面至中心约 70%呈圆环状区域体积分数在 0.70～0.71 之间。剩余区域体积分数在 0.72～0.77 之间，约占总面积的 27%。相比其他离底距情形，大于 0.80 的区域面积最小，0.70～0.71 区域面积最大。

旋转耦合室内开启涡轮式轴-径组合结构离底距 $L_4=12$mm 时距离底部 203mm 处 Si_3N_4 粉体径向体积分布云图如图 4-22 所示，整个横截面分 3 个区域，开启涡轮式轴向结构叶片附近部分区域体积分数大于 0.80，约占总面积的 2%。壁面至中心约 67%呈圆环状区域体积分数在 0.70～0.71 之间。剩余区域体积分数在 0.72～0.77 之间，约占总面积的 31%。开启涡轮轴向结构附近堆积相比前两种情形大大减小。

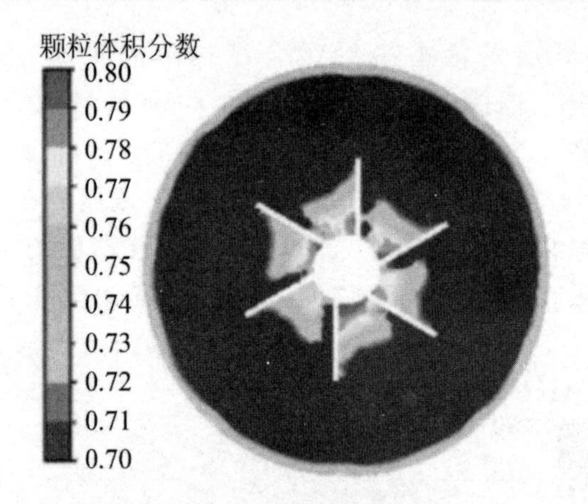

图 4-21　Si_3N_4 粉体上层体积分数径向云图($L_3=10$mm)

Fig. 4-21　Radial cloud chart of Si_3N_4 powder volume fraction at upper layer ($L_3=10$mm)

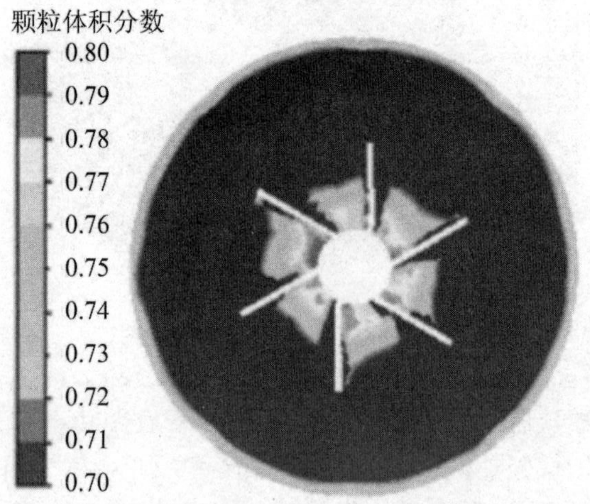

图 4-22　Si_3N_4 粉体上层体积分数径向云图($L_4=12$mm)

Fig. 4-22　Radial cloud chart of Si_3N_4 powder volume fraction at upper layer ($L_4=12$mm)

旋转耦合室内开启涡轮式轴-径组合结构离底距 $L_5=14$mm 时距离底部 203mm 处 Si_3N_4 粉体径向体积分布云图如图 4-23 所示，整个横截面分 3 个区域，开启涡轮式轴向结构叶片附近部分区域体积分数在 0.77 以上，约占整个横截面的 4%，平面半侧呈不规则圆环状区域体积分数在 0.70～0.71 之间，约占整个横截面的 42%，另半侧不规则圆环状区域体积分数在 0.71～0.77 之间，约占整个横截面的 54%。

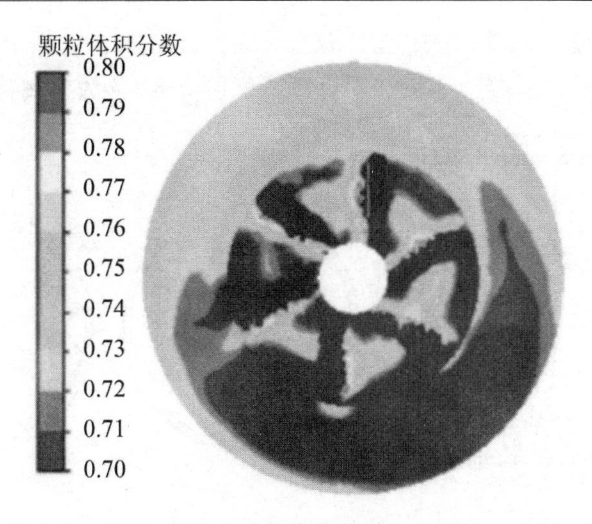

图 4-23　Si_3N_4 **粉体上层体积分数径向云图**(L_5 =14mm)

Fig. 4-23　Radial cloud chart of Si_3N_4 powder volume fraction at upper layer (L_5 =14mm)

4.2.4　结论

(1)旋转耦合室内铰刀式径向结构距离底部为 6mm 和 8mm 时,由于离底距相对较小径向结构无法产生涡环,轴向结构在旋转耦合室内的位置有所下移,轴向结构产生的流场与径向结构产生的涡环交融在旋转耦合室中下部形成更大涡环,旋转耦合室顶部所产生的涡环有所减小。

(2)当离底距为 10mm 时,旋转耦合室中上部与中下部均能产生涡环,能够实现 Si_3N_4 粉体底部向顶部、顶部向底部的循环流动;当离底距为 12mm 时,旋转耦合室底部一侧速度较小,循环交叉,易产生堆积;当离底距增加到 14mm 时堆积有所改善但 Si_3N_4 粉体混合效果仍差于 10mm 情形。

4.3　开启涡轮式轴-径组合结构层间距对粉体混合效果数值分析

4.3.1　数值模拟区域简化

以开启涡轮式轴-径组合结构层间距等于 158mm 为例,其模拟区域简化示意图如图 4-24 所示。开启涡轮式轴向结构 3 位于旋转耦合室中上部,径向结构与轴向结构由旋转主轴 4 连接,其直径 $D_4=30$mm。旋转耦合室内加入的初始 Si_3N_4 粉体 2 高 $L_2=200$mm,占整个旋转耦合室高度的 2/3。5 为旋转耦合室的壁面。

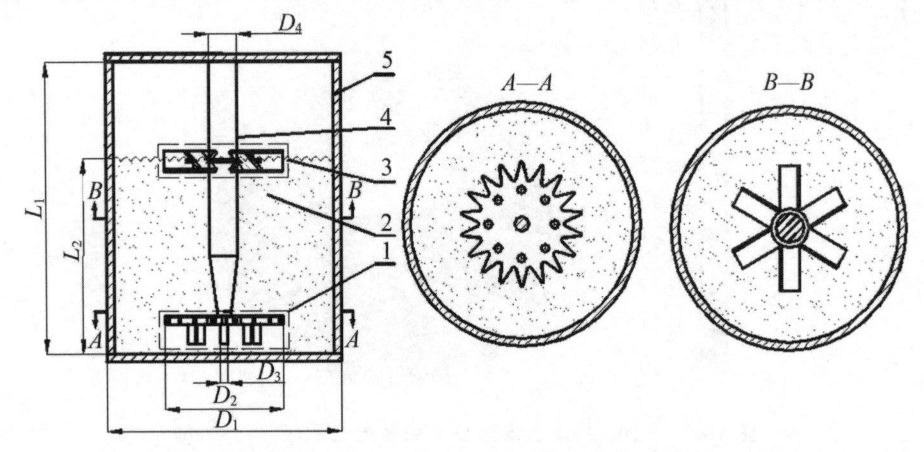

图 4-24　开启涡轮式组合结构旋转耦合室模拟区域简化示意图

Fig. 4-24　Simplified schematic diagram of rotating coupling chamber simulated area with open turbine combined structure

1—铰刀式径向结构;2— Si_3N_4 粉体;3—开启涡轮式轴向结构;4—旋转主轴;5—旋转耦合室壁面

4.3.2　边界条件设置及数值求解

在 SolidWorks 软件中建立开启涡轮式组合结构旋转耦合室三维物理模型。建立好的三维物理模型通过布尔减运算将铰刀式径向结构区域、开启涡轮式轴向结构与剩余区域分开,利用 ICEM 软件设置网格。由图 4-25 网格划分示意图可知,动态运算区域 1 与动态运算区域 2 内结构相对不规则,采用大小为 4 的非结构性网格进行处理,共计 127 461 个网格。静态运算区域模型相对简单,采用大小为 6 的结构性网格处理,共计 69 587 个网格。

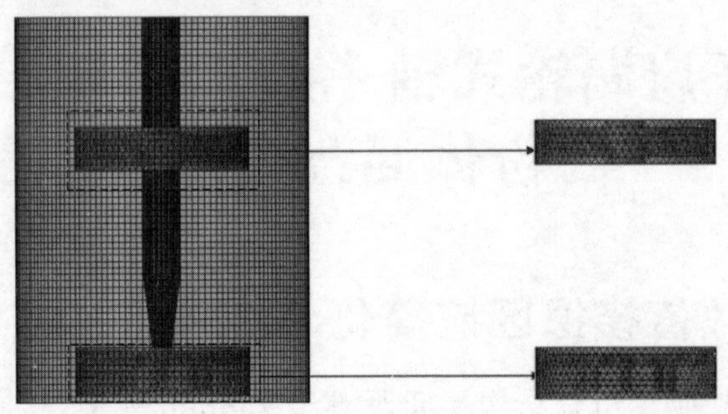

图 4-25　网格划分示意图

Fig. 4-25　Schematic diagram of grid division

以传统开启涡轮式轴-径组合结构为例，分为 3 个运算区域，其中 2 个为动态运算区域，1 个为静态运算区域。由图 4-26 开启涡轮式组合结构边界条件设置示意图可知，动态运算区域 1 与动态运算区域 2 分别与静态运算区域存在重合区域交界面 1 和交界面 2，通过交界面实现数据耦合。动态运算区域设置为动态滑移网格，静态运算区域设置为多重参考坐标系，剩余均设置为墙。

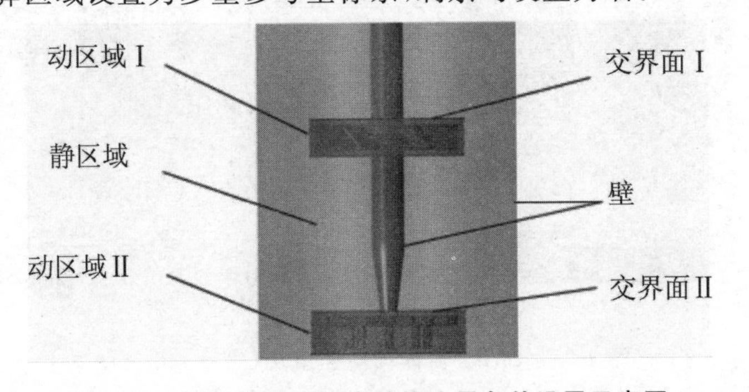

图 4-26　开启涡轮式组合结构边界条件设置示意图

Fig. 4-26　Schematic diagram of boundary condition setting for open turbine combined structure

开启涡轮式组合结构旋转耦合室的内部流场运算采用 ANSYS 中的 Fluent 模块。静态运算区域运用 Moving mesh 模型，动态运算区域运用 MRF 模型，非稳态耦合场采用压力隐式求解，利用欧拉-欧拉多相流模型模拟 Si_3N_4 粉体与空气的分布情况。湍流模型为 RNG k-ε 模型，离散相为二阶迎风格式。Si_3N_4 粉体粒径设置为 0.013mm。旋转耦合室内加入约 2/3 的初始 Si_3N_4 粉体。

4.3.3　数值模拟结果分析

(1)旋转耦合室内 Si_3N_4 粉体轴向速度场分析

旋转耦合室内开启涡轮式轴-径组合结构层间距 $C_1=148$mm 时 Si_3N_4 粉体轴向速度场如图 4-27 所示。通过分析可知：径向结构在旋转耦合室底部产生涡环，轴向结构在旋转耦合室中上层同样产生涡环，开启涡轮轴向结构离底距相同，层间距较小时，轴向结构产生的涡环对径向结构产生的涡环影响更大，层间距越小，下层涡环的涡心高度越低，结合体积分布图可知旋转耦合室底部产生堆积。

旋转耦合室内开启涡轮式轴-径组合结构层间距 $C_2=153$mm 时 Si_3N_4 粉体轴向速度场如图 4-28 所示。通过分析可知：铰刀式径向结构与开启涡轮式轴向结构分别在旋转耦合室底部与中上层产生涡环，层间距增大时，轴向结构与径向结构之间的涡环相互影响减弱，下层涡环的涡心有所上升，结合体积分布图可知旋转耦合室底部堆积有所减小。

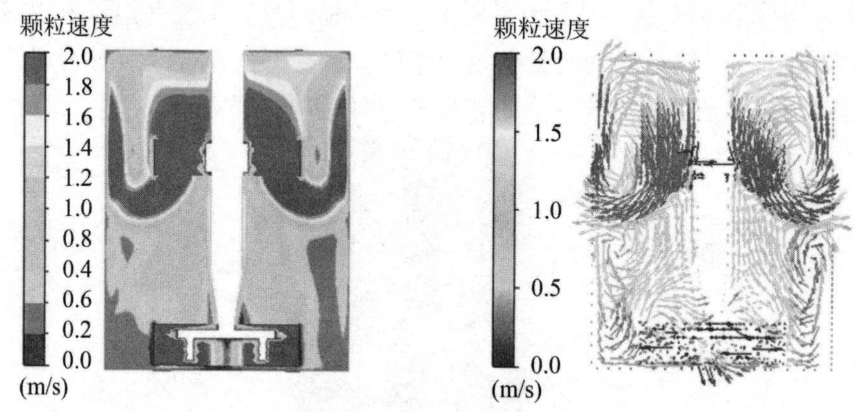

图 4-27　Si_3N_4 粉体轴向速度场（$C_1=148$mm）

Fig. 4-27　Axial cloud chart of Si_3N_4 powder velocity ($C_1=148$mm)

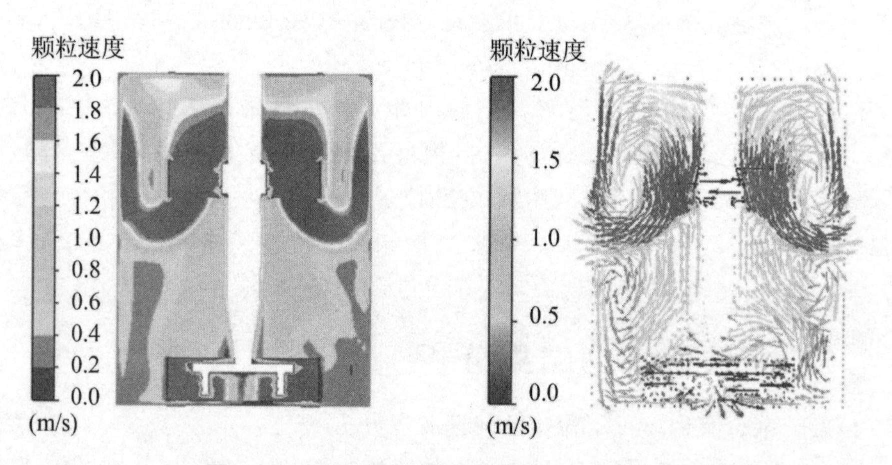

图 4-28　Si_3N_4 粉体轴向速度场（$C_2=153$mm）

Fig. 4-28　Axial cloud chart of Si_3N_4 powder velocity ($C_2=153$mm)

旋转耦合室内开启涡轮式轴-径组合结构层间距 $C_3=158$mm 时 Si_3N_4 粉体轴向速度场如图 4-29 所示。通过分析可知：开启涡轮式轴向结构位于旋转耦合室的中上部，在旋转主轴高速旋转的带动下产生与水平面呈 45°的切向流，45°切向流带动一部分 Si_3N_4 粉体沿着 45°方向向壁面运动后发生碰撞分成两部分，一部分朝顶部运动后改变运动方向并在重力的作用下向底部运动，另一部分朝底部运动并与铰刀式径向结构产生的较弱轴向流相互作用形成涡环，切向流带动另一部分 Si_3N_4 粉体沿 45°方向向顶部运动并与前一部分撞击顶部后向底部运动的 Si_3N_4 粉体形成涡环，下层涡心继续上升，结合体积分布图可知旋转耦合室底部堆积进一步改善。

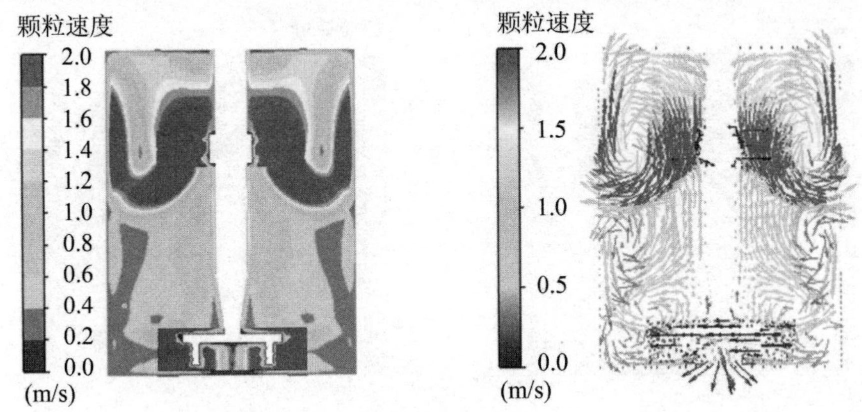

图 4-29　Si_3N_4 粉体轴向速度场（$C_3=158$mm）

Fig. 4-29　Axial cloud chart of Si_3N_4 powder velocity ($C_3=158$mm)

旋转耦合室内开启涡轮式轴-径组合结构层间距 $C_4=163$mm 时 Si_3N_4 粉体轴向速度场如图 4-30 所示。通过分析可知：层间距继续增大，下层涡心高度继续上升，导致铰刀式径向结构下侧成为涡环影响的死角，相比 $C_1=148$mm、$C_2=153$mm 情形底部堆积更为严重，同时上层涡心继续上升，旋转耦合室顶部死角面积增大。

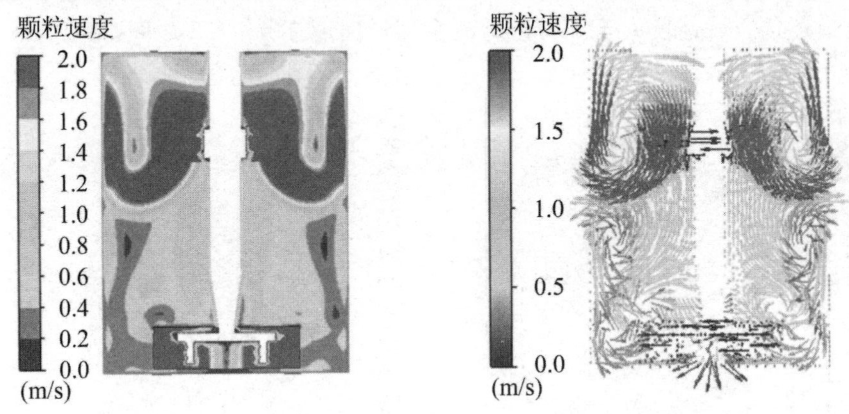

图 4-30　Si_3N_4 粉体轴向速度场（$C_4=163$mm）

Fig. 4-30　Axial cloud chart of Si_3N_4 powder velocity ($C_4=163$mm)

旋转耦合室内开启涡轮式轴-径组合结构层间距 $C_5=168$mm 时 Si_3N_4 粉体轴向速度场如图 4-31 所示。通过分析可知：铰刀式径向结构与开启涡轮式轴向结构分别在旋转耦合室底部与中上层产生涡环，相比 $C_4=163$mm 情形，下层涡心与上层涡心均继续上升，但铰刀式径向结构下侧成为涡环影响的死角区域与旋转耦合室顶部死角区域面积均有所减小。

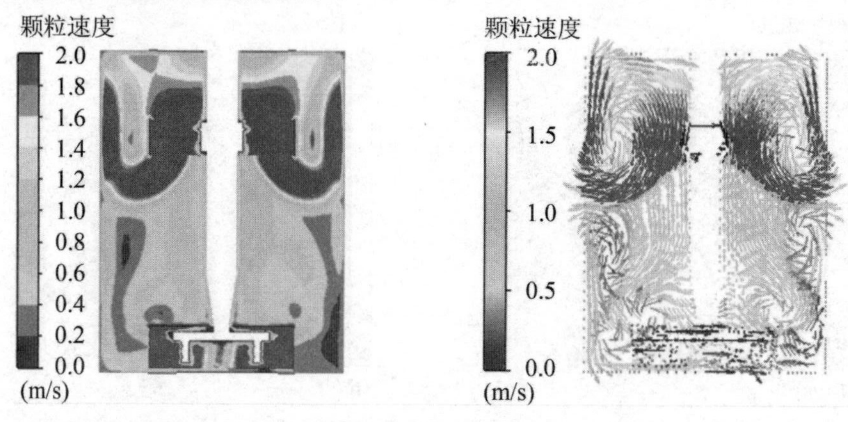

图 4-31　Si_3N_4 粉体轴向速度场($C_5=168$mm)

Fig. 4-31　Axial cloud chart of Si_3N_4 powder velocity ($C_5=168$mm)

(2)旋转耦合室内 Si_3N_4 粉体径向速度场分析

旋转耦合室内开启涡轮式轴-径组合结构层间距 $C_1=148$mm 时距离底部 203mm 处 Si_3N_4 粉体径向速度场如图 4-32 所示。通过分析可知：整个径向横截面大致分为 3 个区域，开启涡轮式轴向结构附近区域速度大于 2.0m/s，旋转耦合室壁面呈圆环状区域速度大于 2.0m/s，剩余区域速度在 0～1.2 之间，形成了 3 个区域之间相互的速度差。

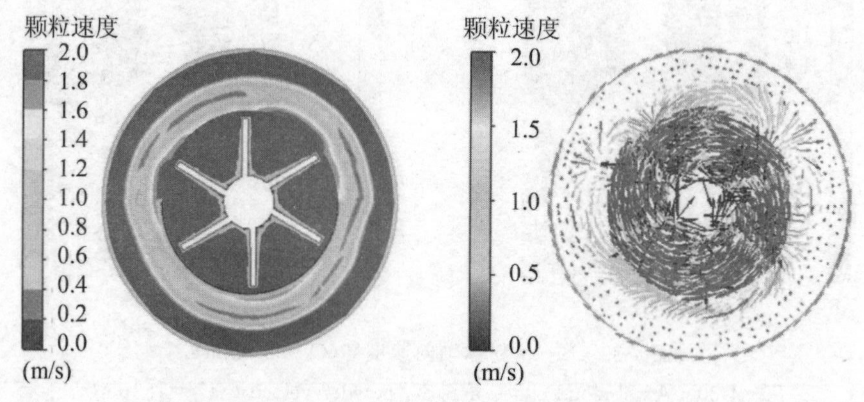

图 4-32　Si_3N_4 粉体上层径向速度场($C_1=148$mm)

Fig. 4-32　Radial cloud chart of Si_3N_4 powder velocity at upper layer ($C_1=148$mm)

旋转耦合室内开启涡轮式轴-径组合结构层间距 $C_2=153$mm 时距离底部 203mm 处 Si_3N_4 粉体径向速度场如图 4-33 所示。通过分析可知：整个径向横截面大致分为 3 个区域，开启涡轮式轴向结构附近区域速度大于 2.0m/s，旋转耦合室壁面呈圆环状区域速度大于 2.0m/s，剩余区域速度在 0～1.2m/s 之间，形成了 3 个区域之间相互的速度差，中间区域 Si_3N_4 向外扩散的趋势相比 C_1 =148mm 情形有所增强。

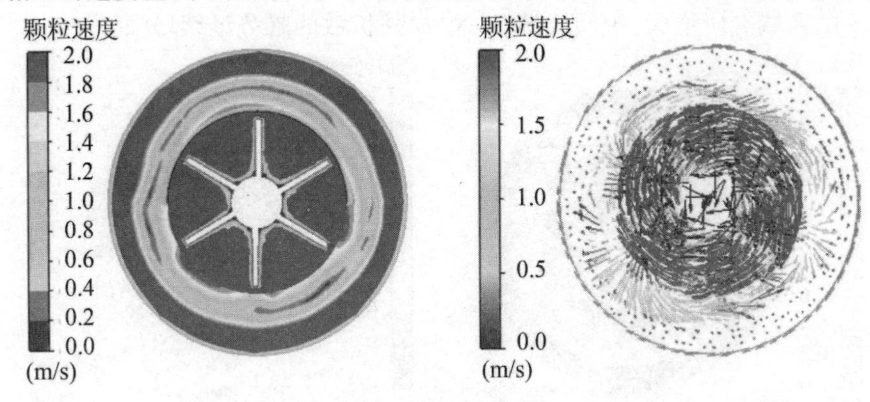

图 4-33　Si_3N_4 粉体上层径向速度场(C_2 =153mm)

Fig. 4-33　Radial cloud chart of Si_3N_4 powder velocity at upper layer (C_2 =153mm)

旋转耦合室内开启涡轮式轴-径组合结构层间距 C_3 = 158mm 时距离底部 203mm 处 Si_3N_4 粉体径向速度场如图 4-34 所示。通过分析可知：整个径向横截面大致分为 3 个区域，开启涡轮式轴向结构附近区域速度大于 2.0m/s，旋转耦合室壁面呈圆环状区域速度大于 2.0m/s，剩余区域速度在 0～1.2m/s 之间，形成 3 个区域之间相互的速度差，随着层间距的增加，中间区域 Si_3N_4 向外扩散的趋势继续增强。

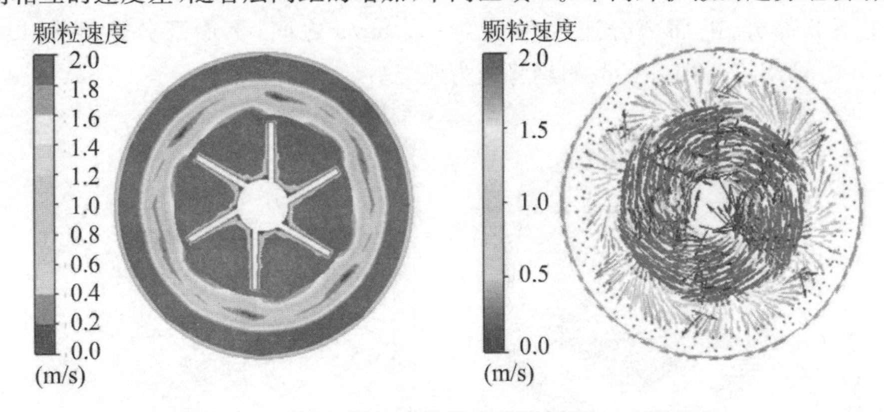

图 4-34　Si_3N_4 粉体上层径向速度场(C_3 =158mm)

Fig. 4-34　Radial cloud chart of Si_3N_4 powder velocity at upper layer (C_3 =158mm)

旋转耦合室内开启涡轮式轴-径组合结构层间距 C_4 = 163mm 时距离底部 203mm 处 Si_3N_4 粉体径向速度场如图 4-35 所示。通过分析可知：整个径向横截面大致分为 3 个区域，开启涡轮式轴向结构附近区域速度大于 2.0m/s，旋转耦合室壁面呈圆环状区域速度大于 2.0m/s，剩余区域速度在 0～1.2m/s 之间，形成 3 个区域之间相互的速度差，随着层间距的继续增大，开启涡轮式轴向结构速度大于 2.0m/s 的区域有所增大，中间区域 Si_3N_4 向外扩散的趋势继续增强。

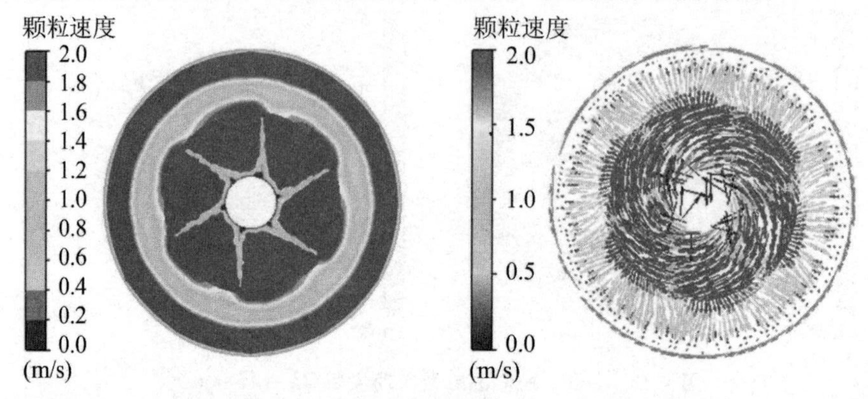

图 4-35　Si_3N_4 粉体上层径向速度场（C_4＝163mm）

Fig. 4-35　Radial cloud chart of Si_3N_4 powder velocity at upper layer (C_4＝163mm)

旋转耦合室内开启涡轮式轴-径组合结构层间距 C_5＝168mm 时距离底部 203mm 处 Si_3N_4 粉体径向速度场如图 4-36 所示。通过分析可知：整个径向横截面大致分为 5 个区域，横截面中心呈圆环状区域速度在 0.8～1.8 之间，轴向结构附近区域与旋转耦合室壁面呈圆环状区域速度同样大于 2.0m/s，中间呈圆环状区域分为上下 2 部分，上面部分速度在 0.4～1.0m/s 之间，下面部分速度在 1.0～1.8m/s 之间，Si_3N_4 向外扩散的趋势最为明显。

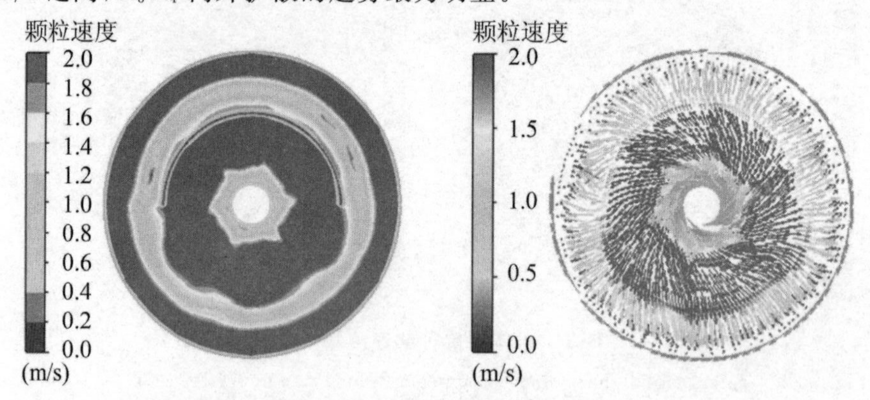

图 4-36　Si_3N_4 粉体上层径向速度场（C_5＝168mm）

Fig. 4-36　Radial cloud chart of Si_3N_4 powder velocity at upper layer (C_5＝168mm)

(3)旋转耦合室内 Si_3N_4 粉体轴向体积分布云图分析

旋转耦合室内开启涡轮式轴-径组合结构层间距 C_1 = 148mm 时 Si_3N_4 粉体轴向分布云图如图 4-37 所示,整个轴向横截面分为 3 个区域,底部和顶部部分区域与开启涡轮轴向结构两侧约 14%区域体积分数在 0.8～0.9 之间,轴向结构两侧呈圆环状区域及轴-径组合结构之间部分区域体积分数在 0.3～0.7 之间,其中大于 0.6 的区域约占总面积的 14%,0.3～0.6 区域约占总面积的 22%,剩余区域体积分数在 0.7～0.8 之间,约占总面积的 50%。旋转耦合室底部堆积严重。

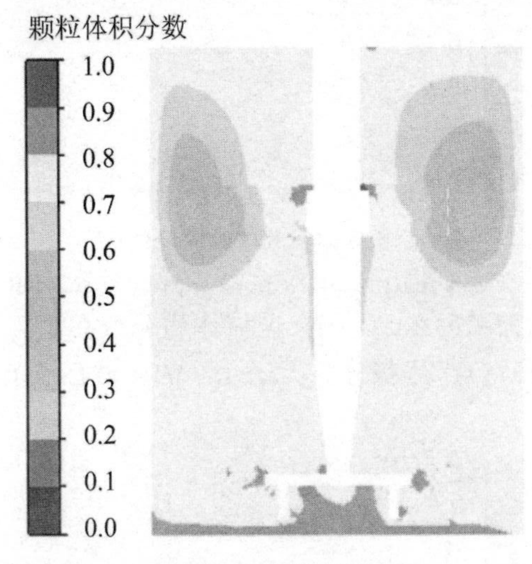

图 4-37　Si_3N_4 粉体体积分数轴向云图(C_1 = 148mm)

Fig. 4-37　Axial cloud chart of Si_3N_4 powder volume fraction (C_1 = 148mm)

旋转耦合室内开启涡轮式轴-径组合结构层间距 C_2 = 153mm 时 Si_3N_4 粉体轴向分布云图如图 4-38 所示,整个轴向横截面分为 3 个区域,底部和顶部部分区域与开启涡轮轴向结构两侧约 10%区域体积分数在 0.8～0.9 之间,轴向结构两侧呈圆环状区域及轴-径组合结构之间部分区域体积分数在 0.3～0.7 之间,其中大于 0.6 的区域约占总面积的 16%,0.3～0.6 区域约占总面积的 21%,剩余区域体积分数在 0.7～0.8 之间,约占总面积的 53%,相比 C_1 = 148mm 情形体积分数大于 0.8 的区域面积有所减小。

旋转耦合室内开启涡轮式轴-径组合结构层间距 C_3 = 158mm 时 Si_3N_4 粉体轴向分布云图如图 4-39 所示,底部和顶部部分区域与开启涡轮轴向结构两侧约 6%区域体积分数在 0.8～0.9 之间。轴向结构两侧呈圆环状区域及轴-径组合结构之间部分区域体积分数在 0.3～0.7 之间,其中大于 0.6 的区域约占总面积的 12%,

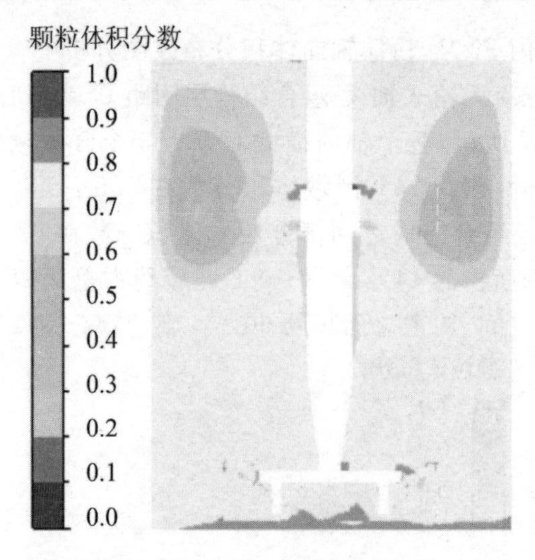

图 4-38　Si_3N_4 粉体体积分数轴向云图($C_2=153$mm)

Fig. 4-38　Axial cloud chart of Si_3N_4 powder volume fraction ($C_2=153$mm)

0.3～0.6 区域约占总面积的 24%，剩余区域体积分数在 0.7～0.8 之间，约占总面积的 58%，相比前两种情形，体积分数大于 0.8 的区域面积有所减小，堆积情况有一定改善。

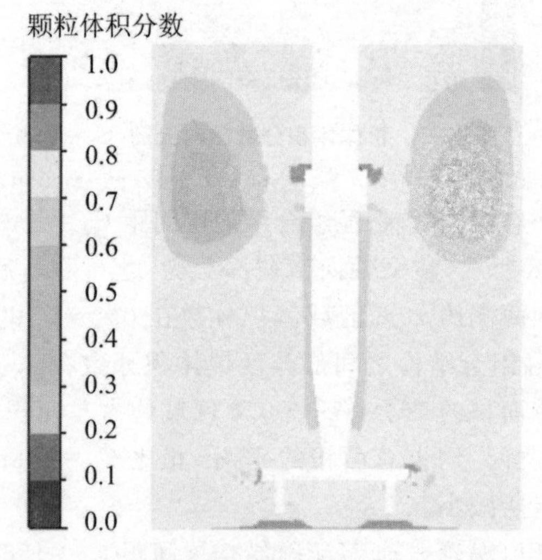

图 4-39　Si_3N_4 粉体体积分数轴向云图($C_3=158$mm)

Fig. 4-39　Axial cloud chart of Si_3N_4 powder volume fraction ($C_3=158$mm)

旋转耦合室内开启涡轮式轴-径组合结构层间距 $C_4=163$mm 时 Si_3N_4 粉体轴向分布云图如图 4-40 所示，底部和顶部部分区域与开启涡轮轴向结构两侧约 15%

区域体积分数在 0.8～0.9 之间，轴向结构两侧呈圆环状区域及轴-径组合结构之间部分区域体积分数在 0.3～0.7 之间，其中大于 0.6 的区域约占总面积的 8%，0.3～0.6 区域约占总面积的 16%，剩余区域体积分数在 0.7～0.8 之间，约占总面积的 61%。相比前三种情形，顶部与底部出现较大面积死区，Si_3N_4 粉体堆积严重。

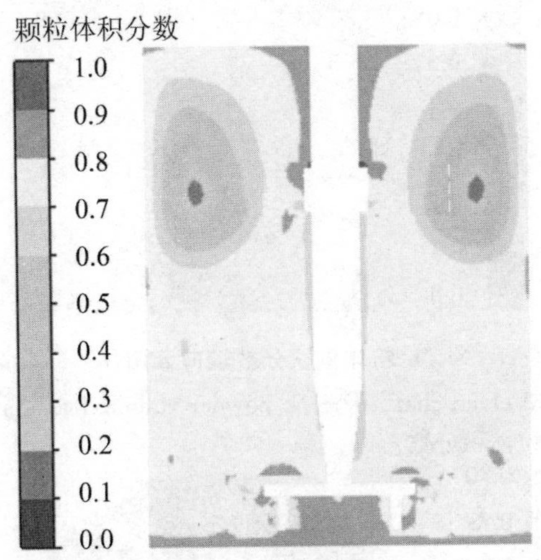

图 4-40　Si_3N_4 粉体体积分数轴向云图($C_4=163$mm)

Fig. 4-40　Axial cloud chart of Si_3N_4 powder volume fraction ($C_4=163$mm)

旋转耦合室内开启涡轮式轴-径组合结构层间距 $C_5=168$mm 时 Si_3N_4 粉体轴向分布云图如图 4-41 所示，底部和顶部部分区域与开启涡轮轴向结构两侧约 11% 区域体积分数在 0.8～0.9 之间，轴向结构两侧呈圆环状区域及轴-径组合结构之间部分区域体积分数在 0～0.7 之间，其中大于 0.6 的区域约占总面积的 7%，0～0.6 区域约占总面积的 18%，剩余区域体积分数在 0.7～0.8 之间，约占总面积的 64%。底部堆积情况相比 $C_4=163$mm 情形有所改善。

(4)旋转耦合室内 Si_3N_4 粉体径向体积分布云图分析

旋转耦合室内开启涡轮式轴-径组合结构层间距 $C_1=148$mm 时距离底部 203mm 处 Si_3N_4 粉体径向体积分布云图如图 4-42 所示，整个径向横截面分为 3 个区域，开启涡轮式轴向结构叶片附近部分区域体积分数大于 0.80，旋转耦合室壁面到中心呈圆环状区域体积分数在 0.70～0.71 之间，剩余区域体积分数在0.72～0.77 之间。上层开启涡轮轴向结构叶片附近存在部分堆积。

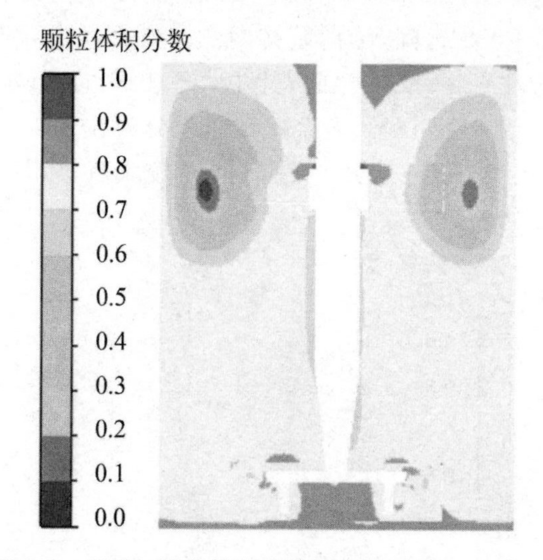

图 4-41　Si_3N_4 **粉体体积分数轴向云图**($C_5=168$mm)

Fig. 4-41　Axial cloud chart of Si_3N_4 powder volume fraction ($C_5=168$mm)

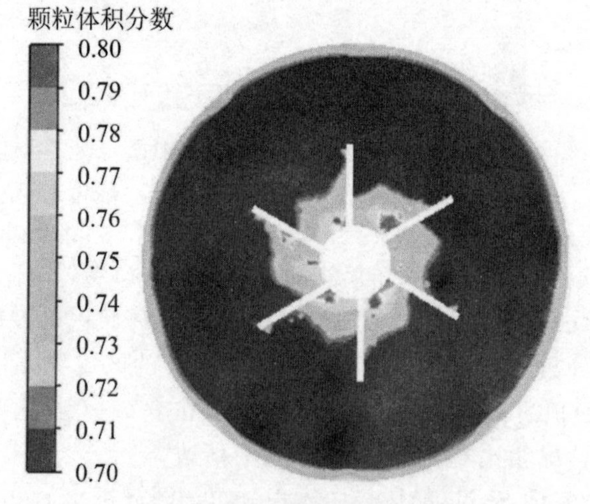

图 4-42　Si_3N_4 **粉体上层体积分数径向云图**($C_1=148$mm)

Fig. 4-42　Radial cloud chart of Si_3N_4 powder volume fraction at upper layer ($C_1=148$mm)

旋转耦合室内开启涡轮式轴-径组合结构层间距 $C_2=153$mm 时距离底部203mm 处 Si_3N_4 粉体径向体积分布云图如图 4-43 所示，整个径向横截面分为 3 个区域，开启涡轮式轴向结构叶片附近部分区域体积分数大于 0.80，旋转耦合室壁面到中心呈圆环状区域体积分数在 0.70～0.71 之间，剩余区域体积分数在0.72～

0.77 之间。相比 $C_1=148$mm 情形，体积分数大于 0.80 区域面积有所减小。

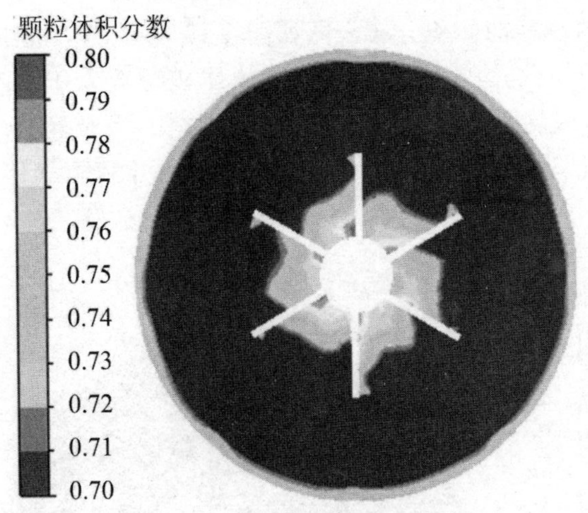

图 4-43　Si_3N_4 粉体上层体积分数径向云图($C_2=153$mm)

Fig. 4-43　Radial cloud chart of Si_3N_4 powder volume fraction at upper layer ($C_2=153$mm)

旋转耦合室内开启涡轮式轴-径组合结构层间距 $C_3=158$mm 时距离底部 203mm 处 Si_3N_4 粉体径向体积分布云图如图 4-44 所示，整个径向横截面分为 3 个区域，开启涡轮式轴向结构叶片附近部分区域体积分数大于 0.80，约占总面积的 3%。壁面至中心约 70%呈圆环状区域体积分数在 0.70～0.71 之间。剩余区域体积分数在 0.72～0.77 之间，约占总面积的 27%。

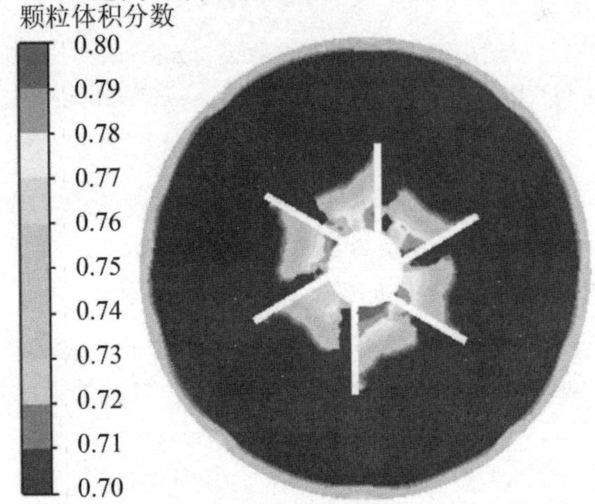

图 4-44　Si_3N_4 粉体上层体积分数径向云图($C_3=158$mm)

Fig. 4-44　Radial cloud chart of Si_3N_4 powder volume fraction at upper layer ($C_3=158$mm)

旋转耦合室内开启涡轮式轴-径组合结构层间距 $C_4=163$mm 时距离底部 203mm 处 Si_3N_4 粉体径向体积分布云图如图 4-45 所示，整个径向横截面分为 3 个区域，开启涡轮式轴向结构叶片附近部分区域体积分数大于 0.80，旋转耦合室壁面到中心呈圆环状区域体积分数在 0.70～0.71 之间，剩余区域体积分数在0.72～0.77 之间。相比前几种情形，开启涡轮式轴向结构叶片附近体积分数大于 0.80 区域明显增大。

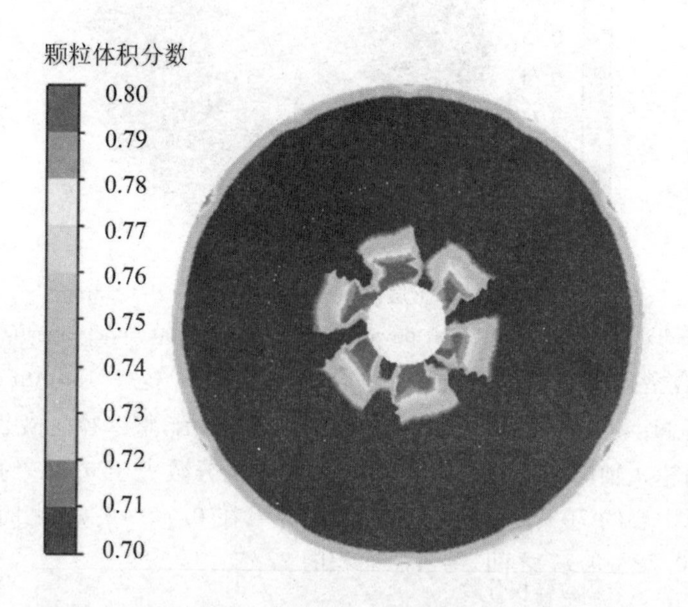

图 4-45　Si_3N_4 粉体上层体积分数径向云图($C_4=163$mm)

Fig. 4-45　Radial cloud chart of Si_3N_4 powder volume fraction at upper layer ($C_4=163$mm)

旋转耦合室内开启涡轮式轴-径组合结构层间距 $C_5=168$mm 时距离底部 203mm 处 Si_3N_4 粉体径向体积分布云图如图 4-46 所示，整个径向横截面分为 3 个区域，开启涡轮式轴向结构叶片附近部分区域体积分数大于 0.80，旋转耦合室壁面到中心呈圆环状区域体积分数在 0.70～0.71 之间，剩余区域体积分数在0.72～0.77 之间。随着层间距的增加，体积分数大于 0.80 的区域继续增大。

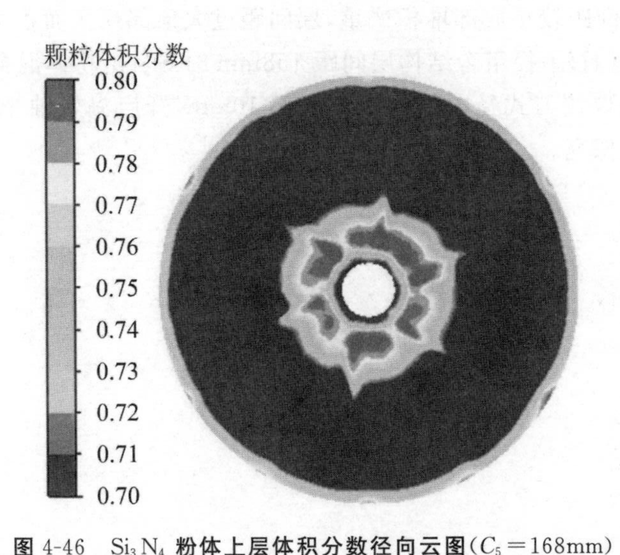

图 4-46　Si_3N_4 粉体上层体积分数径向云图($C_5=168$mm)

Fig. 4-46　Radial cloud chart of Si_3N_4 powder volume fraction at upper layer ($C_5=168$mm)

4.3.4　结论

(1)在铰刀式径向结构距离旋转耦合室底部距离不变均为 10mm 的情形下，当层间距较小时，轴向结构产生的涡环对径向结构产生的涡环影响导致下层涡环的涡心较低，易在旋转耦合室底部产生堆积。当层间距增加到 158mm 时，下层涡心上升，旋转耦合室底部堆积情况有所改善。

(2)当层间距继续增加时，下层涡环涡心上升的同时上层涡心同样上升，上生到一定高度距离底部距离较小导致旋转耦合室底部死角面积增大产生堆积。

4.4　本章小结

本章对旋转耦合室内开启涡轮式轴-径组合结构在不同离底距、层间距下 Si_3N_4 粉体速度场与体积分布进行了分析，找出离底距和层间距的变化对旋转耦合场影响的变化规律。结果发现当轴-径组合结构层间距不变时，径向结构离底距较小无法产生涡环，离底距过大涡环交融形成死区。当轴-径组合结构离底距不变时,组合结构层间距较小底部堆积严重,层间距过大顶部死区面积增大。径向结构距离底部 10mm 且轴-径组合结构层间距 158mm 时 Si_3N_4 粉体混合效果最佳。综上分析可知,选取铰刀式径向结构距离底部 10mm,开启涡轮轴-径组合结构层间距 158mm 继续探究。

第5章　轴-径组合结构几何参数与气-固两相流旋转耦合场制备 Si_3N_4 颗粒混合过程的影响

5.1　引　言

本章内容主要对气-固两相流旋转耦合室内开启涡轮式轴-径组合结构几何参数对旋转耦合场的影响进行探究。建立开启涡轮式轴-径组合结构在不同叶片数量、倾斜角度下旋转耦合室物理模型，进行网格划分、边界条件设置，采用 ANSYS 中 Fluent 模块对旋转耦合室内部流场进行数值模拟，对比分析速度云图与体积分布云图得到 Si_3N_4 粉体混合过程受不同叶片数量与倾斜角度的影响特性，根据其影响特性确定 Si_3N_4 粉体混合效果最佳轴-径组合结构几何参数。

5.2　开启涡轮式轴向结构叶片数量对粉体混合效果数值分析

5.2.1　数值模拟区域简化

旋转耦合室内三种不同叶片数开启涡轮轴向结构三维模型如图 5-1 所示：(a)为 4 叶片开启涡轮式轴向结构，由 1 个圆盘和 4 片 45°的叶片组成；(b)为 6 叶片开启涡轮式轴向结构，由 1 个圆盘和 6 片 45°的叶片组成；(c)为 8 叶片开启涡轮式轴向结构，由 1 个圆盘和 8 片 45°的叶片组成。

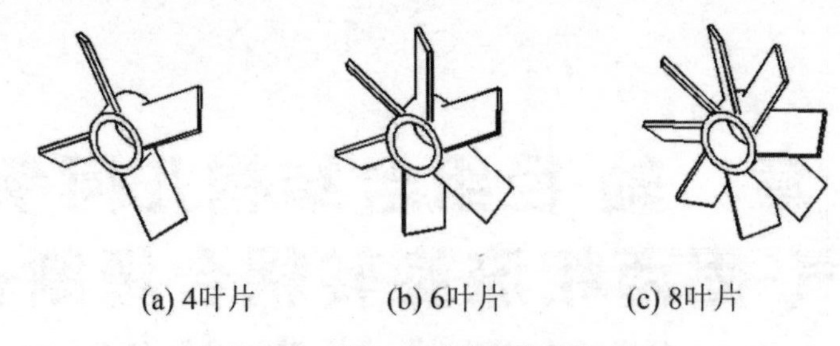

图 5-1 轴向结构三维物理模型

Fig. 5-1 3D physical model of axial structure

以 6 叶片开启涡轮式轴-径组合结构为例，开启涡轮式组合结构模拟区域简化示意图如图 5-2 所示。开启涡轮式轴向结构 3 位于旋转耦合室中上部，径向结构与轴向结构由旋转主轴 4 连接，其直径 $D_4=30$mm。旋转耦合室内加入的初始 Si_3N_4 粉体 2 高 $L_2=200$mm，占整个旋转耦合室高度的 2/3。5 为旋转耦合室的壁面。

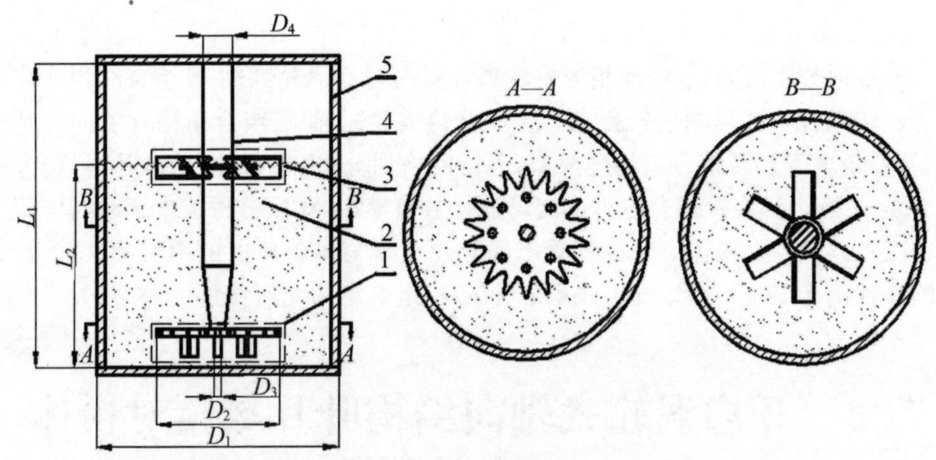

图 5-2 6 叶片开启涡轮式组合结构旋转耦合室模拟区域简化示意图

Fig. 5-2 Simplified schematic diagram of rotating coupling chamber simulated area with open turbine combined structure at six blade

1—铰刀式径向结构；2— Si_3N_4 粉体；3—开启涡轮式轴向结构；

4—旋转主轴；5—旋转耦合室壁面

5.2.2 物理模型建立与数值求解

在 SolidWorks 软件中建立 6 叶片开启涡轮式组合结构旋转耦合室三维物理模型。建立好的三维物理模型通过布尔减运算将铰刀式径向结构区域、开启涡轮式轴向结构与剩余区域分开,利用 ICEM 软件设置网格。由图 5-3 网格划分示意图可知,动态运算区域 1 与动态运算区域 2 内结构相对不规则,采用大小为 4 的非结构性网格进行处理,共计 127 461 个网格。静态运算区域模型相对简单,采用大小为 6 的结构性网格处理,共计 69 587 个网格。

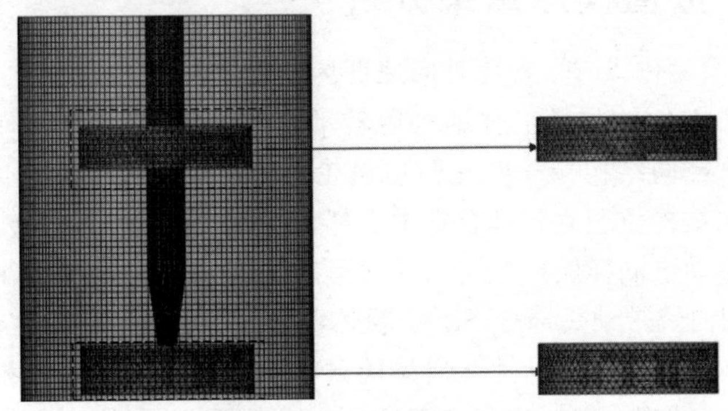

图 5-3　网格划分示意图

Fig. 5-3　Schematic diagram of grid division

以 6 叶片开启涡轮式轴-径组合结构为例,分为 3 个运算区域,其中 2 个为动态运算区域,1 个为静态运算区域。由图 5-4 开启涡轮式组合结构边界条件设置示意图可知,动态运算区域 1 与动态运算区域 2 分别与静态运算区域存在重合区域交界面 1 和交界面 2,通过交界面实现数据耦合。动态运算区域设置为动态滑移网格,静态运算区域设置为多重参考坐标系,剩余均设置为墙。

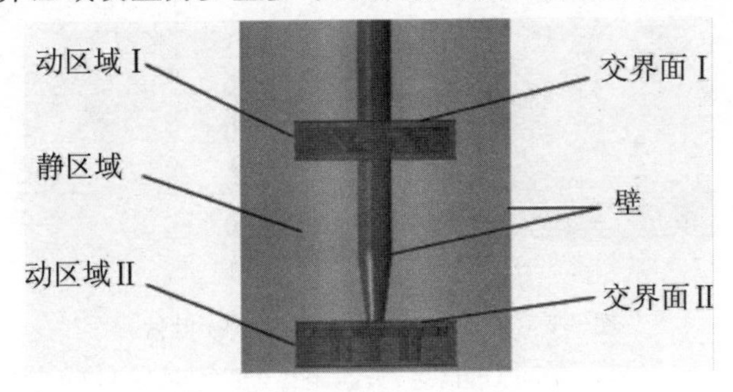

图 5-4　开启涡轮式组合结构边界条件设置示意图

Fig. 5-4　Schematic diagram of boundary condition setting for open turbine combined structure

6 叶片开启涡轮式组合结构旋转耦合室的内部流场运算采用 ANSYS 中的 Fluent 模块。静态运算区域运用 Moving mesh 模型,动态运算区域运用 MRF 模型，非稳态耦合场采用压力隐式求解，利用欧拉-欧拉多相流模型模拟 Si_3N_4 粉体与空气的分布情况。湍流模型为 RNG k-ε 模型，离散相为二阶迎风格式。Si_3N_4 粉体粒径设置为 0.013mm。旋转耦合室内加入约 2/3 的初始 Si_3N_4 粉体。

5.2.3 数值模拟结果分析

(1)旋转耦合室内 Si_3N_4 粉体轴向速度场分析

4 叶片开启涡轮式轴-径组合结构旋转耦合室内 Si_3N_4 粉体轴向速度场如图 5-5所示，铰刀式径向结构与 4 叶片开启涡轮式轴向结构处附近速度最大，4 叶片开启涡轮式轴向结构位于旋转耦合室中上部，叶片数量仅为 4，旋转主轴以相同速度高速旋转的带动下同样能产生与水平面呈 45°的切向流，但影响四周 Si_3N_4 粉体范围较小，45°切向流带动一部分 Si_3N_4 粉体沿着 45°方向向壁面运动后发生碰撞分成两部分的运动趋势与 6 叶片开启涡轮式轴向结构情形下大致相同，但受阻力较大，产生的向旋转耦合室顶部与底部的分流均有所减弱，中上层与底部产生的涡环均有所减弱。由上分析可知：4 叶片开启涡轮式组合结构相比 6 叶片克服阻力能力较弱，涡环较小，旋转耦合室内 Si_3N_4 粉体流动性较差。

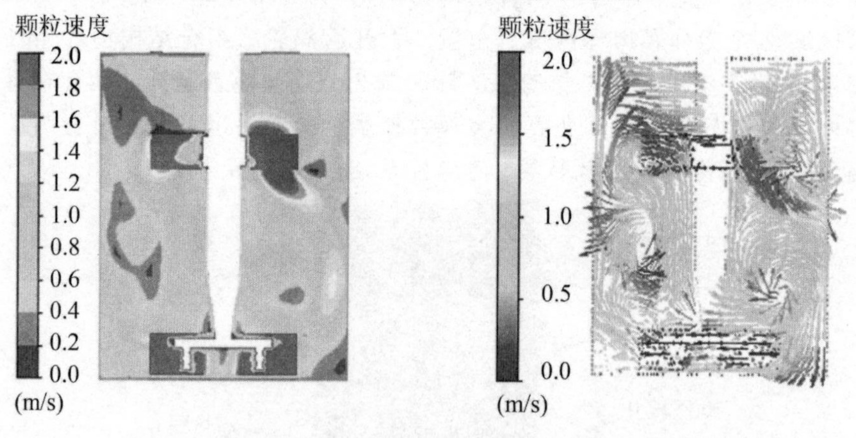

图 5-5　Si_3N_4 粉体轴向速度场(4 叶片)

Fig. 5-5　Axial cloud chart of Si_3N_4 powder velocity (four blade)

6 叶片开启涡轮式轴-径组合结构旋转耦合室内 Si_3N_4 粉体轴向速度场如图 5-6所示，6 叶片开启涡轮式轴向结构位于旋转耦合室的中上部，在旋转主轴高速旋转的带动下产生与水平面呈 45°的切向流，45°切向流带动一部分 Si_3N_4 粉体沿 45°方向向壁面运动发生碰撞分成两部分，一部分朝顶部运动后改变运动方向并在重力的作用下向底部运动，另一部分朝底部运动并与铰刀式径向结构产生的较弱轴向流相互作用形成涡环，切向流带动另一部分 Si_3N_4 粉体沿 45°方向向顶部运动并与前一部分撞击顶部后向底部运动的 Si_3N_4 粉体形成涡环。

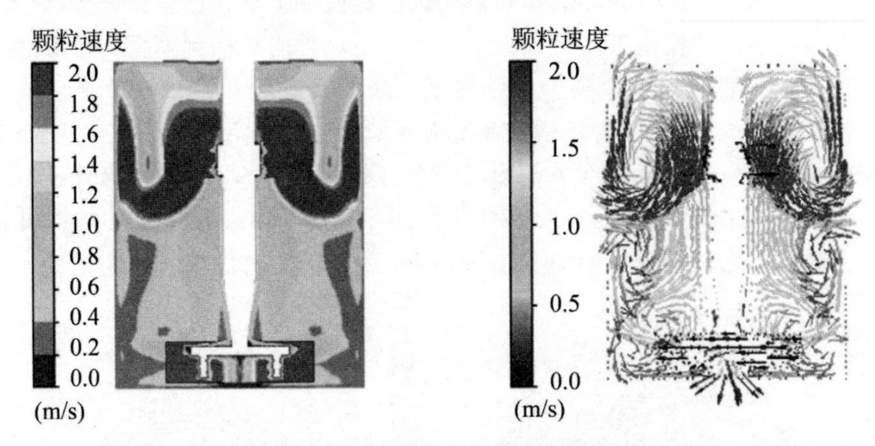

图 5-6　Si_3N_4 粉体轴向速度场(6 叶片)

Fig. 5-6　Axial cloud chart of Si_3N_4 powder velocity (six blade)

8 叶片开启涡轮式轴-径组合结构旋转耦合室内 Si_3N_4 粉体轴向速度场如图 5-7所示，与前者 4 叶片或 6 叶片开启涡轮式组合结构相比，8 片倾斜 45°的叶片高速旋转带动周围更多的 Si_3N_4 粉体，产生的 45°切向流在与壁面或者顶部碰撞后能更好地克服阻力在制粒室上部和下部形成两个更大的涡环，下部的涡环与铰刀式径向结构产生的涡环连成一体形成循环。但由于叶片数量过多，带动的 Si_3N_4 粉体运动的速度更快，易在涡环之外的区域形成死区。

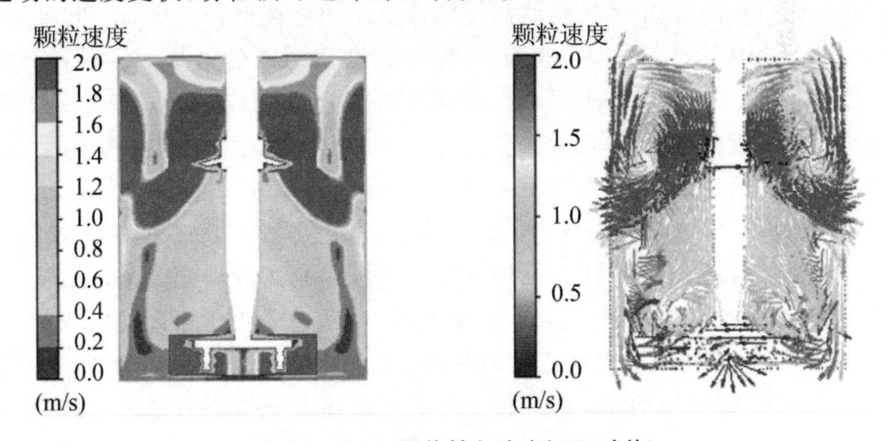

图 5-7　Si_3N_4 粉体轴向速度场(8 叶片)

Fig. 5-7　Axial cloud chart of Si_3N_4 powder velocity (eight blade)

(2)旋转耦合室内 Si_3N_4 粉体径向速度场分析

4 叶片开启涡轮式轴-径组合结构旋转耦合室内距离底部 203mm 处 Si_3N_4 粉体径向速度场如图 5-8 所示,Si_3N_4 粉体的运动速度在上层径向横截面分层分布,4 叶片开启涡轮轴向结构附近区域速度大于 2.0m/s,轴向结构到横截面中心速度依次减小到 0,旋转耦合室壁面到轴向结构之间呈圆环状区域速度在 0.4~2.0m/s 之间。相比 6 叶片情况下,旋转耦合室壁面区域与叶片附近区域的速度相对较小,分层情况相对不明显。从速度矢量图可以看出壁面区域 Si_3N_4 粉体向外扩散的趋势减弱,存在一定的打旋现象。相邻叶片之间 Si_3N_4 粉体存在一定的向横截面中心的运动趋势。旋转耦合室内中上层的 Si_3N_4 粉体的流动性相对较差。

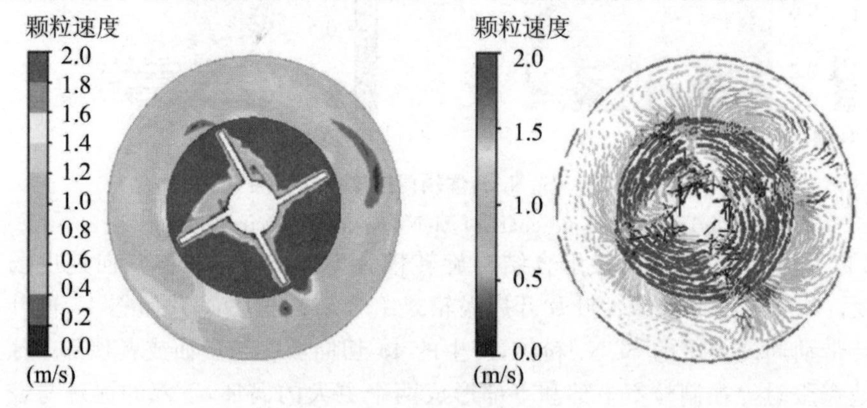

图 5-8 Si_3N_4 粉体上层径向速度场(4 叶片)

Fig. 5-8 Radial cloud chart of Si_3N_4 powder velocity at upper layer (four blade)

6 叶片开启涡轮式轴-径组合结构旋转耦合室内距离底部 203mm 处 Si_3N_4 粉体径向速度场如图 5-9 所示,左侧为速度云图,右侧为速度矢量图。通过分析可知:Si_3N_4 粉体的运动速度在上层径向横截面分层分布,旋转耦合室中心至圆盘涡轮式轴向结构速度依次增大,最大速度在 2.0m/s 以上,壁面与轴向结构中间圆环状区域速度先减小后增大,到壁面区域速度再次达到 2.0m/s 以上,运动速度在 0.8~1.4m/s 之间的 Si_3N_4 粉体向外扩散的趋势明显,中上层的 Si_3N_4 粉体的流动性强。

8 叶片开启涡轮式轴-径组合结构旋转耦合室内距离底部 203mm 处 Si_3N_4 粉体径向速度场如图 5-10 所示。通过分析可知:Si_3N_4 粉体的运动速度在上层径向横截面分层分布,旋转耦合室中心至圆盘涡轮式轴向结构速度依次增大,最大速度在 2.0m/s 以上,壁面与轴向结构中间圆环状区域速度先减小后增大,到壁面区域速度再次达到 2.0m/s 以上,与 4 叶片情形相比,分层趋势更为明显,壁面区域 Si_3N_4 粉体向外扩散的趋势更强。

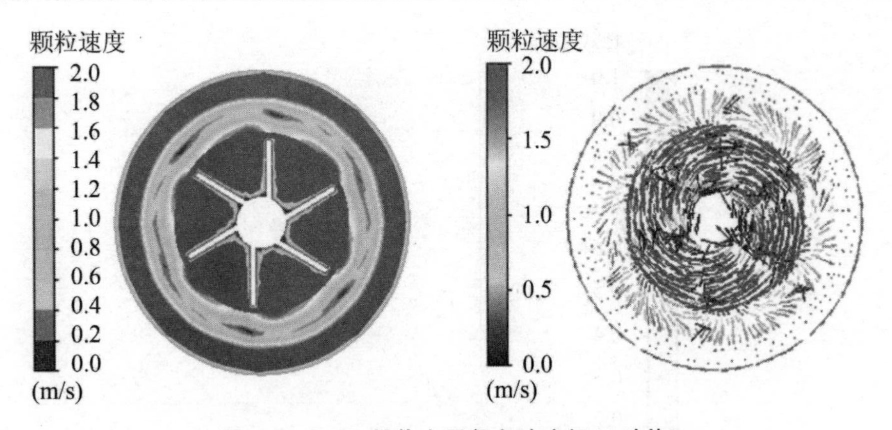

图 5-9　Si_3N_4 粉体上层径向速度场(6 叶片)

Fig. 5-9　Radial cloud chart of Si_3N_4 powder velocity at upper layer (six blade)

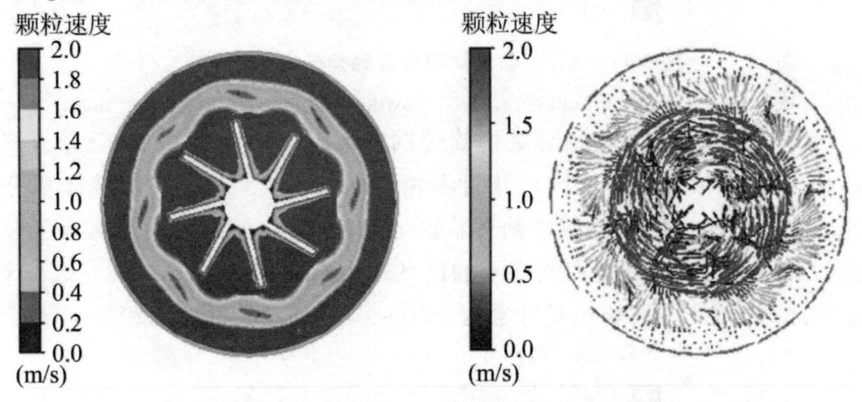

图 5-10　Si_3N_4 粉体上层径向速度场(8 叶片)

Fig. 5-10　Radial cloud chart of Si_3N_4 powder velocity at upper layer (eight blade)

(3)旋转耦合室内 Si_3N_4 粉体轴向体积分布云图分析

4 叶片开启涡轮式轴-径组合结构旋转耦合室内 Si_3N_4 粉体轴向分布云图如图 5-11 所示，Si_3N_4 颗粒分布在几乎整个旋转耦合室，结合速度场分析可知当开启涡轮的叶片为 4 时，其影响的四周 Si_3N_4 粉体范围较小导致在旋转耦合室中上层与底部产生的涡环较小，整个横截面约 88%的体积分数在 0.7～0.8 之间。上层开启涡轮附近部分区域由于叶片数较少未能很好地克服阻力导致存在一定的堆积，体积分数在0.8～0.9 之间，约占整个横截面的 3%。剩余铰刀式径向结构附近与开启涡轮轴向结构一侧部分区域体积分数在 0.6～0.7 之间，约占总面积的 9%。与叶片数为 6 时相比，体积分数在 0.8～0.9 区域有所减小，但 0.6～0.7 区域和 0.7～0.8 区域面积均有所增大，整体效果不如 6 叶片情形。

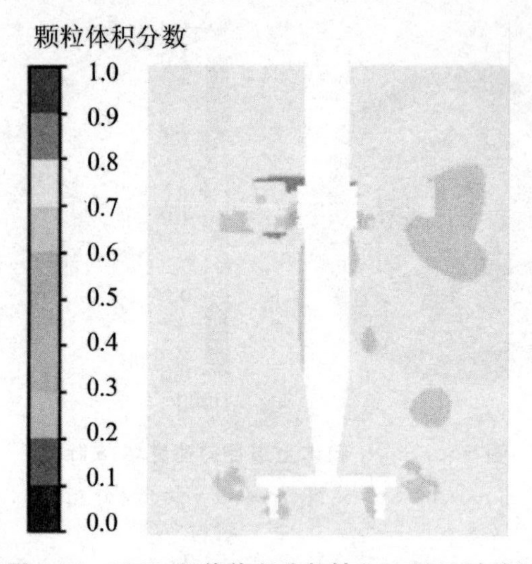

图 5-11　Si_3N_4 粉体体积分数轴向云图(4 叶片)

Fig. 5-11　Axial cloud chart of Si_3N_4 powder volume fraction (four blade)

6 叶片开启涡轮式轴-径组合结构旋转耦合室内 Si_3N_4 粉体轴向分布云图如图 5-12 所示，底部和顶部部分区域与开启涡轮轴向结构两侧约 6%区域体积分数在 0.8～0.9 之间。轴向结构两侧呈圆环状区域及轴-径组合结构之间部分区域体积分数在 0.3～0.7 之间，其中大于 0.6 的区域约占总面积的 12%，0.3～0.6 区域约占总面积的 24%，剩余区域体积分数在 0.7～0.8 之间，约占总面积的 58%。

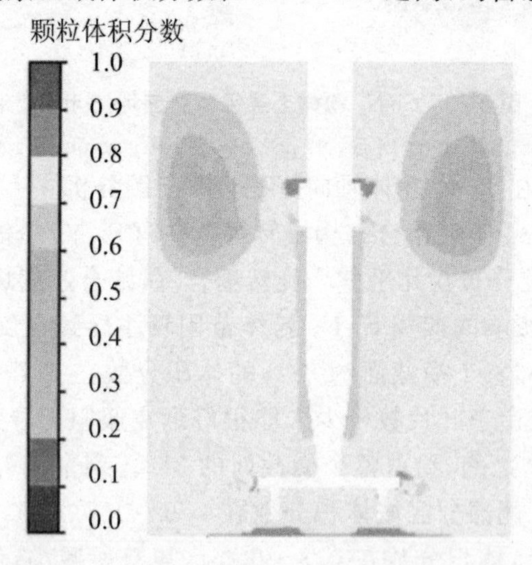

图 5-12　Si_3N_4 粉体体积分数轴向云图(6 叶片)

Fig. 5-12　Axial cloud chart of Si_3N_4 powder volume fraction (six blade)

8 叶片开启涡轮式轴-径组合结构旋转耦合室内 Si_3N_4 粉体轴向分布云图如图 5-13 所示，Si_3N_4 颗粒几乎分布在整个旋转耦合室，叶片个数为 8 时能在旋转耦合室上部和下部形成的涡环更大并与铰刀式径向结构产生的涡环连成一体形成循环，但易在涡环之外的区域形成死区。铰刀式径向结构下部呈梯形状区域、开启涡轮轴向结构两侧与旋转耦合室顶部部分区域是涡环之外的区域，体积分数在0.8～0.9 之间，约占总面积的 14%。开启涡轮轴向结构两侧呈圆环状区域体积分数在 0～0.7 之间，涡环中心接近为 0，涡环中心区域体积分数在 0～0.3 之间，约占总面积的 4%，0.3～0.7 区域体积分数约占总面积的 16%。剩余区域体积分数在 0.7～0.8 之间，约占总面积的 66%。与叶片数为 6 时相比，体积分数在 0.8～0.9 区域有所增大，0.7～0.8 区域有所减小，上部涡环中心体积分数接近为 0，整体效果不如 6 叶片。

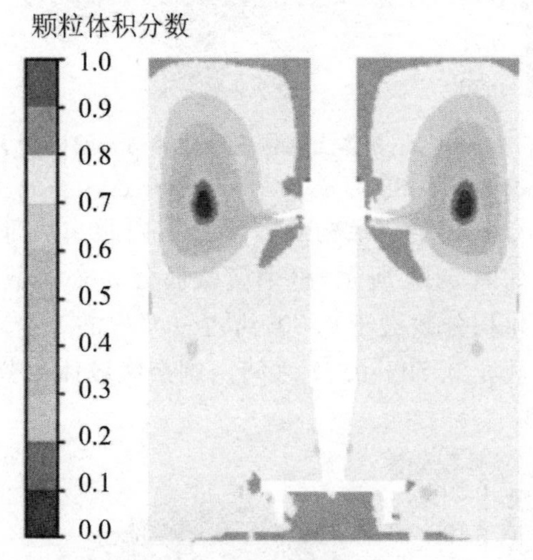

图 5-13　Si_3N_4 粉体体积分数轴向云图（8 叶片）

Fig. 5-13　Axial cloud chart of Si_3N_4 powder volume fraction (eight blade)

(4)旋转耦合室内 Si_3N_4 粉体径向体积分布云图分析

4 叶片开启涡轮式轴-径组合结构旋转耦合室内距离底部 203mm 处 Si_3N_4 粉体径向体积分布云图如图 5-14 所示，整个横截面分为 4 个区域，4 叶片开启涡轮附近体积分数在 0.78 以上，约占整个横截面的 6%。横截面中心到叶片之间区域体积分数在 0.74～0.78 之间，约占整个横截面的 8%。横截面半侧呈不规则圆环状区域体积分数在 0.70～0.71 之间，约占整个横截面的 40%，另半侧不规则圆环状区域体积分数在 0.71～0.74 之间，约占整个横截面的 46%。与 6 叶片情形相比，叶片附近体积分数大于 0.80 区域增大，0.70～0.71 区域较小，大于 0.71 的区域增大，总体效果不如 6 叶片情形。

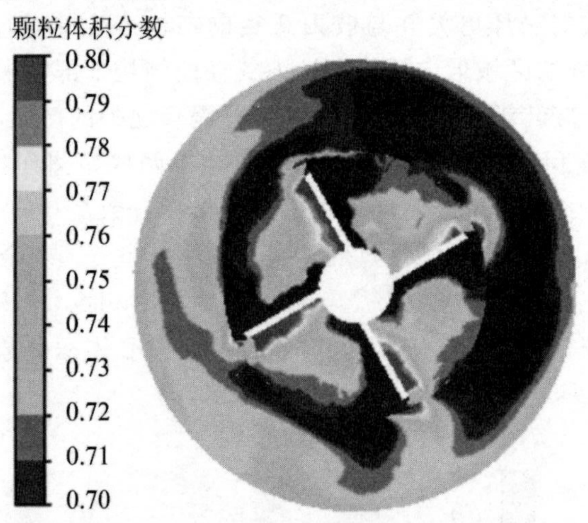

图 5-14　Si_3N_4 粉体上层体积分数径向云图（4 叶片）

Fig. 5-14　Radial cloud chart of Si_3N_4 powder volume fraction at upper layer (four blade)

6 叶片开启涡轮式轴-径组合结构旋转耦合室内距离底部 203mm 处 Si_3N_4 粉体径向体积分布云图如图 5-15 所示，整个横截面分 3 个区域，开启涡轮式轴向结构叶片附近部分区域体积分数大于 0.80，约占总面积的 3%。壁面至中心约 70% 呈圆环状区域体积分数在 0.70～0.71 之间。剩余区域体积分数在 0.72～0.77 之间，约占总面积的 27%。

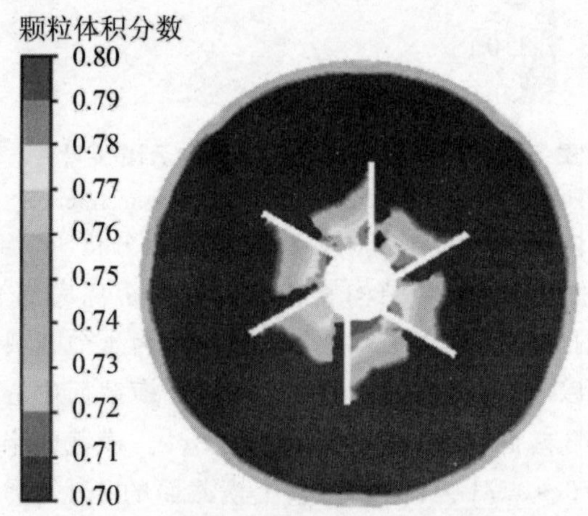

图 5-15　Si_3N_4 粉体上层体积分数径向云图（6 叶片）

Fig. 5-15　Radial cloud chart of Si_3N_4 powder volume fraction at upper layer (six blade)

8叶片开启涡轮式轴-径组合结构旋转耦合室内距离底部203mm处 Si_3N_4 粉体径向体积分布云图如图5-16所示，整个横截面分为3个区域，8片叶片附近约18%区域体积分数在0.79以上，旋转耦合室壁面区域与叶片附近8个呈三角形区域体积分数在0.74～0.78之间，约占总面积的22%，剩余约60%区域体积分数在0.70～0.71之间。与6叶片情形相比，体积分数大于0.79的面积明显增大，旋转耦合室壁面部分区域体积分数大于6叶片情形，总体效果不如6叶片情形。

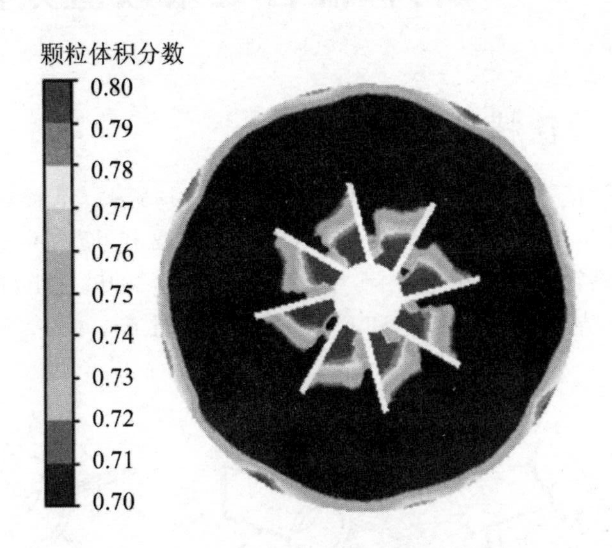

图5-16　Si_3N_4 粉体上层体积分数径向云图(8叶片)

Fig. 5-16　Radial cloud chart of Si_3N_4 powder volume fraction at upper layer (eight blade)

5.2.4　结论

(1)旋转耦合室内开启涡轮式轴向结构的叶片数为4时，相比6叶片情况下其克服阻力的能力较弱，产生的涡环有所减小，旋转耦合室壁面区域与叶片附近区域的速度相对较小，分层情况不明显。壁面区域 Si_3N_4 粉体向外扩散的趋势减弱，存在一定的打旋现象，旋转耦合室内 Si_3N_4 粉体的流动性相对较差。

(2)开启涡轮式轴向结构的叶片数为8时相比6叶片能带动周围更多的 Si_3N_4 粉体，产生的45°切向流在与壁面或者顶部碰撞后能更好地克服阻力在中上部和中下部形成两个更大的涡环，下部的涡环与铰刀式径向结构产生的涡环交融。但由于叶片数量过多，带动的 Si_3N_4 粉体运动的速度更快，易在涡环之外的区域形成死区,体积分数在 0.8～0.9 区域有所增大,0.7～0.8 区域有所减小,上部涡环中心体积分数接近为 0,整体效果不如 6 叶片。

5.3 开启涡轮式轴向结构叶片倾斜角度对粉体混合效果数值分析

5.3.1 数值模拟区域简化

旋转耦合室内三种不同倾斜角度开启涡轮轴向结构三维物理模型如图 5-17 所示:(a)为倾斜 30°开启涡轮式轴向结构,由 1 个圆盘和 6 片 30°的叶片组成;(b)为倾斜 45°开启涡轮式轴向结构,由 1 个圆盘和 6 片 45°的叶片组成;(c)为倾斜 60°开启涡轮式轴向结构,由 1 个圆盘和 6 片 60°的叶片组成。

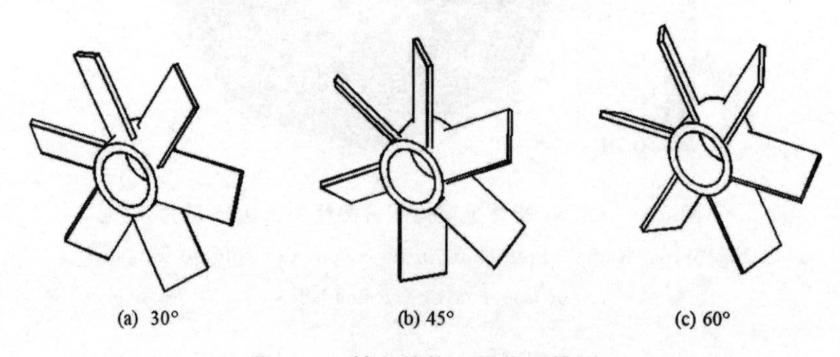

图 5-17　轴向结构三维物理模型

Fig. 5-17　3D physical model of axial structure

以倾斜 45°开启涡轮式轴-径组合结构为例,模拟区域简化示意图如图 5-18 所示。开启涡轮式轴向结构 3 位于旋转耦合室中上部,径向结构与轴向结构由旋转主轴 4 连接,其直径 D_4 =30mm。旋转耦合室内加入的初始 Si_3N_4 粉体 2 高 L_2 = 200mm,占整个旋转耦合室高度的 2/3。5 为旋转耦合室的壁面。

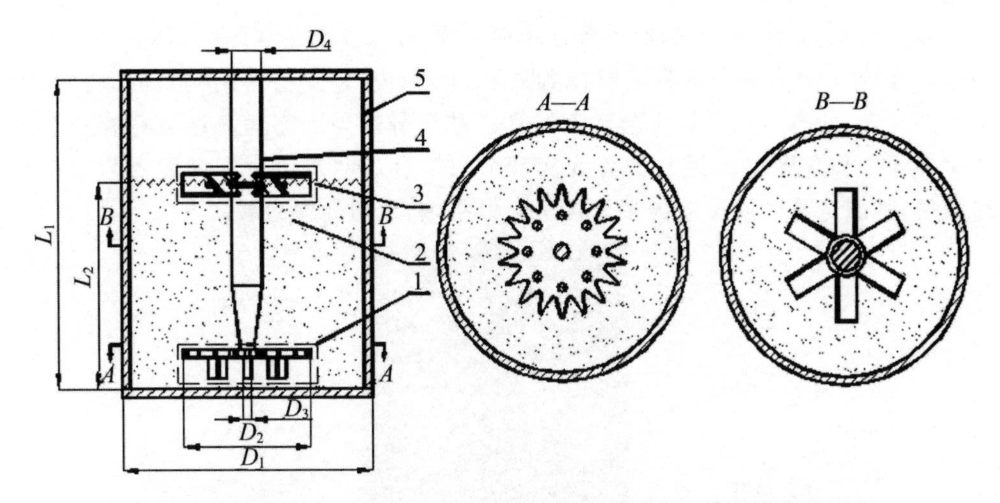

图 5-18　倾斜 45°开启涡轮式组合结构旋转耦合室模拟区域简化示意图

Fig. 5-18　Simplified schematic diagram of rotating coupling chamber simulated area with open turbine combined structure at 45 degree

1—铰刀式径向结构；2— Si_3N_4 粉体；3—开启涡轮式轴向结构；4—旋转主轴；5—旋转耦合室壁面

5.3.2　物理模型建立与数值求解

在 SolidWorks 软件中建立倾斜 45°开启涡轮式组合结构旋转耦合室三维物理模型。建立好的三维物理模型通过布尔减运算将铰刀式径向结构区域、开启涡轮式轴向结构与剩余区域分开，利用 ICEM 软件设置网格。由图 5-19 网格划分示意图可知，动态运算区域 1 与动态运算区域 2 内结构相对不规则，采用大小为 4 的非结构性网格进行处理，共计 127 461 个网格。静态运算区域模型相对简单，采用大小为 6 的结构性网格处理，共计 69 587 个网格。

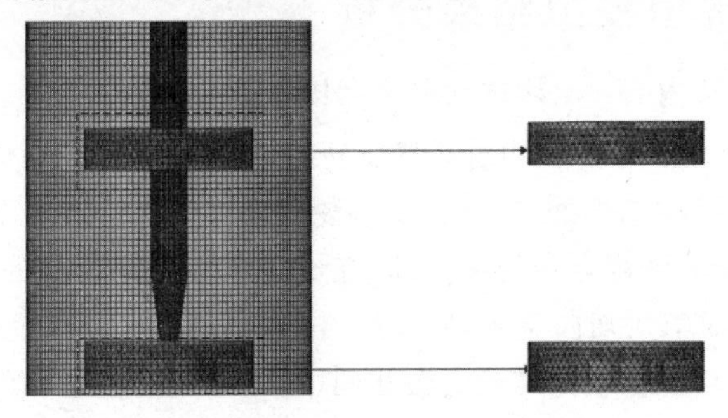

图 5-19　网格划分示意图

Fig. 5-19　Schematic diagram of grid division

以倾斜 45°开启涡轮式轴-径组合结构为例，分为 3 个运算区域，其中 2 个为动态运算区域，1 个为静态运算区域。由图 5-20 开启涡轮式组合结构边界条件设置示意图可知，动态运算区域 1 与动态运算区域 2 分别与静态运算区域存在重合区域交界面 1 和交界面 2，通过交界面实现数据耦合。动态运算区域设置为动态滑移网格，静态运算区域设置为多重参考坐标系，剩余均设置为墙。

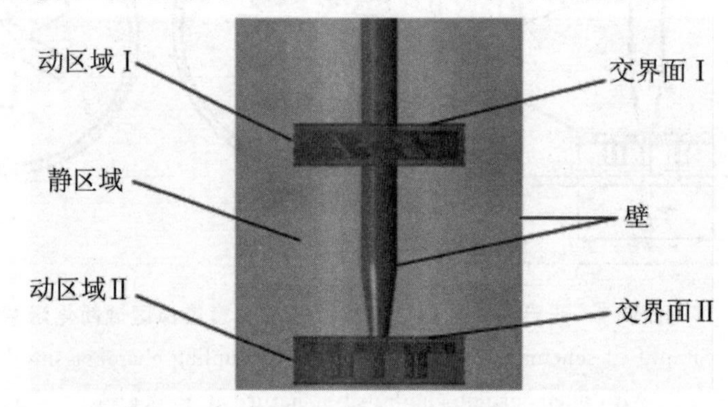

图 5-20　开启涡轮式组合结构边界条件设置示意图

Fig. 5-20　Schematic diagram of boundary condition setting for open turbine combined structure

倾斜 45°开启涡轮式组合结构旋转耦合室的内部流场运算采用 ANSYS 中的 Fluent 模块。静态运算区域运用 Moving mesh 模型，动态运算区域运用 MRF 模型，非稳态耦合场采用压力隐式求解，利用欧拉-欧拉多相流模型模拟 Si_3N_4 粉体与空气的分布情况。湍流模型设置为 RNG k-ε 模型，离散相为二阶迎风格式。Si_3N_4 粉体粒径设置为 0.013mm。旋转耦合室内加入约 2/3 的初始 Si_3N_4 粉体。

5.3.3　数值模拟结果分析

(1)旋转耦合室内 Si_3N_4 粉体轴向速度场分析

倾斜 30°开启涡轮式轴-径组合结构旋转耦合室内 Si_3N_4 粉体轴向速度场如图 5-21 所示，铰刀式径向结构处与 30°开启涡轮轴向结构处附近速度最大，30°开启涡轮式轴向结构位于旋转耦合室的中上部，在旋转主轴高速运动的带动下产生与水平面呈 30°的切向流，30°切向流带动 Si_3N_4 粉体与壁面和顶部发生碰撞后的运动趋势与加装 45°开启涡轮轴向结构大致相同，与之不同的是 30°切向流产生的轴向分流比 45°切向流更大，一部分与旋转耦合室顶部发生碰撞后由于速度过大且有向左右两边分散的趋势易在顶部中间产生死区。一部分向旋转耦合室中下部运动与铰刀式径向结构产生的涡环发生作用，在撞击顶部后向左右两侧分散且速度较大易在旋转耦合室底部左右两侧产生死区。而 30°开启涡轮轴向结构在中上部产生的径向流较弱，故产生的涡环较小，中上部 Si_3N_4 粉体的混合效果较差。

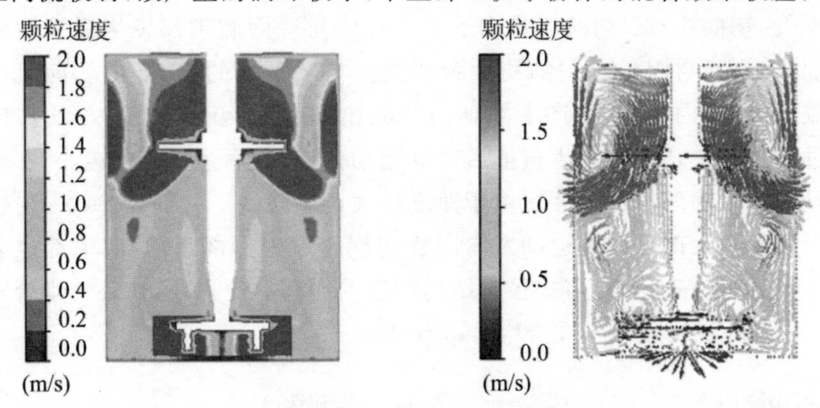

图 5-21　Si_3N_4 粉体轴向速度场(30°)

Fig. 5-21　Axial cloud chart of Si_3N_4 powder velocity (30 degree)

倾斜 45°开启涡轮式轴-径组合结构旋转耦合室内 Si_3N_4 粉体轴向速度场如图 5-22 所示，倾斜 45°开启涡轮式轴向结构位于旋转耦合室的中上部，在旋转主轴高速旋转的带动下产生与水平面呈 45°的切向流，45°切向流带动一部分 Si_3N_4 粉体沿着 45°方向向壁面运动后发生碰撞分成两部分，一部分朝顶部运动后改变运动方向并在重力的作用下向底部运动，另一部分朝底部运动并与铰刀式径向结构产生的较弱轴向流相互作用形成涡环，切向流带动另一部分 Si_3N_4 粉体沿 45°方向向顶部运动并与前一部分撞击顶部后向底部运动的 Si_3N_4 粉体形成涡环。

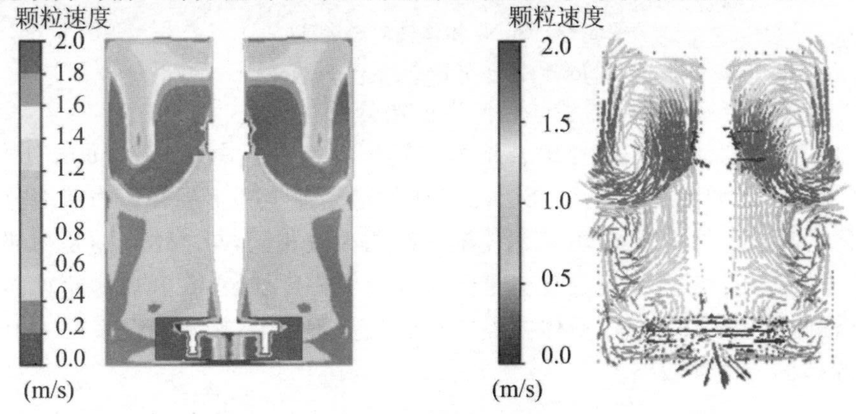

图 5-22　Si_3N_4 粉体轴向速度场(45°)

Fig. 5-22　Axial cloud chart of Si_3N_4 powder velocity (45 degree)

倾斜 60°开启涡轮式轴-径组合结构旋转耦合室内 Si_3N_4 粉体轴向速度场如图 5-23 所示，铰刀式径向结构处与 60°开启涡轮轴向结构处附近速度最大，60°开启涡轮式轴向结构位于旋转耦合室的中上部，在旋转主轴高速运动的带动下产生与水平面呈 60°的切向流，60°切向流带动 Si_3N_4 粉体与壁面和顶部发生碰撞后的运动趋势与加装 45°开启涡轮轴向结构大致相同。与之不同的是 60°的切向流产生的切向分流比 45°切向流大，而产生的轴向分流比 45°切向流小。Si_3N_4 粉体向顶部运动的过程中与旋转主轴发生碰撞后改变运动方向，然后速度缓慢减小，在轴向结构之上且旋转主轴两侧部分区域由于速度过大产生死区。一部分 Si_3N_4 粉体在与两侧壁面碰撞后大部分改变运动方向向旋转耦合室中上部运动，向下部运动的轴向流较小，不能很好地与铰刀式径向结构产生的涡环形成循环，在旋转耦合室中下部 Si_3N_4 粉体的混合效果不及 30°和 45°情形。

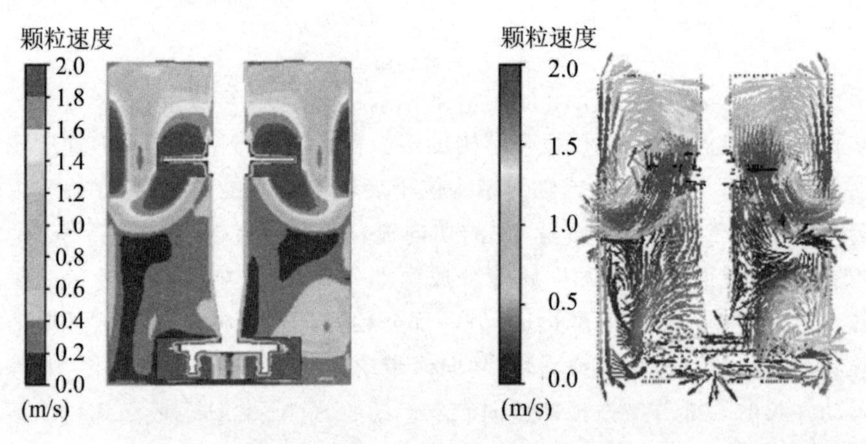

图 5-23　Si_3N_4 粉体轴向速度场(60°)

Fig. 5-23　Axial cloud chart of Si_3N_4 powder velocity (60 degree)

(2)旋转耦合室内 Si_3N_4 粉体径向速度场分析

倾斜 30°开启涡轮式轴-径组合结构旋转耦合室内距离底部 203mm 处 Si_3N_4 粉体径向速度场如图 5-24 所示，Si_3N_4 粉体的运动速度在上层径向横截面分层分布，整体运动趋势与加装 45°开启涡轮轴向结构大致相同，与之不同的是相邻区域之间的速度差相对较小。从速度矢量图可以看出相比加装 45°开启涡轮轴向结构情形下轴向结构四周 Si_3N_4 粉体向外扩散的趋势不明显，旋转耦合室内中上层的 Si_3N_4 粉体的流动性较差。

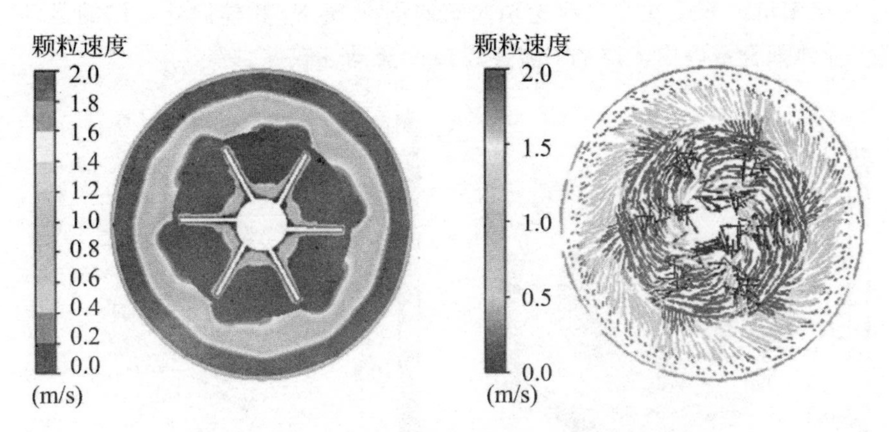

图 5-24　Si_3N_4 **粉体上层径向速度场**(30°)

Fig. 5-24　Radial cloud chart of Si_3N_4 powder velocity at upper layer (30 degree)

倾斜 45°开启涡轮式轴-径组合结构旋转耦合室内距离底部 203mm 处 Si_3N_4 粉体径向速度场如图 5-25 所示。通过分析可知：Si_3N_4 粉体的运动速度在上层径向横截面分层分布，旋转耦合室中心至圆盘涡轮式轴向结构速度依次增大，最大速度在 2.0m/s 以上，壁面与轴向结构中间圆环状区域速度先减小后增大，到壁面区域速度再次达到 2.0m/s 以上，运动速度在 0.8～1.4m/s 之间的 Si_3N_4 粉体向外扩散的趋势明显，中上层的 Si_3N_4 粉体的流动性强。

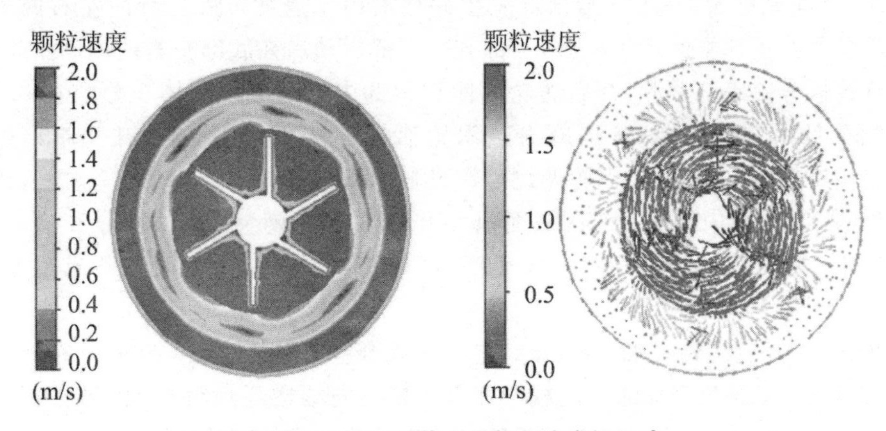

图 5-25　Si_3N_4 **粉体上层径向速度场**(45°)

Fig. 5-25　Radial cloud chart of Si_3N_4 powder velocity at upper layer (45 degree)

倾斜 60°开启涡轮式轴-径组合结构旋转耦合室内距离底部 203mm 处 Si_3N_4 粉体径向速度场如图 5-26 所示。通过分析可知：速度云图与 45°情形下大致相同，从速度矢量图可以看出在开启涡轮轴向结构周围 Si_3N_4 粉体向外扩散的运动趋势不明显，旋转耦合室内中上层的 Si_3N_4 粉体的流动性较差。

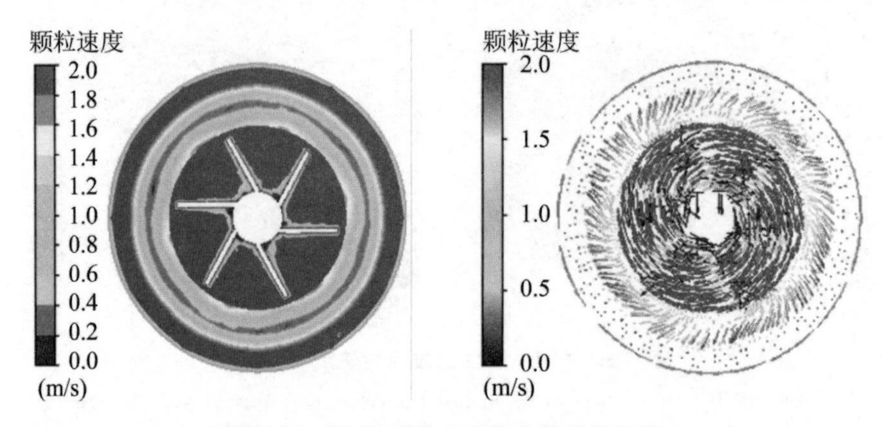

图 5-26　Si_3N_4 粉体上层径向速度场(60°)

Fig. 5-26　Radial cloud chart of Si_3N_4 powder velocity at upper layer (60 degree)

(3)旋转耦合室内 Si_3N_4 粉体轴向体积分布云图分析

倾斜 30°开启涡轮式轴-径组合结构旋转耦合室内 Si_3N_4 粉体轴向分布云图如图 5-27 所示，Si_3N_4 粉体分布在几乎整个旋转耦合室，结合速度场分析可知当开启涡轮叶片的倾斜角度为 30°时与倾斜角度为 45°时相比，30°的切向流产生的轴向分流比 45°切向流更大，一部分与顶部发生碰撞后由于速度过大且有向左右两边分散的趋势易在顶部中间产生死区，一部分向下部运动后在底部左右两侧产生死区，故在旋转耦合室底部两侧、开启涡轮两侧和顶部中央部分区域体积分数在 0.8～0.9 之间，约占总面积的 8%。30°开启涡轮轴向结构在旋转耦合室中上部产生的径向流相对较弱，故在开启涡轮两侧呈圆环状区域体积分数在 0～0.7 之间，约占总面积的 30%，其中大于 0.6 区域面积大于 45°情形。剩余区域体积分数在 0.7～0.8 之间。与倾斜 45°情形相比 0.6～0.7 区域和 0.7～0.8 区域面积均有所增大，整体效果不如 45°情形。

倾斜 45°开启涡轮式轴-径组合结构旋转耦合室内 Si_3N_4 粉体轴向分布云图如图 5-28 所示，底部和顶部部分区域与开启涡轮轴向结构两侧约 6%区域体积分数在 0.8～0.9 之间。轴向结构两侧呈圆环状区域及轴-径组合结构之间部分区域体积分数在 0.3～0.7 之间，其中大于 0.6 的区域约占总面积的 12%，0.3～0.6 区域约占总面积的 24%，剩余区域体积分数在 0.7～0.8 之间，约占总面积的 58%。

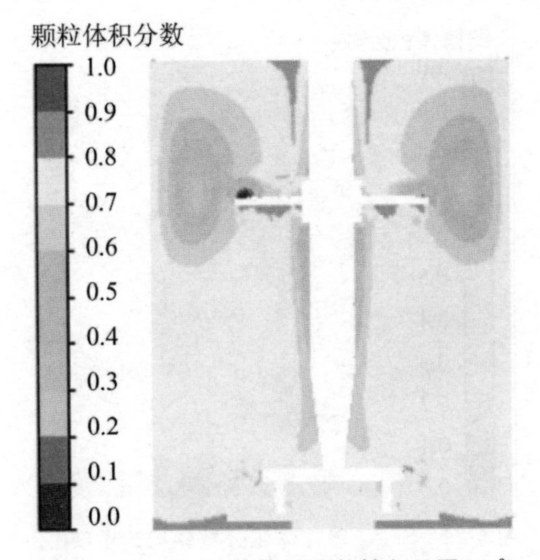

图 5-27　Si_3N_4 粉体体积分数轴向云图(30°)

Fig. 5-27　Axial cloud chart of Si_3N_4 powder volume fraction (30 degree)

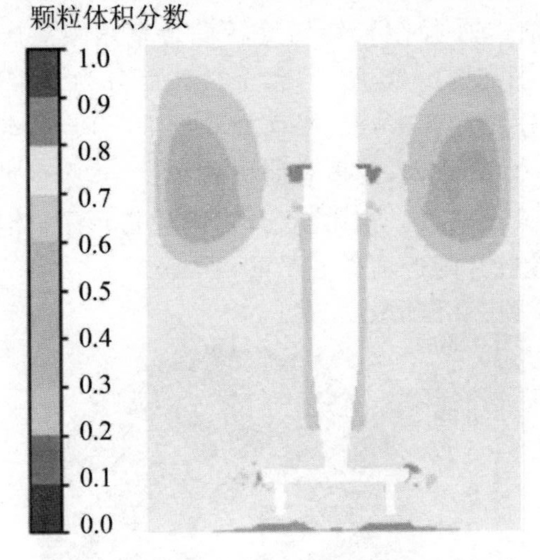

图 5-28　Si_3N_4 粉体体积分数轴向云图(45°)

Fig. 5-28　Axial cloud chart of Si_3N_4 powder volume fraction (45 degree)

倾斜 60°开启涡轮式轴-径组合结构旋转耦合室内 Si_3N_4 粉体轴向分布云图如图 5-29 所示，Si_3N_4 粉体分布在几乎整个旋转耦合室，结合速度场分析可知 60°切向流产生的切向分流比 45°切向分流大，但产生的轴向分流比 45°切向流小，故在旋转耦合室顶部的堆积比 45°情形有所改善，但中下部堆积明显加剧，体积分数在 0.8～0.9 区域占到总面积的 35％，整体效果大不如 45°情形。

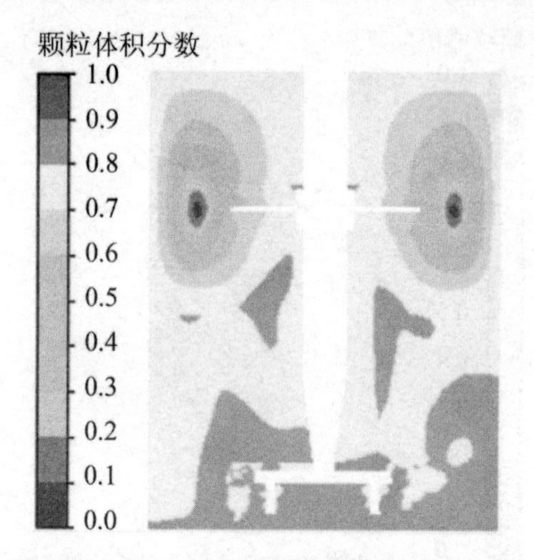

图 5-29　Si_3N_4 粉体体积分数轴向云图(60°)

Fig. 5-29　Axial cloud chart of Si_3N_4 powder volume fraction (60 degree)

(4)旋转耦合室内 Si_3N_4 粉体径向体积分布云图分析

倾斜 30°开启涡轮式轴-径组合结构旋转耦合室内距离底部 203mm 处 Si_3N_4 粉体径向体积分布云图如图 5-30 所示，整个横截面分为 3 个区域，开启涡轮叶片附近约 6%区域体积分数大于 0.78。平面中心到 30°开启涡轮叶片之间与壁面区域体积分数在 0.74～0.78 之间，约占总面积的 9%。剩余区域体积分数在 0.70～0.71 之间，约占总面积的 85%。相比 45°开启涡轮情形下，体积分数大于 0.78 区域有所增大，开启涡轮叶片附近堆积更严重。

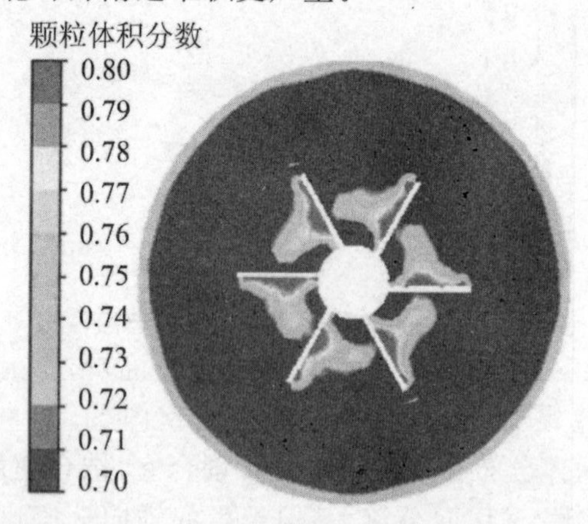

图 5-30　Si_3N_4 粉体上层体积分数径向云图(30°)

Fig. 5-30　Radial cloud chart of Si_3N_4 powder volume fraction at upper layer (30 degree)

倾斜 45°开启涡轮式轴-径组合结构旋转耦合室内距离底部 203mm 处 Si_3N_4 粉体径向体积分布云图如图 5-31 所示，整个横截面分 3 个区域，开启涡轮式轴向结构叶片附近部分区域体积分数大于 0.80，约占总面积的 3%。壁面至中心约 70%呈圆环状区域体积分数在 0.70～0.71 之间。剩余区域体积分数在 0.72～0.77 之间，约占总面积的 27%。

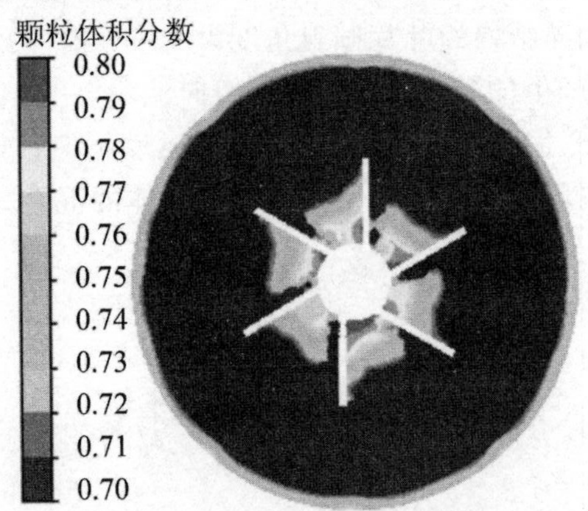

图 5-31　Si_3N_4 粉体上层体积分数径向云图(45°)

Fig. 5-31　Radial cloud chart of Si_3N_4 powder volume fraction at upper layer (45 degree)

倾斜 60°开启涡轮式轴-径组合结构旋转耦合室内距离底部 203mm 处 Si_3N_4 粉体径向体积分布云图如图 5-32 所示，整个横截面分 3 个区域，与 45°情形下相比，60°开启涡轮叶片产生的切向流比 45°情形下更大，径向横截面上 Si_3N_4 粉体体积分布大致相同，在叶片附近大于 0.78 区域有所减小，堆积相对减少。

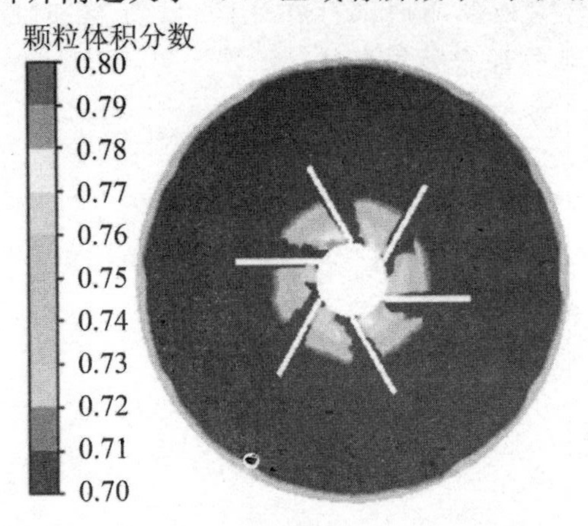

图 5-32　Si_3N_4 粉体上层体积分数径向云图(60°)

Fig. 5-32　Radial cloud chart of Si_3N_4 powder volume fraction at upper layer (60 degree)

5.3.4 结论

(1)开启涡轮式轴向结构的叶片倾斜角度为30°时,30°的切向流产生的轴向分流比45°切向流更大,一部在顶部中间产生死区,一部在底部左右两侧产生死区,中上部产生的径向流相对较弱,中上部 Si_3N_4 粉体的混合效果较差。

(2)开启涡轮式轴向结构的叶片倾斜角度为60°时,60°的切向流产生的切向分流比45°切向流大,而产生的轴向分流比45°切向流小,一部在轴向结构之上且旋转主轴两侧部分区域产生死区,一部分向中上部运动不能很好地与铰刀式径向结构产生的涡环交融,在旋转耦合室中下部 Si_3N_4 粉体的混合效果不及30°和45°轴向结构。

5.4 本章小结

本章对旋转耦合室内加装的开启涡轮式轴向结构的叶片数量与倾斜角度进行探究,对旋转耦合室内 Si_3N_4 粉体速度场与体积分布进行数值模拟,对比分析以上结构对 Si_3N_4 粉体的运动情况和体积分布的影响。结果表明当开启涡轮轴向结构叶轮倾斜45°时,4叶片开启涡轮克服阻力能力不足,8叶片开启涡轮打旋现象严重,6叶片开启涡轮混合效果最佳。当开启涡轮轴向结构叶片格式为6时,开启涡轮倾斜30°时旋转耦合室顶部与底部存在死区,倾斜60°时旋转主轴两侧存在死区,倾斜45°时 Si_3N_4 粉体混合效果最佳。

第6章　气-固两相流旋转耦合场制备 Si_3N_4 颗粒混合过程数值分析实验验证

6.1　引　言

由于气-固两相流旋转耦合室内部气流与 Si_3N_4 粉体的运动情况较为复杂，对其直接监测得到实时流场非常困难，因此本章内容主要对旋转耦合室内部流场进行间接分析，通过筛网、智能粉体特性测试仪与扫描电子显微镜等实验仪器对混合后的 Si_3N_4 粉体颗粒进行定性与半定量分析，基于实验结果分析轴-径组合结构对 Si_3N_4 粉体混合效果的影响。

6.2　实验平台搭建

实验所用多相流旋转耦合场制粒实验装置如图 6-1 所示。其主要传动部分为：电机 9、皮带传动机构 10、旋转主轴 2、铰刀式径向结构 3、制粒立柱 4、旋转耦合室 5、减速器 7 与 12。其他部分为：刮刀 1、底座 6、摇轮 8、喷嘴 11。根据实际要求在旋转主轴中上部加装所需轴向结构。

多相流旋转耦合场制粒实验装置主要参数如表 6-1 所示。

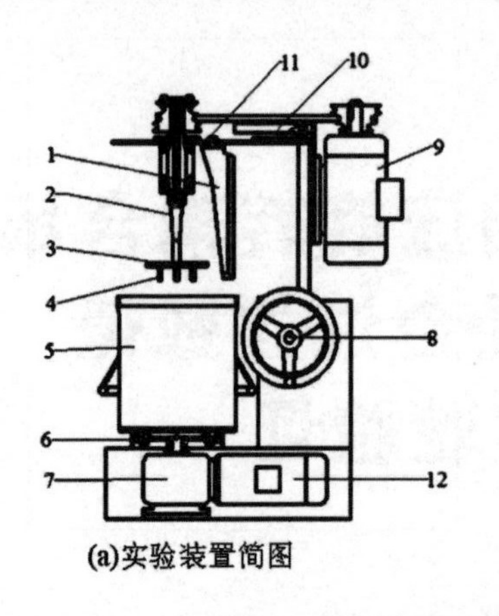

(a)实验装置简图

(b)实验装置实物图

图 6-1　多相流旋转耦合场制粒实验装置

Fig. 6-1　Experimental device for granulation of multiphase flow with rotating coupling field

1－刮刀；2－旋转主轴；3－铰刀式径向结构；4－制粒立柱；5－旋转耦合室；6－底座；7－减速器；8－摇轮；9－电机；10－皮带传动机构；11－喷嘴；12－减速器

表 6-1　旋转耦合场制粒实验装置主要参数

Tab. 6-1　Main parameters of rotating coupling field granulation experimental device

项目	参数
旋转耦合室转速	0～3 000r/mim
径向结构转速	0～3 000r/mim
喷嘴类型	压力旋流式
旋转耦合室尺寸	高 300mm；内径 ϕ 235mm

6.3　实验原料与实验检测方法

6.3.1　实验原料

(1)Si_3N_4 原料：主要成分 α-Si_3N_4 粉（纯度≥93.1%），灰白色粉末，产自长沙轩风陶瓷贸易有限公司。

(2)分散剂：主要成分无水乙醇（C_2H_5OH），促使物料颗粒均匀分散于介质中形成稳定的悬浮体。

(3)烧结助剂：主要成分 MgO，Yb_2O_3，La_2O_3。助燃剂的加入能提高 Si_3N_4 的力学性能和致密度，同时也能降低烧结时的温度。

(4)添加剂：主要成分海藻酸钠$(C_6H_7O_6Na)_n$、聚乙烯醇$[C_2H_4O]_n$、聚丙烯酰胺$(C_3H_5NO)_n$、聚甲基丙烯酸甲酯$(\mathrm{+CH_2C(CH_3)(COOCH_3)+}_n)$。

6.3.2　Si_3N_4 粉体颗粒制备过程

Si_3N_4 粉体颗粒制备流程图如图 6-2 所示，具体制备过程如下：

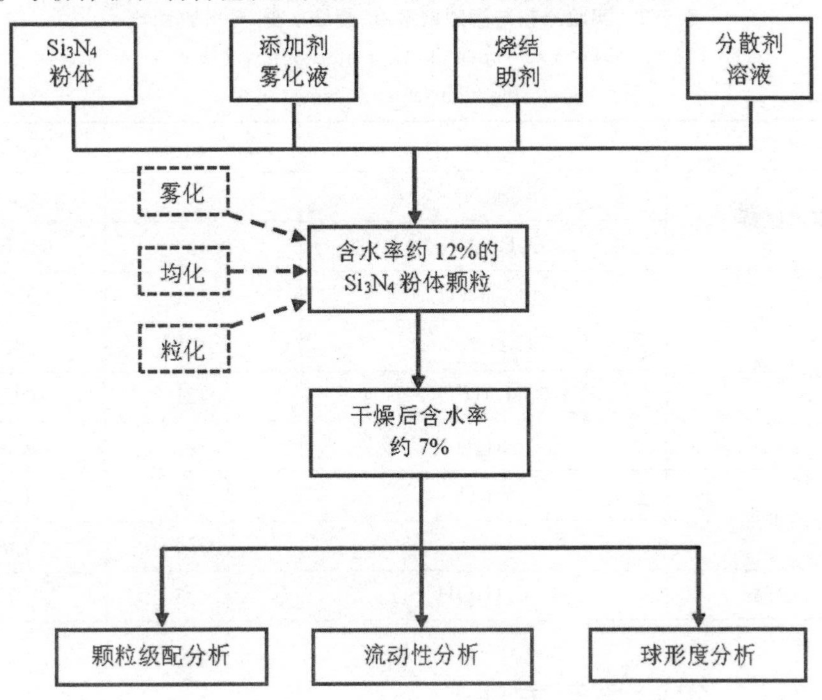

图 6-2　Si_3N_4 粉体颗粒制备流程图

Fig. 6-2　Flow chart of Si_3N_4 powder preparation

(1)配料：对 Si_3N_4 粉体进一步过筛球磨，过筛粉碎后粒径小于 1.5μm。

(2)制备添加剂溶液：海藻酸钠$(C_6H_7O_6Na)_n$、聚乙烯醇$(C_2H_4O)_n$、聚丙烯酰胺$(C_3H_5NO)_n$、聚甲基丙烯酸甲酯$(\mathrm{+CH_2C(CH_3)(COOCH_3)+}_n)$混合比例为 13∶20∶23∶44。配置溶液时水温需超过 95℃，配比后与 Si_3N_4 粉体约为 1∶100 的比例。

(3)制备烧结助剂：MgO，Yb_2O_3，La_2O_3 以 1∶4∶5 进行配比，配比后与 Si_3N_4

粉体约为 2∶100 的比例。

(4)制备分散剂:无水乙醇(C_2H_5OH),纯度>95%,配比后与 Si_3N_4 粉体约为 1.5∶100 的比例。

(5) 多相流旋转耦合制粒:将过筛球磨后的 Si_3N_4 粉体、分散剂与助燃剂加入旋转耦合室,总量 5.225kg。设置径向结构与轴向结构顺时针转速、旋转耦合室逆时针转速与喷嘴压力。对 Si_3N_4 粉体进行旋转耦合制粒。得到含水率约 12%的 Si_3N_4 粉体颗粒,经干燥后 Si_3N_4 粉体颗粒含水量约 7%。

实验原料与添加剂溶液、烧结助剂、分散剂配比如表 6-2 所示。

表 6-2　实验原料与添加剂溶液、烧结助剂、分散剂配比

Tab. 6-2　Ratio of experimental raw materials to additive solution, sintering additive and dispersant

类型	名称	百分比/%	质量/kg
实验原料	Si_3N_4	95.69	5
	$(C_6H_7O_6Na)_n$	0.124	0.006 5
添加剂	$[C_2H_4O]_n$	0.191	0.01
	$(C_3H_5NO)_n$	0.22	0.0115
	$(\!-\!CH_2C(CH_3)(COOCH_3)\!-\!_n)$	0.421	0.022
	MgO	0.191	0.01
烧结助剂	Yb_2O_3	0.766	0.04
	La_2O_3	0.956	0.05
分散剂	C_2H_5OH	1.435	0.075

6.3.3　实验检测方法

实验所需仪器:

(1)FA1004 电子天平(成都市宜邦科析仪器有限公司):称量范围 0~100g,读数精度 0.1mg。

(2)分样网筛(滨州市非凡网业有限公司):过筛范围 20~80 目(目是指每英寸即 2.54cm 筛网上的孔眼数目)。

(3)摇摆式粉碎机(永康市科徕尔贸易有限公司):型号为 1000Y,参数如表6-3所示。

表 6-3　1000Y 型摇摆式粉碎机参数

Tab. 6-3　The parameters of 1000Y type swing crusher

项目	设备参数
电压	220V
功率	3 200W
转速	35 000r/mim
粉碎度	60～300 目
工作时间	8min
间隔时间	5min
开盖方式	防卡死开盖

(4)COXEM EM-30AX SEM(韩国库塞姆公司):超高分辨率(5nm),最大放大倍数 150 000,能同时进行二次电子像和背散射电子相的收集,真空系统为涡轮分子泵(小于 3min),最大样品尺寸为 45mm(高),60mm(直径),具有自动聚焦、自动亮度、对比度调整和自动灯丝对中等功能,图片质量最高能达到 5 120PX×3 840PX,拥有通用 7 个样品桩的样品台。

(5) BT-1001 智能粉体物性测试仪(丹东百特仪器):由表 6-4BT-1001 性能指标可知,测试项目包括崩溃角、休止角、平板角、均齐度、压缩度等。引入的智能化系统使测试精度高,操作简便。独创的 SOP 引导式测试模式,操作简捷,测试过程标准化,测试结果准确可靠。故选择对 Si_3N_4 粉体颗粒进行流动性分析。

表 6-4　BT-1001 性能指标

Tab. 6-4　The technical parameters of BT-1001

测量项目	性能指标	测量项目	性能指标
休止角	0～90°图像法测量	松装密度	固定体积或固定质量法
崩溃角	0～90°图像法测量	振实密度	固定体积或固定质量法
差角	0～90°自动计算	均齐度	指数 0～15 自动计算
平板角	0～90°图像法测量	凝集度	指数 0～15 自动计算
分散度	指数 0～25 自动计算	喷流性指数	指数 0～100 自动计算
压缩度	指数 0～25 自动计算	筛分粒度	45～3 000μm 自动计算

6.4 Si_3N_4 颗粒性能分析

6.4.1 Si_3N_4 粉体颗粒流动性分析

粉体颗粒的流动性对压制过程影响较大，流动性差不能均匀地充满模具，使压坯体尺寸或密度达不到要求，甚至局部不能成型甚至开裂，影响产品质量。粉体颗粒流动性一般采用对实验测得的休止角、崩溃角、差角、平板角、松装密度和振实密度等计算得到。

取两对照组进行对比，分析开启涡轮式轴-径组合结构对 Si_3N_4 粉体颗粒流动性的影响，表 6-5 中颗粒各指标由 BT-1001 检测，1 组代表铰刀式径向结构下所制 Si_3N_4 粉体颗粒，2 组代表 6 叶片倾斜 45°开启涡轮式轴-径组合结构下所制 Si_3N_4 粉体颗粒。铰刀式径向结构下制得的 Si_3N_4 粉体颗粒其休止角 44.83°、崩溃角 36.24°、差角 8.11°、平板角 58.31°、松装密度 0.49g/cm^3、振实密度 1.23g/cm^3，计算流动性指数为 47。6 叶片倾斜 45°开启涡轮式轴-径组合结构下所制 Si_3N_4 粉体颗粒其休止角 20.87°、崩溃角 17.35°、差角 3.88°、平板角 30.12°、松装密度 1.15g/cm^3、振实密度 1.16g/cm^3，计算流动性指数为 84，流动性明显改善。

表 6-5　对照组性能指标对比

Tab. 6-5　Contrast of performance indexes in control group

性能指标	1	2
休止角	44.83°	20.87°
崩溃角	36.24°	17.35°
差角	8.11°	3.88°
平板角	58.31°	30.12°
松装密度/(g/cm^3)	0.49	1.15
振实密度/(g/cm^3)	1.23	1.16
压缩度/%	56.49	12.77

续表

性能指标	1	2
分散度/%	7.41	6.16
均齐度	2.28	1.57
流动性指数	47	84
流动性评价	低	高
喷流性指数	51	59

6.4.2　Si_3N_4 粉体颗粒级配与微观形貌分析

颗粒级配即粒径级配，对最终制得的 Si_3N_4 陶瓷轴承滚子性能影响较大，合理的颗粒级配能降低其气孔率，提升 Si_3N_4 陶瓷轴承滚子的性能。表 6-6 为 Si_3N_4 颗粒粒径分布情况，1 组为铰刀式径向结构下所制 Si_3N_4 粉体颗粒，2 组为 6 叶片倾斜 45°开启涡轮式轴-径组合结构下所制 Si_3N_4 粉体颗粒。

表 6-6　Si_3N_4 颗粒粒径分布

Tab. 6-6　Size distribution of Si_3N_4 particles

序号	含量百分比							
	>20 目	30 目	40 目	50 目	60 目	70 目	<80 目	合格率/%
1	5.1	3.8	21.5	19.4	23.1	15.5	11.6	83.3
2	1.9	4.2	32.6	30.4	18.2	7.9	4.8	93.3

原始结构与改进结构下所制 Si_3N_4 颗粒粒径对比如图 6-3 所示，原始铰刀式径向结构所制 Si_3N_4 粉体颗粒集中分布在 40～80 目，粒径分布曲线相对平缓，以 30～70 目计算合格率，合格率为 83.3%。改进后 6 叶片倾斜 45°开启涡轮式轴-径组合结构所致 Si_3N_4 粉体颗粒集中分布在 30～60 目，粒径分布曲线接近正态分布，以 30～70 目计算合格率，合格率为 93.3%，相对原始铰刀式径向结构提高了 10%。

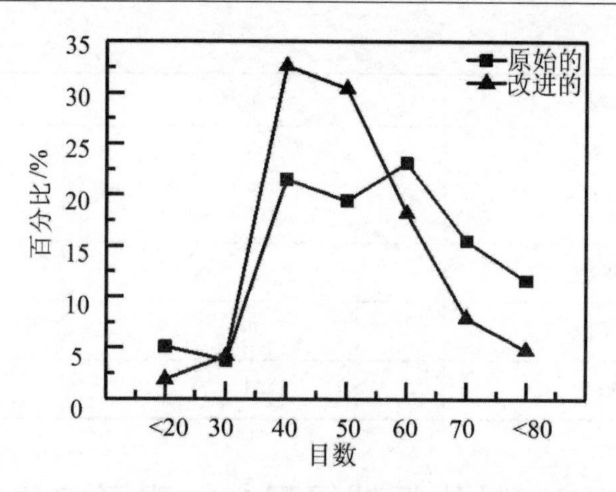

图 6-3　原始结构与改进结构下所制 Si_3N_4 颗粒粒径对比

Fig. 6-3　Comparison of particle size of Si_3N_4 prepared by original structure and modified structure

图 6-4 为两对照组 Si_3N_4 粉体颗粒在 SEM 下放大 200 倍的观察图像，(a)组为铰刀式径向结构下所制 Si_3N_4 颗粒，(b)组为在 6 叶片倾斜 45°开启涡轮组合结构下所制 Si_3N_4 粉体颗粒。从图中可以看出(a)组颗粒大小不同，粒径相差较大且形状不规则，球形度低；(b)组颗粒粒径相差较小，外形基本为球形，球形度较高且分布相对均匀。可见 6 叶片倾斜 45°开启涡轮式轴-径组合结构对多相流旋转耦合场所制 Si_3N_4 颗粒的形态有明显改善。

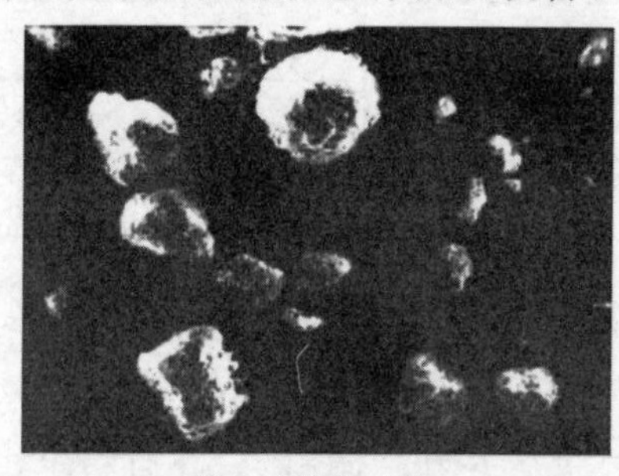

(a) 铰刀式径向结构

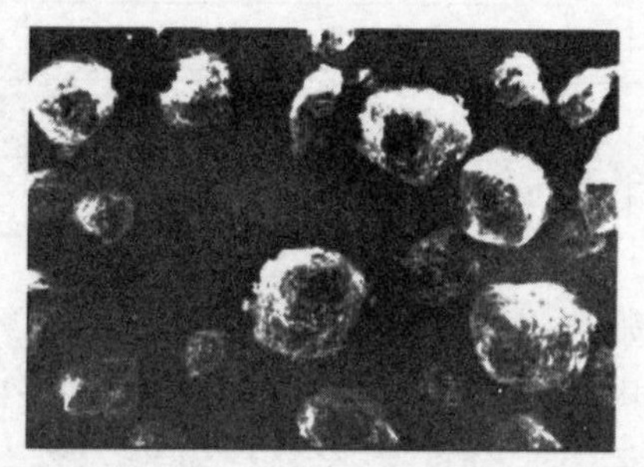

(b) 6 叶片倾斜 45°开启涡轮轴-径组合结构

图 6-4　Si_3N_4 颗粒 SEM 图像

Fig. 6-4　SEM photograph of Si_3N_4 particles

6.5　本章小结

本章对气-固两相流旋转耦合室在铰刀式径向结构与 6 叶片倾斜 45°开启涡轮式轴-径组合结构下所制 Si_3N_4 粉体颗粒对比分析。通过智能粉体测试仪对两种结构所制 Si_3N_4 粉体颗粒流动性指数进行计算，6 叶片倾斜 45°开启涡轮式轴-径组合结构所制 Si_3N_4 粉体颗粒流动性指数明显提高；通过分样网筛得到两种结构下的 Si_3N_4 粉体颗粒级配，后者的颗粒级配更佳；通过扫描电子显微镜观察两种结构所制 Si_3N_4 粉体颗粒的微观形貌，后者颗粒粒径相差较小且球形度更高。

第7章　结论与展望

7.1　结　论

本书对多相流旋转耦合场制备 Si_3N_4 颗粒的粉体混合过程进行探究，主要分析轴-径组合结构在不同结构参数、空间参数与几何参数下旋转耦合场运动特性，对比 Si_3N_4 粉体速度场与体积分布并分析旋转耦合场变化差异。通过智能粉体测试仪、筛网、SEM 扫描电镜等仪器分析制得的 Si_3N_4 粉体颗粒流动性、颗粒级配及微观形貌。具体结论如下：

(1)针对多相流旋转耦合场制备 Si_3N_4 颗粒的粉体混合过程，建立气-固 Si_3N_4 粉体-空气两相欧拉-欧拉数学模型，修正 RNG k-ε 离散模型分析 Si_3N_4 粉体混合过程旋转耦合场内部湍流现象。采用 CFD 方法模拟混合过程并得到 Si_3N_4 粉体速度场与体积分布，对旋转耦合室流场运动状态的分析提供一定理论依据。

(2)传统圆盘涡轮式轴-径组合结构、直斜交错圆盘涡轮式轴-径组合结构、传统开启涡轮式轴-径组合结构和直斜交错开启涡轮式轴-径组合结构均可弥补铰刀式径向结构径向流强、轴向流弱的缺陷且显著增强 Si_3N_4 粉体的运动高度。但相比较而言，传统开启涡轮式轴-径组合结构增强的轴向流大都分布在旋转耦合室中上部，能与底部铰刀式径向结构产生的涡环形成大涡环，Si_3N_4 粉体向外扩散的趋势更明显，打旋现象明显改善，混合效果最佳。

(3)当轴-径组合结构层间距不变时，径向结构离底距较小无法产生涡环，离底距过大涡环交融形成死区。当轴-径组合结构离底距不变时，组合结构层间距较小底部堆积严重，层间距过大顶部死区面积增大。径向结构距离底部 10mm 且轴-径组合结构层间距 158mm 时 Si_3N_4 粉体混合效果最佳。

(4)当开启涡轮轴向结构叶轮倾斜45°时,4叶片开启涡轮克服阻力能力不足,8叶片开启涡轮打旋现象严重,6叶片开启涡轮混合效果最佳。当开启涡轮为6叶片时,倾斜30°旋转耦合室顶部与底部存在死区,倾斜60°旋转主轴两侧存在死区,倾斜45° Si_3N_4 粉体混合效果最佳。

(5) 搭建实验平台并基于实验分析可知6叶片倾斜45°开启涡轮式轴-径组合结构能改善 Si_3N_4 粉体的混合效果,其流动性指数、颗粒级配、球形度均有所提高。

(6) 本课题对轴-径组合结构多相流旋转耦合场制备 Si_3N_4 颗粒的粉体混合过程的分析提供理论依据,在一定程度上改善之前 Si_3N_4 粉体混合不均导致经压制、烧结等工艺制得的 Si_3N_4 陶瓷轴承滚子脆性大且断裂韧性低的缺陷。本书所改进的轴-径组合结构对多相流旋转耦合场制备高质量的 Si_3N_4 粉体颗粒有一定理论指导意义。

7.2 展　望

(1)本书仅分析几种常见轴-径组合结构对旋转耦合场制备 Si_3N_4 颗粒的粉体混合效果的影响,未探究更多种类轴-径组合结构的旋转耦合场运动特性。因此本书具有局限性,后续可对更多种类轴-径组合结构进行数值仿真与实验分析。

(2)本书仅针对多相流旋转耦合场制备 Si_3N_4 颗粒的粉体混合过程进行分析,对制粒过程未深入研究,后续阶段可对 Si_3N_4 粉体成型过程进行深入研究。

参考文献

[1]王黎钦，贾虹霞，郑德志，叶振环. 高可靠性陶瓷轴承技术研究进展[J]. 航空发动机，2013，39(02):6-13.

[2]Yoshinaga S，Ishikawa Y，Kawamura Y，et al. The optical properties of silicon-rich silicon nitride prepared by plasma-enhanced chemical vapor deposition[J]. Materials Science in Semiconductor Processing，2019，90:54-58.

[3]Dasmahapatra A，Kroll P. Modeling amorphous silicon nitride: A comparative study of empirical potentials[J]. Computational Materials Science，2018，148:165-175.

[4]Muthaiah V M R，Meka S R，Kumar B V M . Development of dual-phase SiC/Si3N4 nanostructures on nanosized SiC particles[J]. Philosophical Magazine Letters，2020，100(2):74-85.

[5]吴南星，廖达海，占甜甜. 陶瓷干法制粉机搅拌轴偏心距对颗粒分散性的影响[J]. 硅酸盐通报，2014，033(012):3300-3303.

[6]Wu N X，Bao X，Liao D H，et al. Analysis of Temperature Field on Ceramic Dry Granulation Machine[J]. Advanced Materials Research，2014，951:49-52.

[7]Du Z，Li J. A Hermite WENO reconstruction for fourth order temporal accurate schemes based on the GRP solver for hyperbolic conservation laws[J]. Journal of Computational Physics，2018，355:385-396.

[8]Figueroa D G，Shaposhnikov M. Anomalous non-conservation of fermion/chiral number in Abelian gauge theories at finite temperature[J]. Journal of High Energy Physics，2018，2018(4):26.

[9]余冬玲，郑琦，邓立钧，等. 陶瓷干法造粒搅拌槽结构对粉体混合效果的

影响[J]. 硅酸盐通报，2019，038(005):1442-1447.

[10]Wang Y, Zhang G H, He X B, et al. Preparation of refractory metal diboride powder by reducing refractory metal oxide with calcium hexaboride[J]. Ceramics International, 2019, 45(12).

[11] Andrzej Pawelec, Beata Strojek, Grzegorz Weisbrod, Sławomir Podsiadło. Preparation of silicon nitride powder from silica and ammonia[J]. Ceramics International, 2002, 28(5).

[12]Yu W, Zheng Y, Yu Y, et al. Combustion synthesis assisted water atomization-solid solution precipitation: A new guidance for nano-ZTA ceramics[J]. Journal of the European Ceramic Society, 2019, 39(14).

[13] Fudong L, Hailiang W, Andras S, et al. Molecular Orientations Change Reaction Kinetics and Mechanism: A Review on Catalytic Alcohol Oxidation in Gas Phase and Liquid Phase on Size-Controlled Pt Nanoparticles[J]. Catalysts, 2018, 8(6):226-228.

[14]张克，邓宗武，袁正，来月英，吴华武，徐功骅. $SiCl_4$ 氨解法制备高纯度的 Si_3N_4 粉的研究[J]. 无机材料学报，1995，01:37-42.

[15]姜坤. Si_3N_4 粉体和 Sialon 粉体的合成工艺及其机理研究[D]. 合肥工业大学，2012:8-12.

[16]吴南星，成飞，余冬玲，陈涛，方长福，廖达海. 基于 CFD 的建筑陶瓷干法制备过程温度场分析[J]. 人工晶体学报，2016，45(10):2542-2548.

[17]Yan Z, Lei Q, Wen Z, et al. Highly Efficient Fe-N-C Nanoparticles Modified Porous Graphene Composites for Oxygen Reduction Reaction [J]. Journal of the Electrochemical Society, 2018, 165(9): H510-H516.

[18]Ryan A G, Friedlander E A, Russell J K, et al. Hot pressing in conduit faults during lava dome extrusion: Insights from Mount St. Helens 2004—2008[J]. Earth and Planetary Science Letters, 2018, 482: 171-180.

[19]Hiromi N, Konatsu K, Takahisa Y, et al. Rapid Sintering of Li_2O-Nb_2O_5-TiO_2 Solid Solution by Air Pressure Control and Clarification of Its Mechanism[J]. Materials, 2018, 11(6):987.

[20]Yang F, Wang H, You L, et al. Performance of Nd-Fe-B Magnets

Fabricated by Hot Isostatic Pressing and Low-Temperature Sintering [J]. Journal of Materials Engineering & Performance, 2019, 28(1): 273-277.

[21]Khisamitov I, Meschke G. Configurational-force interface model for brittle fracture propagation[J]. Computer Methods in Applied Mechanics and Engineering, 2019, 01:351-378.

[22]Wagner M H, Narimissa E , Huang Q . On the origin of brittle fracture of entangled polymer solutions and melts[J]. Journal of Rheology, 2018, 62(1):221-233.

[23]Zhao X, Li Y, Chen W, et al. Improved fracture toughness of epoxy resin reinforced with polyamide 6/graphene oxide nanocomposites prepared via in situ polymerization[J]. Composites ence and Technology, 2019, 171(FEB. 8):180-189.

[24]Lange, Davis B I, Clarke D R. Compressive creep of Si_3N_4/MgO alloys [J]. Journal of Materials Science, 1980, 15(3):601-610.

[25]Tani E, Umebayashi S, Kishi K, et al. Gas-pressure sintering of Si_3N_4 with concurrent addition of Al_2O_3 and 5wt.% rare earth oxide: High fracture toughness Si_3N_4 with fiberlike structure[J] 1986, 65(9):1311.

[26]Pyzik A, Schware D B, Dwbensky W J. Self-reinforced Si3N4 ceramic of high fracture toughness and a method of preparing the same[J]. 1989, 28(3):374-377.

[27]罗学涛. 自韧 Si_3N_4 的显微结构控制及其性能研究[J]. 材料导报, 1997,01:74.

[28]江涌,赵益辉. 粉料粒度对 Si_3N_4 陶瓷性能的影响[J]. 中国粉体技术, 2012, 18(03):48-52.

[29]黄智勇,王翔,刘学建,等. Si_3N_4 粉体的行星式球磨工艺研究[C]. 全国工程陶瓷学术年会. 2003.

[30]吴南星,赵增怡,花拥斌,等. 建筑陶瓷干法造粒过程坯料颗粒含水率的研究[J]. 陶瓷学报, 2017, 38(03):421-424.

[31]余冬玲,花拥斌,吴南星. 等. 陶瓷墙地砖干法造粒过程坯料粉体成型与造粒室转速的影响[J]. 硅酸盐通报, 2017, 36(10):3353-3360.

[32]吴南星,成飞,余冬玲,等. 基于 CFD 的建筑陶瓷干法制备过程温度场

分析[J]. 人工晶体学报，2016，45(10):2542-2548.
[33]余冬玲，刘子硕，黄韩凌燕. 陶瓷外墙砖干法造粒坯料颗粒与膨润土含量的影响[J]. 中国陶瓷工业，2019，26(01):9-14.
[34]Wang Y，Cai J，Li Q，et al. Diffuse interface simulation of bubble rising process: a comparison of adaptive mesh refinement and arbitrary lagrange-euler methods[J]. Heat and mass transfer，2018，54(6): 1767-1778.
[35]Wang，Xinwei. Novel differential quadrature element method for vibration analysis of hybrid nonlocal Euler-Bernoulli beams[J]. Applied Mathematics Letters，2018，77:94-100.
[36]Sergio Gómez，Castillo P. Optimal stabilization and time step constraints for the forward Euler-Local Discontinuous Galerkin method applied to fractional diffusion equations[J]. Journal of Computational Physics，2019，394:503-521.
[37]马庆勇，张奇志，张林. 用CFD模拟分析单层、双层搅拌桨叶对搅拌效果的影响[J]. 湖南农机，2014，41(04):38-41.
[38]董敏，夏晨亮，李想. 双螺带及六斜叶组合桨搅拌槽内部流场的数值模拟[J]. 燕山大学学报，2018，17:148-149
[39]马鑫，李志鹏，徐鸿. 四斜叶桨搅拌槽内的流动特性[J]. 北京化工大学学报(自然科学版)，2008，02:5-9.
[40]刘宝庆，钱路燕，刘景亮，徐妙富，林兴华，金志江. 新型大双叶片搅拌器的实验研究与结构优化[J]. 高校化学工程学报，2013，27(06): 945-951.
[41]郑国军，李志鹏，曲博林，高正明. 采用粒子图像测速技术对低雷诺数下双层CBY桨搅拌槽内流场的研究[J]. 石油化工，2011，40(01): 60-64.
[42]朱荣生，李扬，王秀礼，王海彬. 偏心距和偏心角对双吸泵径向力影响的数值分析[J]. 流体机械，2019，47(03):20-25+78.
[43]兰晋，董乃强，杨斌. 恒压变量柱塞泵斜盘偏心距的计算与仿真[J]. 液压与气动，2019，06:106-111.
[44]张昭，廖锐全，赵亚睿，程福山，刘捷. 导流叶片数量及排布方式对涡流工具性能的影响[J]. 西安石油大学学报(自然科学版)，2018，33(05):

42-49.

[45]张鑫，崔宝玲，周汉涛，饶昆，葛明亚. 不同起始直径分流叶片的离心泵内部流场数值分析[J]. 浙江理工大学学报(自然科学版)，2016，35(02):225-231.

[46]高勇，郝惠娣，党睿，高平强，亢玉红，王战辉. 双层桨自吸式反应器的气含率特性[J]. 石油化工，2019，48(05):496-500.

[47]赵利军，余志龙，徐鹏杰，丁渭渭. 返回叶片数量及排布方式对混凝土搅拌均匀性的影响[J]. 长安大学学报(自然科学版)，2016，36(04):103-110.

[48]吴南星，邓立钧，赵增怡，等. 挡板结构对陶瓷干法造粒室内粉体混合效果的影响[J]. 硅酸盐通报，2018，37(12):87-91＋105.

[49]Wu N X，Zhan T T，Liao D H. The Effect of Dry Granulating Machine Spindle Eccentricity on the Granulation[J]. Advanced Materials Research，2015，1094:374-378.

[50]吴南星，成飞，余冬玲，等. 陶瓷干法造粒过程温度场对造粒效果的研究[J]. 硅酸盐通报，2016，035(003):837-842.

下篇　气-固两相流旋转耦合场制备 Si_3N_4 颗粒混合过程数值分析 ——底-壁组合结构

第8章　概　论

8.1　著作来源

本课题来源于国家自然科学基金“基于CFD-DEM耦合方法的Si_3N_4粉体干法制备机理研究”(项目编号:51964022)。该课题的研究具有非常好的应用价值,能够揭示Si_3N_4粉体的混合过程,对制备节能环保、品质改善和低投入高产值的先进Si_3N_4颗粒提供一定的理论指导。

8.2　研究背景

与普通的钢轴承相比,Si_3N_4陶瓷轴承具有寿命长、耐磨损、耐高温、耐腐蚀和超高速等优良的性能[1-5]。但是,Si_3N_4陶瓷轴承存在着脆性比较差等缺点[6,7]。引起这种原因之一为制备的Si_3N_4陶瓷粉体存在着流动性差、粒径分布单一等缺陷[8-10]。因此,近年来Si_3N_4陶瓷粉体制备工艺的改进成为相关学者研究热门。

8.2.1　Si_3N_4颗粒制备研究现状

Si_3N_4粉体的制备方法有很多,大致可分为三种:气相反应法、液相反应法和固相反应法。

(1)气相反应法。气相反应法是硅的卤化物与氨气或氮气发生气相化学反应,生成Si_3N_4粉体的方法。气相反应法需要在一定的条件下进行,比如在温度比较高的情况下的高温气相法、激光辐射的情况下激光气相法和等离子体为热源激发等的情况下等离子体气相法。由表 8-1 可知:高温气相反应法的优点是可制备高纯、超细 Si_3N_4 粉末,缺点是生产效率不高;激光气相反应法的优点是可制备纯度高、粒度小的 Si_3N_4 粉末,缺点是这种方法不适合用来烧结;等离子体气相反应法的优点是制备的 Si_3N_4 粉末纯度高和粒度小,缺点是它的产量不足。

表 8-1 不同激发条件下的气相反应法的比较

Tab. 8-1 Comparison of gas phase reaction under different excitation conditions

反应方法	激发条件	优点	缺点
高温气相反应法	高温	可制备高纯、超细 Si_3N_4	生产效率低下
激光气相法	激光诱导	纯度高、粒度小	不适合烧结
等离子体气相反应法	高频感应等离子体	纯度高、粒度小、分布窄	产量仍显不足

(2)液相反应法。液相反应法中的热分解法是指在零度干燥的溶剂中四氯化硅与无水氨气发生一定的反应,再通过高温氮气中加热,可生成 Si_3N_4 粉;液相反应法中的溶胶-凝胶法是指四氯化硅在乙醇溶液中水解后变成溶胶,在一定条件下得到 Si_3N_4。由表 8-2 可知:液相反应法中的热分解法的优点是制备的 Si_3N_4 粉末颗粒纯度高;液相反应法中的热分解法的缺点是在制备 Si_3N_4 粉末颗粒时,因为反应速度太快,需控制反应速度和除净副产物,还有就是该方法在制备 Si_3N_4 粉末颗粒时的成本较高。液相反应法中的溶胶-凝胶法的优点是制备的 Si_3N_4 粉末颗粒纯度较高,烧结所需要的温度低;液相反应法中的溶胶-凝胶法的缺点是在用该方法制备 Si_3N_4 粉末颗粒时的成本较高。

表 8-2 不同液相反应法的比较

Tab. 8-2 Comparison of different liquid reaction methods

反应方法	反应条件	优点	缺点
热分解法	零度干燥的溶剂	纯度高、粒径细	需控制反应速度和除净副产物
溶胶-凝胶法	乙醇溶液中水解	纯度较高,烧结温度比传统方法低	成本较高

(3)固相反应法。固相反应法中的直接氮化法是指在高温的条件下氮气直接与硅粉发生反应,从而得到 Si_3N_4 粉体;固相反应法中的碳热还原法是指在高温条

件下，将碳与二氧化硅混合后，在真空的条件下通入氮气。固相反应法中的自蔓延法是指将原料点燃后，反应扩散向未反应区域，直至反应完全，从而得到 Si_3N_4。由表 8-3 可知：固相反应法中的直接氮化法的优点是成本较低；该方法的缺点是反应周期很长、成本较高。固相反应法中的碳热还原法的优点是制备的 Si_3N_4 纯度高、超细；缺点是反应温度高。固相反应法中的自蔓延法的优点是制备的 Si_3N_4 高效、节能、环保、高纯度；该方法的缺点是反应速度过快，过程难以控制。

表 8-3　不同固相反应法的比较

Tab. 8-3　Comparison of different solid state reaction methods

反应方法	反应条件	优点	缺点
直接氮化法	高温	成本较低	反应周期很长、成本较高
碳热还原法	高温、真空	高纯度、超细度	所需反应温度较高
自蔓延法	低压、高温	高效、节能、环保、高纯度	反应速度过快， 过程难以控制

目前，Si_3N_4 粉体颗粒制备主要运用湿法制粉技术，该技术存在能耗高、污染大等问题，尤其是随着国家节能降耗的措施进一步发展实施，研究出节能环保、品质改善和低投入高产值的先进 Si_3N_4 粉体制备技术是非常有必要的。针对 Si_3N_4 粉体传统的造粒制粉技术存在的诸多问题，Si_3N_4 粉体多相流旋转耦合场制粒方法研究粒化过程得到了行业的青睐。该技术[11,12]具有节能环保突出、生产工艺简单、低投入高产值等显著特点，在未来 Si_3N_4 粉体等诸多领域有着重要的应用前景。然而，Si_3N_4 粉体多相流旋转耦合场制粒方法研究粒化过程尽管早已经进行了大量研究工作，但到目前为止，国内外 Si_3N_4 粉体多相流旋转耦合场制粒方法研究粒化过程仍未在 Si_3N_4 粉体行业获得普遍的推广。因此，需要对 Si_3N_4 旋转耦合场制粒方法研究粒化过程的生产工艺或装备进行改进。

8.2.2　Si_3N_4 陶瓷制备方法

Si_3N_4 陶瓷的制备方法发展非常快，目前 Si_3N_4 陶瓷烧结的方法包括反应烧结、常压烧结、气压烧结和热压烧结。

(1)反应烧结是硅粉与 Si_3N_4 粉混合在一起，然后成型，在 1 200℃的温度下通入氮气，进行预氮化处理，最后在 1 400℃的高温下进行最终烧结。得到 Si_3N_4 陶瓷体。由表 8-4 可知：反应烧结的优点是制备的 Si_3N_4 陶瓷没有收缩性，可以用来制造高精确、复杂的零件，所需的成本比较低，不需要添加任何助烧剂；缺点是所需时间比较长。

表 8-4　Si_3N_4 陶瓷烧结方法的优缺点

Tab. 8-4　Advantages and disadvantages of sintering methods of Si_3N_4 ceramics

烧结方法	优点	缺点
反应烧结	该方法无收缩性，可以用来制造高精确、复杂的零件，所需的成本比较低，不需要添加任何助烧剂	所需时间比较长
常压烧结	可获得的陶瓷性能优良	烧结时收缩比较大，制品容易开裂变形
气压烧结	可获得的致密度高、韧性好、强度也高，还有较好的耐磨性的 Si_3N_4 陶瓷，适合大规模生产	烧结时所需温度高
热压烧结	其强度、密度、和致密度相比反应烧结获得的 Si_3N_4 陶瓷要高，而且制造时间短	制造所需成本高、烧结比较复杂、烧结收缩比较大、难以制造高精度和复杂的零件

(2)常压烧结是用高纯、超细的 Si_3N_4 粉末在助烧剂的作用下，通过一系列的烧结工序而成。常压烧结的优点是制备的 Si_3N_4 陶瓷时可获得的陶瓷性能比较优良，缺点是在烧结的过程中收缩比较大，所制备的 Si_3N_4 陶瓷容易出现开裂现象和变形现象。

(3)气压烧结是 Si_3N_4 在压强在 5～12MPa 氮气中于 1 800～2100℃下进行烧结。气压烧结的优点是可获得致密度高、韧性好、强度也高，还有较好的耐磨性的 Si_3N_4 陶瓷，适合进行大规模的生产；缺点是在烧结的时候所需要的温度比较高。

(4)热压烧结是将 Si_3N_4 粉末和在高于 19.6MPa 的压强和 1 600℃以上的温度中加入少量添加剂进行烧结。热压烧结的优点是其强度、密度和致密度相比反应烧结获得的 Si_3N_4 陶瓷要高，而且制造时间短；缺点是制造所需成本高，烧结比较复杂，烧结收缩比较大，难以制造高精度的零件。

8.3　气-固两相流旋转耦合场制备 Si_3N_4 颗粒混合流场特征

近年来，随着计算机和数值计算方法的飞速发展，采用计算流体动力学(CFD)和离散元法(DEM)的耦合方法，对 Si_3N_4 颗粒粉体均化过程进行 CFD-DEM 耦合数值模拟已成为研究的热点[13]。

胡建平等[14,16]构建了用于直升机地效飞行沙盲现象模拟 CFD-DEM 的方法，对全尺寸直升机在 3 个不同高度下地效悬停并发生沙盲时，所产生的沙尘云中的沙尘颗粒进行了受力分析，得到流场中大部分沙尘颗粒只能在地表随流场扩散而并不能形成沙尘云；而位于桨盘平面上层的沙尘颗粒速度方向各异，速度大小接近；Qing 等[17-19]采用计算流体力学(CFD)和离散单元法(DEM)耦合模拟纤维介质中的气-固两相流动特性，得到纤维介质的过滤性能与纤维介质的孔隙率速度和粒径有重要关系；卢洲等[20,21]采用计算流体力学(CFD)和离散单元法(DEM)耦合模拟弯管内的柱状颗粒气力输送过程，对弯管内柱状颗粒的运动状态相关的特性进行了研究，得到球形颗粒与柱状颗粒在输送过程中遵循基本一致的变化规律，同样外部条件下，柱状颗粒的悬浮速度小于球形颗粒。

因此，引入 CFD-DEM 耦合方法描述 Si_3N_4 粉体旋转耦合场制粒粉体均化过程，从流体相过渡到离散相揭示 Si_3N_4 粉体旋转耦合场制粒粉体混合过程规律是具有创新的研究方法。由于 Si_3N_4 粉体物性参数比较多，采用热质衡算等半经验模型[22,23]描述颗粒相湍流状态，这为 Si_3N_4 粉体旋转耦合场制粒方法粉体粒化过程传热传质研究初期奠定了一定的理论基础。

8.4　壁结构、底结构对流场特性影响的研究

8.4.1　壁结构对流场特性影响的研究

Si_3N_4 粉体多相流旋转耦合场制粒方法研究混合过程存在着流动性差、颗粒级配过于单一等缺陷。主要原因是粉体在旋转流场中存在打旋现象，粉体在旋转

室内不能很好地混合，颗粒的均化效果比较差。而加装壁结构可以在一定程度上解决粉体在旋转流场中存在打旋的问题，使粉体在旋转室内更好地粒化。吴南星等[24,25]探究气-固两相流混合过程内分别含矩形壁挡板、半圆形壁挡板时对粉体混合效果影响(见图 8-1)，结果显示矩形壁挡板造粒室内的粉体堆积程度最低，粉体混合性能最优。

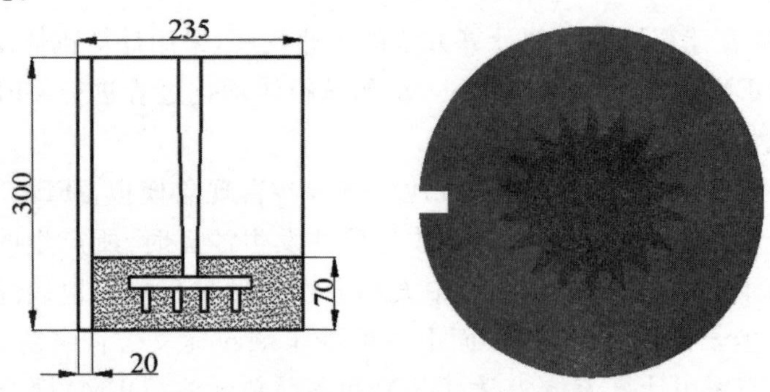

图 8-1　旋转室单体壁结构示意图(mm)

Fig. 8-1　Single wall structure of rotating chamber(mm)

江竹亭等[26]探究当旋转室内分别含扇形单体壁结构、半圆形单体壁结构时对氧化锆粉体混合过程的影响(见图 8-2)，结果表明扇形单体壁结构旋转室内粉体轴向运动强度较高，固体回转区范围较小。通过以上研究发现加装壁结构可以在一定程度上解决粉体在旋转流场中存在打旋的问题，使粉体在旋转室内更好地混合。颗粒的粒化效果更好。

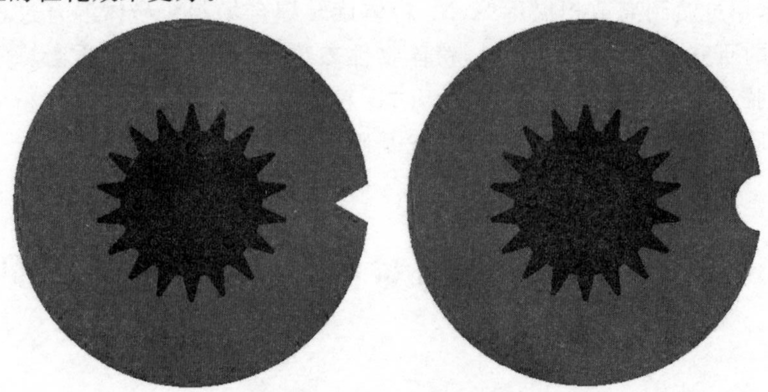

图 8-2　旋转室结构示意图

Fig. 8-2　Structural diagram of rotating chamber

8.4.2　底结构对流场特性影响的研究

Si_3N_4 粉体多相流旋转耦合场制粒方法研究混合过程存在着流动性差、粒径分布单一等缺陷。主要原因是粉体在旋转流场中存在打旋现象，粉体在旋转室内不能很好地混合，颗粒的均化效果比较差。而加装底结构可以在一定程度上解决粉体在旋转流场中存在打旋的问题，使粉体在旋转室内更好地混合。吴南星等[27,28]探究了十字形挡板对旋转室内颗粒体积分布、速度场和压力场的研究发现，十字形挡板造粒室(见图 8-3)有利于促进颗粒混合，混合效果更优。

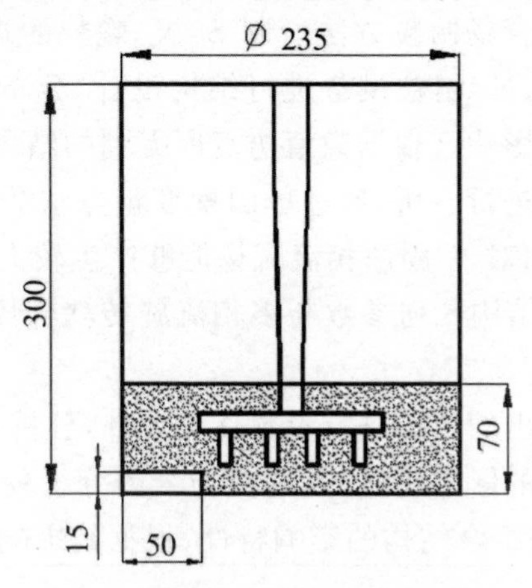

图 8-3　单体底结构旋转室(mm)

Fig. 8-3　Single bottom structure rotating chamber(mm)

以上分析了旋转室内含壁结构或底结构对流场的影响，未研究当壁结构和底结构同时存在情况下旋转室内流场形态的改变。本课题将对壁结构和底结构同时存在情况下的底-壁组合结构多相流旋转耦合场制粒室内流场形态的变化进行了研究。

8.5　研究内容与意义

8.5.1　研究内容

(1)建立多相流旋转耦合场制备 Si_3N_4 粉体混合过程的数理模型基础，分析旋转室内流场状态。

结合多相流理论、计算流体力学理论等相关学科基础知识，建立适用于本课题的欧拉-欧拉双相流数学模型，利用 RNG 模型模拟旋转室内流体的湍流状态，SolidWorks 用以建立制粒结构（粉碎铰刀、制粒立柱、旋转室）三维模型，应用 ICEM 对该模型进行网格化处理，再设立模型边界条件，通过 Fluent 中 Mixture 方法对模型进行流体仿真。

(2)分析底-壁组合结构设计与多相流旋转耦合场制备 Si_3N_4 颗粒对制粒室混合流场的影响。

针对多相流旋转耦合场制粒方法所制 Si_3N_4 颗粒的现有缺陷，对多相流旋转耦合场制粒工艺中的 Si_3N_4 制粒设备进行结构设计，分析底-壁组合结构对 Si_3N_4 制粒室内多相流流场的影响。根据数值仿真所得到的结果对多相流流场内粉体的体积分布云图和速度场进行分析，通过单因素变量方法分析了不同结构对多相流流场的影响特性，择选出对气-固两相流流场能够产生较大影响的结构。

(3)分析底-壁组合结构几何参数与多相流旋转耦合场制备 Si_3N_4 颗粒混合流场的影响。

对上述步骤中择选出的结构进行参数优化设计，分析不同几何参数单体底-壁组合结构对多相流流场的影响规律，通过流场云图分析粉体粒化过程中固体回转区受不同参数单体底-壁组合结构的影响特性，根据其影响特性得出使粉体粒程度最高的结构参数。

(4)分析底-壁组合结构空间参数与多相流旋转耦合场制备 Si_3N_4 颗粒混合流场的影响。

根据上述选定的单体底-壁组合结构参数，应用单因素变量方案确定其多体底-壁组合结构的空间参数，即当结构参数确定时，分析空间参数对旋转室内 Si_3N_4 粉体粒化过程的影响，通过流场云图以及打旋现象被改变的程度寻找影响规律。

(5) 通过多相流旋转耦合场制备 Si_3N_4 颗粒的实验验证上述数值分析结果的正确性。

分别用不同目的筛子对制备 Si_3N_4 颗粒进行筛分，选择不同的 Si_3N_4 颗粒进行检测和分析。通过智能粉体测试仪计算所制 Si_3N_4 颗粒的流动性指数和压缩率。将以上实验结果与数值分析结果进行对比，验证数值分析的准确性。

8.5.2 研究意义

(1)本课题对 Si_3N_4 多相流旋转耦合场制粒方法所制 Si_3N_4 颗粒尚存缺陷进

行仿真及实验分析，通过设计研究旋转室内关键结构、结构参数及空间参数对多相流流场的影响规律，对颗粒级配、流动性进行优化，解决了之前干法工艺所制 Si_3N_4 颗粒经压制后易产生微裂纹或层裂等缺陷。对影响粉体粒化过程中打旋现象的关键结构进行设计，发现改变关键结构能够显著影响流场中打旋现象；对能够显著影响打旋现象的结构进行结构参数优化，揭示了不同结构参数对流场形态影响的规律；通过对已确定的结构进行空间参数优化可以最大程度上减少流场中的打旋现象。继而利用智能粉体测试仪等设备对数值分析结果进行验证，确认了数值分析和所建模型的正确性，所得结论能够提高粉体粒化程度，改善颗粒级配及压缩率。

(2)本课题通过对多相流旋转耦合场制粒方法粒化过程的数值分析及实验研究，在一定程度上解决了之前制粒工艺所导致的颗粒级配单一、流动性差等问题。本书所优化的造粒室内结构为 Si_3N_4 多相流旋转耦合场制粒方法进一步发展提供了参考价值。

第9章　气-固两相流旋转耦合场制备 Si_3N_4 颗粒混合过程数值分析基础

9.1　引　言

本节内容主要对旋转流场式 Si_3N_4 多相流旋转耦合场制粒工艺中的底-壁组合结构造粒室内双流体模型、数学模型进行介绍。上述理论的建立是分析旋转室内流场的基础知识，建立的完善度会很大程度上影响流体形态和计算精度。

9.2　气-固两相流分析

多相流理论是研究两种或两种以上不同物态、不同组分的多相流体流动力学以及相关科学共性问题，并且这些共存物质具有明显的分界面。两相流在多相流中是比较常见的，例如多相泵内的气-液两相流、煤炭分选中的气-固两相流等。在高速气流场作用下，颗粒的流动特性相当于流体流动特性，本书所研究的 Si_3N_4 陶瓷干法造粒室内流场的模型可看作气-固两相流模型。

混合物模型较为简化，但是在比较短的空间尺度上，两相耦合状态是比较强的，可以用来模拟各相同性多相流，也可以用来各相同速多相流，两相的模拟可以通过混合相的动量方程来计算，也可以通过连续性方程以及相对速度方程来计算[29,30]。虽然这种模型较为简化，但缺点也较为明显，例如计算精度不高、界面特性不完整、脉冲特性难以处理等。

欧拉-欧拉两相流模型[31]是两相流理论中最复杂的模型。欧拉-欧拉两相流模型是将连续相和分散相作为连续的一体，但又对每一相设立单独的质量守恒（连续）方程和动量方程，通过两相间压力的交换系数进行计算。把空气和颗粒看作两种流体，这两相存在于计算区域中的各点，这两种流体相会渗透在一起但彼此又独立，两相中速度及体积分数分布是连续的。

VOF 模型[32]是用来计算层流或两相之间没有交叉的一些情况。在 VOF 方法中，流体体积可以通过体积分数函数来表示，自由面位置也可以通过体积分数函数来表示。VOF 方法在所有的两相流模型中是最简单的一种模型，但存在一定的局限性。比如，用该模型求解问题时，所有的控制容积必须由一定的流体相填充满，或被混合相所填充满，且只可以压缩一个相。如果两相之间有比较大的速度差，那么界面速度精度误差就会比较大，对混合材料的流动进行数值模拟就会变得很难。

本书中的流场状态比较复杂，空气与颗粒这两种流体相会渗透在一起但彼此又独立。因此，本书选用欧拉-欧拉两相流模型对空气-颗粒两相流进行求解计算。

9.3　湍流模型分析

湍流是指流体在一定条件下的一种流动状态，当流体的速度比较低时，流体出现不相混合的分层的流动状态，可以称为层流。若流体的速度增加到流体的流线出现上下摆动，流线摆动的频率和振幅也会逐渐增加，可以称为过渡流。当流体的速度很大时，流体的摆动幅度很大并出现漩涡状态，此时相邻流层间不但出现滑动，还出现穿插，形成湍流状态。自然界中存在的湍流现象有：江河奔驰、轮船的尾流等。

雷诺数（Re）是流体力学中表征黏性影响的相似准则数，是判断黏性流体状态的无因次数[33]，雷诺数的计算公式如下：

$$Re = \rho ND^2/60\mu \tag{9-1}$$

其中：ρ 为介质密度；N 为主轴转速；μ 为动力黏性系数；D 是铰刀直径。雷诺数比较小的时候，相对于惯性对流场的影响，质点之间的黏性力对流场的影响更大，当雷诺数比较大的时候，惯性对流场的影响更大，此时流体会出现不规则的湍流状态。当 $Re<2\ 000$，流体的状态为层流，当 $Re>4\ 000$，流体的状态为湍流，当 2 000

$<Re\leqslant 4\ 000$，流体被认为是过渡状态，由于本书研究中的雷诺数大于 4 000，因此可以把旋转室内的流场认为是湍流状态。

结合以上湍流模型的计算方法，考虑到多相流旋转耦合场制粒方法粒化过程旋转室内含有微小漩涡情况，因此选择 RNG k-ε 模型作为本书的湍流计算模型。

9.4 旋转耦合流场分析

粉体粒化技术经过近百年的发展探索，已进入快速发展时期。由于计算机的快速发展，我们可以通过计算流体力学方法从微观层面得到流场里速度场、体积分数分布或压力场等，这不仅对粉体粒化过程的基础研究具有重要的科研意义，而且对粒化设备的优化设计提供了很大的理论帮助，有助于更深刻地理解 Si_3N_4 粉体粒化机理。

CFD 方法[34-36]是以流体的宏观热力学和动力学参量建立描述流场的微分方程。对于稠相（颗粒浓度高）多相流[37]常用的研究模型有 VOF 模型、混合模型和欧拉模型。

由于多相流模型[38-41]未考虑颗粒-颗粒之间的相互团聚等现象，无法描述颗粒粉体成型等动态离散特性，因而单独采用 CFD 方法对干法造粒过程数值分析，不能真实反映颗粒粉体的粒化过程、运动情况及其与流场的相互影响。而 DEM 方法[42−45]是通过 CFD 方法分析流场，该方法可以描述颗粒运动受力情况、传热传质特性，即 CFD-DEM 以质量、动量和能量等传热传质方程耦合分析，可以实现旋转耦合场制粒方法研究粉体粒化过程的分析，该耦合方法能更真实地描述颗粒粉体粒化过程。但是，采用 CFD-DEM 耦合数值分析方法，对 Si_3N_4 粉体多相流旋转耦合场制粒方法研究粒化过程进行分析，揭示 Si_3N_4 粉体多相流旋转耦合场制粒方法研究粒化过程颗粒粉体粒化规律，解释工艺参数与粒化效果之间的内在关联，主要存在以下三个方面的难点：

（1）如何构建粉体间相互作用的曳力函数关系。多相流旋转耦合场制粒方法研究粒化过程中造粒室内大部分区域都分布着粉体，粉体间的相互作用力是助推颗粒粉体粒化的主动力。因此，建立造粒室内粉体间相互作用的曳力函数模型是本项目需要解决的难点之一。

（2）如何建立颗粒粉体成型的粘连函数关系。Si_3N_4 粉体多相流旋转耦合场制粒方法研究粒化过程只有喷入雾化液才能实现颗粒粉体成型，结合雾化液、粉体的特性，构建雾化液与粉体之间的粘连函数模型，是本项目需要解决的难点之二。

(3)如何构建颗粒粉体成型过程的数学模型。在 Si_3N_4 粉体多相流旋转耦合场制粒方法研究粒化过程中，粉体由流体相过渡到离散相，伴随着传热传质的物理现象，根据守恒方程，构建颗粒粉体成型过程的数学模型也是本项目需要解决的一个难点。

综上所述，采用 CFD-DEM 耦合方法研究颗粒粉体成型过程，国内外目前均处于实验性质的探讨，且存在上述三方面的难点。尤其是采用 CFD-DEM 耦合方法研究 Si_3N_4 多相流旋转耦合场制粒方法研究粒化过程颗粒粉体成型规律及其工艺参数优化的研究目前还未见报道过。需要说明的是，CFD-DEM 耦合方法研究 Si_3N_4 粉体多相流旋转耦合场制粒方法研究粒化过程颗粒粉体粒化过程，与单纯的实验研究多相流旋转耦合场制粒方法研究粒化过程方法及装备，前者更具有针对性地揭示 Si_3N_4 粉体多相流旋转耦合场制粒方法研究粒化过程颗粒粉体粒化规律，优化粒化效果。

9.5　混合流场数理模型基础

由于粉体制备时的复杂性和不同材料的流变特性，目前造粒装置的建造主要基于迄今为止的经验和实验分析，即设计基于经验参数，再结合实际情况进行设计和优化，但这会导致装置耗时过长，影响粉体制备的生产周期。这些问题可以通过最近的流体力学和计算机模拟得到有效的解决，即通过建立不同条件下的质量和动量守恒方程，再对其进行数值求解。

9.5.1　混合流场数学模型基础

数学模型可以用来表示流体的运动。总地来说，流场可以通过三大守恒方程来表达，即通过连续性守恒方程、动量守恒方程和能量守恒方程来表达。

连续性是反映流体运动和流体质量分布之间的关系，是质量守恒在流体力学中的应用。动量守恒方程是流体中最基本的运动学方程，就是描述流体运动和它受到的作用力之间的关系的数学式。

(1)连续性方程

$$\frac{\partial \rho u}{\partial x}+\frac{\partial \rho v}{\partial y}+\frac{\partial \rho w}{\partial z}+\frac{\partial \rho}{\partial t}=0 \tag{9-2}$$

式中:ρ 为流体的密度;t 为时间;u 表示流体在 x 方向上的速度;v 表示流体在 y 方向上的速度;w 表示流体在 z 方向上的速度。

(2)运动学方程

$$\frac{\mathrm{d}v_x}{\mathrm{d}t}=\frac{\partial v_x}{\partial t}+v_x\frac{\partial v_x}{\partial x}+v_y\frac{\partial v_x}{\partial y}+v_z\frac{\partial v_x}{\partial z}=-\frac{1}{\rho}\frac{\partial p}{\partial x}+f_x \tag{9-3}$$

式(9-3)表示 x 方向上的运动学方程。其中,ρ 为流体的密度;t 为时间;f_x 为单位质量力;p 为压力,v_x 表示流体在 x 方向上的速度;v_y 表示流体在 y 方向上的速度;v_z 表示流体在 z 方向上的速度。

9.5.2 混合流场物理模型基础

图 9-1 显示了 Si_3N_4 粉体多相流旋转耦合场制粒方法研究粒化过程的结构模型和表 9-1 显示了造粒室边界条件的设置。因为粉碎铰刀和造粒立柱的结构比较复杂。对于粉碎铰刀和造粒立柱可以利用 SolidWorks 软件来进行建模,利用 ICEM 软件建立单体底-壁组合结构的造粒室。多相流旋转耦合场制粒方法研究粒化过程造粒室的计算区域可以分为两部分,粉碎铰刀和造粒立柱附近 5mm 可以设为动态计算区域,其他区域可以设为静态计算区域。动静计算区域所重合的面可以设为交界面,其他都设为壁面。

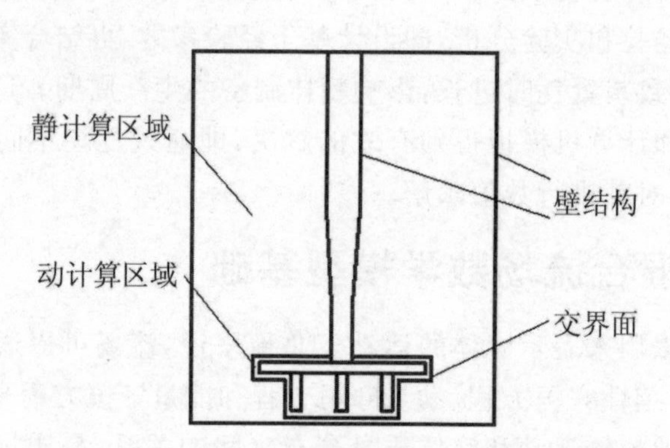

图 9-1 耦合场制粒方法研究粒化过程的结构模型

Fig. 9-1 The structure model of granulation process is studied by coupling field granulation method

表 9-1 为多相流旋转耦合场制粒方法研究粒化过程边界条件的设置。粉碎铰刀、搅拌主轴的转速为 1 000r/min，旋转室转速为 40r/min 且与搅拌主轴的旋转方向相反。动计算区域和静计算区域所重合的面可以设为交界面，其他都设为壁面。

表 9-1　Si_3N_4 造粒室边界条件的设置

Tab. 9-1　Setting of boundary conditions in Si_3N_4 granulation chamber

参数	外壁	搅拌轴	铰刀	动力	静区域
速度/($r \cdot min^{-1}$)	−40	1 000	1 000	1 000	参考系坐标
边界条件	壁面	壁面	壁面	交界面	交界面

图 9-2 显示了 Si_3N_4 多相流旋转耦合场制粒方法研究粒化过程的造粒室中的网格生成。将 Si_3N_4 多相流旋转耦合场制粒方法研究粒化过程造粒室的静态计算区域划分为尺寸为 6mm 的六面体网格。动态计算区域由尺寸为 4mm 的高度混合四边形网格划分。

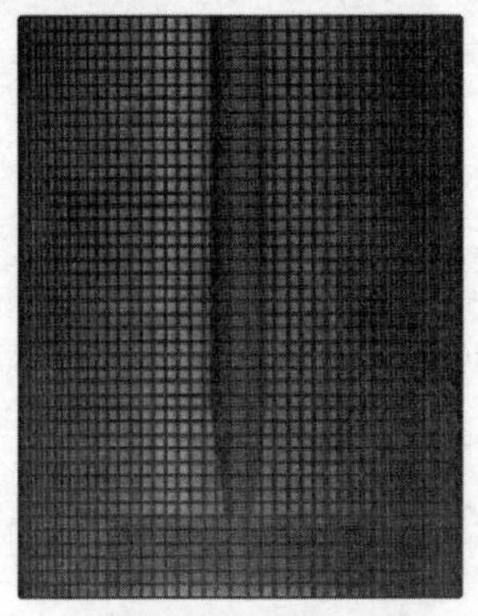

(a)静区域网格划分示意图

(b)动区域网格划分示意图

图 9-2　网格划分示意图

Fig. 9-2　Schematic diagram of mesh generation

利用 fluent 软件对多相流旋转耦合场制粒方法研究粒化过程进行了流场分析。建立了欧拉-欧拉双流体模型来模拟流场分布。动态计算区采用滑动网格模型，静态计算区采用多参考坐标系模型。湍流状态采用 RNG k-ε 模型进行分析。变量收敛残差应小于 1×10^{-4}。

9.6 多相流旋转耦合场制备 Si_3N_4 颗粒混合过程数学模型

由于加入造粒室的细粉颗粒很小，粒径为微米，可以作为准流体处理。细颗粒相和气体相具有不同的温度、速度和密度。它们共存于造粒室并相互渗透。两相的速度和体积分数是连续的。采用欧拉-欧拉双流体模型对造粒室中 Si_3N_4 粉体的粒化过程进行了数值模拟。Si_3N_4 粉体在造粒室中的混合过程必须遵循连续性和动量守恒方程。

(1)连续性守恒方程

Si_3N_4 粉末颗粒相守恒方程：

$$\frac{\partial}{\partial t}(\varepsilon_g\rho_g)+\nabla\cdot(\varepsilon_g\rho_g\boldsymbol{v}_g)=\sum_{g=1}^{k}\dot{m}_{ga} \tag{9-4}$$

气相守恒方程：

$$\frac{\partial}{\partial t}(\varepsilon_a\rho_a)+\nabla\cdot(\varepsilon_a\rho_a\boldsymbol{v}_a)=\sum_{a=1}^{k}\dot{m}_{ag} \tag{9-5}$$

式中：t 为 Si_3N_4 粉末颗粒和气体分子的运动时间；ε_g 是 Si_3N_4 粉末颗粒相体积分数；ε_a 是气体相的体积分数；ρ_g 是 Si_3N_4 粉末颗粒的密度；ρ_a 是气相的密度；$\boldsymbol{v}_g$ 是粉末颗粒的速度矢量；$\boldsymbol{v}_a$ 是气相的速度矢量；$\dot{m}_{ga}$ 和 $\dot{m}_{ag}$ 分别为在 Si_3N_4 粉末颗粒相和气体相中的传递质量。

(2)动量守恒方程

粉末颗粒的相守恒方程：

$$\frac{\partial}{\partial t}(\alpha_g\rho_g\boldsymbol{v}_g)+\nabla\cdot(\alpha_g\rho_g\boldsymbol{v}_g\boldsymbol{v}_g)=-\alpha_g\nabla p+$$

$$\nabla\cdot\overline{\overline{\tau}}_g+\sum_{g=1}^{k}(\boldsymbol{R}_{ga}+\dot{m}_{ga}\boldsymbol{v}_{ga})+\alpha_g\rho_g(\boldsymbol{F}_g+\boldsymbol{F}_{\mathrm{lif},g}+\boldsymbol{F}_{\mathrm{Vm},g}) \tag{9-6}$$

$$\overline{\overline{\tau}}_g=\alpha_g\mu_g(\nabla\boldsymbol{v}_g+\nabla\boldsymbol{v}_g^{\mathrm{T}})+\alpha_g\left(\lambda_g-\frac{2}{3}\mu_g\right)\nabla\cdot\boldsymbol{v}_g\overline{\overline{I}} \tag{9-7}$$

气相守恒方程：

$$\frac{\partial}{\partial t}(\alpha_g\rho_g\boldsymbol{v}_g)+\nabla\cdot(\alpha_a\rho_a\boldsymbol{v}_a\boldsymbol{v}_a)=-\alpha_a\nabla p+\nabla\cdot\overline{\overline{\tau}}_a+$$

$$\sum_{a=1}^{k}(\boldsymbol{R}_{ag}+\dot{m}_{ag}\boldsymbol{v}_{ag})+\alpha_a\rho_a(\boldsymbol{F}_a+\boldsymbol{F}_{\mathrm{lif},a}+\boldsymbol{F}_{\mathrm{Vm},a}) \tag{9-8}$$

$$\overline{\overline{\tau}}_a=\alpha_a\mu_a(\nabla\boldsymbol{v}_a+\nabla\boldsymbol{v}_a^{\mathrm{T}})+\alpha_a\left(\lambda_a-\frac{2}{3}\mu_a\right)\nabla\cdot\boldsymbol{v}_a\overline{\overline{I}} \tag{9-9}$$

式中：$\boldsymbol{F}_g$，$\boldsymbol{F}_{\mathrm{lif},g}$和 $\boldsymbol{F}_{\mathrm{Vm},g}$分别为 Si_3N_4 粉体颗粒相的体积力、升力和模拟质量力；$\boldsymbol{F}_a$，$\boldsymbol{F}_{\mathrm{lif},a}$和 $\boldsymbol{F}_{\mathrm{Vm},a}$分别是气相的体积力、升力和模拟质量力；$p$ 是 Si_3N_4 粉末颗粒相和气体相的压力；$\overline{\overline{\tau}}_g$是 Si_3N_4 颗粒相的应变张量，$\overline{\overline{\tau}}_a$是气相的应变张量；$\boldsymbol{R}_{ga}$和 $\boldsymbol{R}_{ag}$分别是 Si_3N_4 颗粒相和气体相之间的相互作用力；μ_g 为粉体分子黏度，λ_g 为粉体体积黏度；μ_a 为空气分子黏度，λ_a 为空气体积黏度。

9.7　本章小结

(1)针对 Si_3N_4 多相流旋转耦合场制粒方法中粉体混合过程，即分析旋转耦合场内流场情况，通过讨论各类两相流模型的特性确定了后续数学模型的建立方法，构建了适用于本课题的欧拉-欧拉双相流数学模型。

(2)通过上述模型的构建，模拟多相流旋转耦合场制粒造粒室内 Si_3N_4 粉体颗粒和气体的体积分数分布情况、速度场分布情况，为分析 Si_3N_4 多相流旋转耦合场制粒方法造粒室内的流场状态提供了一定的理论依据。

第 10 章　底-壁组合结构设计与气-固两相流旋转耦合场制备 Si_3N_4 颗粒混合过程的影响

10.1　引　言

本节内容主要对 Si_3N_4 多相流旋转耦合场制粒方法中旋转室内的粉体混合结构进行初步设计。分别对旋转室内加设单体结构与单体底-壁组合结构、不同形状单体底-壁结构及异形单体底-壁结构的流场分析进行了探究；根据数值仿真所得到的结果分别对不同结构的旋转室内 Si_3N_4 粉体的体积分布云图和速度场进行分析。最后，通过实验验证数值模拟结果的正确性。

10.2　单体结构与单体底-壁组合结构流场分析

10.2.1　单体底-壁组合结构模拟区域的简化

图 10-1 为 Si_3N_4 造粒室结构示意图，造粒室高度 L_1 为 300 mm，直径 T 为 230mm。粉碎铰刀直径 d_2 为 128mm，厚度 L_3 为 8mm。造粒柱高度 L_5 为 20mm，直径 d_3 为 8mm。

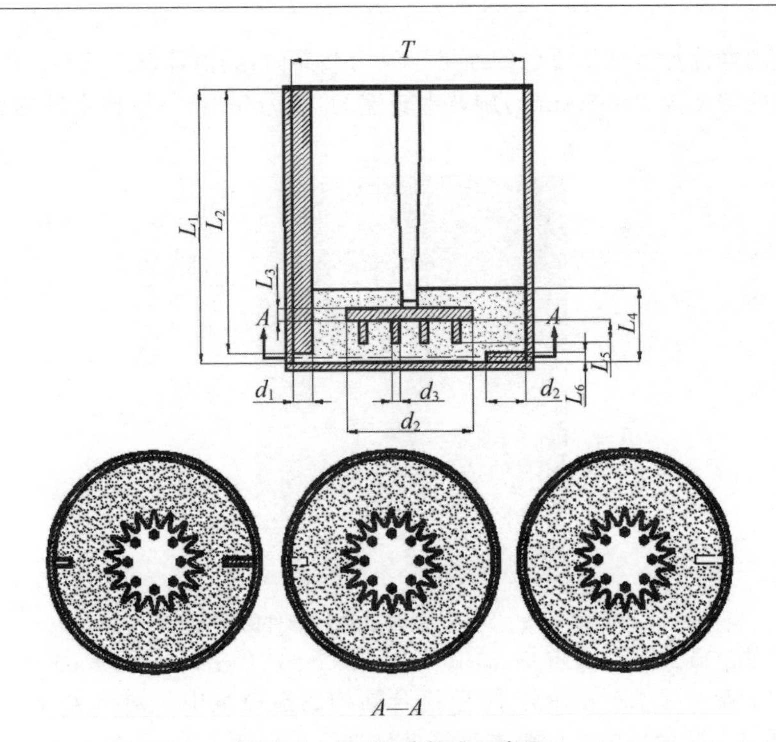

图 10-1　Si_3N_4 造粒室示意图

Fig. 10-1　Schematic diagram to Si_3N_4 granulation chamber

表 10-1 为单体底-壁组合结构模型参数，底结构 d_4 长度为 40mm，壁结构 d_1 的长度为 10mm，底结构 L_6 的长度为 10mm，壁结构 L_2 的长度为 290mm。

表 10-1　造粒室几何模型参数

Tab. 10-1　Geometric model parameters of granulation chamber

造粒室	L_1	L_2	L_3	L_4	L_5	T	d_1	d_2
单体结构/mm	300	290	8	70	20	230	10	128

10.2.2　单体底-壁组合结构物理模型的建立

图 10-2 显示了 Si_3N_4 多相流旋转耦合场制粒方法中粉体混合过程的结构模型和边界条件的设置。因为粉碎铰刀和造粒立柱的结构比较复杂。对于粉碎铰刀和造粒立柱可以利用 SolidWorks 软件来进行建模，利用 ICEM 软件建立单体底-壁组合结构的造粒室。单体底-壁组合结构造粒室的计算区域可以分为两部分，粉碎铰刀和造粒立柱附近 5mm 可以设为动态计算区域，其他区域可以设为静态计

算区域。动静计算区域所重合的面可以设为交界面，其他都设为壁面。粉碎铰刀、搅拌主轴的转速为 1 000r/min，旋转室转速为 40r/min 且与搅拌主轴的旋转方向相反。

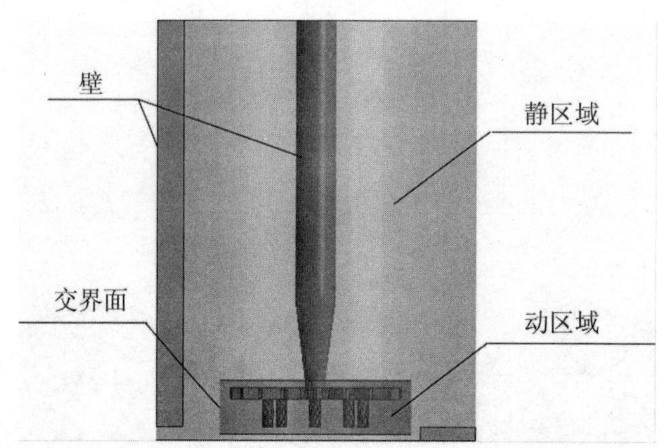

图 10-2　Si_3N_4 造粒室边界条件的设置

Fig. 10-2　Setting of boundary conditions in Si_3N_4 granulation chamber

图 10-3 显示了 Si_3N_4 单体底-壁组合结构的造粒室中的网格生成。将 Si_3N_4 单体底-壁组合结构造粒室的静态计算区域划分为尺寸为 6mm 的六面体网格。动态计算区域由尺寸为 4 mm 的高度混合四边形网格划分。

(a)静区域网格划分示意图

(b)动区域网格划分示意图

图 10-3　Si_3N_4 造粒室网格划分

Fig. 10-3　Mesh generation in Si_3N_4 granulation chamber

利用 fluent 软件对底-壁组合结构的 Si_3N_4 造粒机进行了流场分析。建立了欧拉-欧拉双流体模型来模拟流场分布。动态计算区采用滑动网格模型，静态计算区采用多参考坐标系模型。湍流状态采用 RNG k-ε 模型进行分析。变量收敛残

差应小于 1×10^{-4}。

10.2.3　单体底-壁组合结构数值模拟结果分析

(1) Si_3N_4 粉体体积分数的轴向云图分析

多相流旋转耦合场制粒方法中单体底结构的 Si_3N_4 粉体体积分数的轴向云图如图10-4所示：由于多相流旋转耦合场制粒方法中的搅拌主轴旋转速度很快，导致粉体做离心运动，粉体大多都集中在旋转室壁面或底部，但是加装底部结构后稍微改善了这种现象。由图10-4可知，造粒室中 Si_3N_4 粉体的体积分布占总体积的70%，0.36～0.40之间的 Si_3N_4 粉体体积分数占21%，造粒室壁部有部分堆积，底部有部分堆积。加装底结构后稍微改善了这种现象，造粒室壁部和底部上有一些堆积物，底部有很多堆积物。

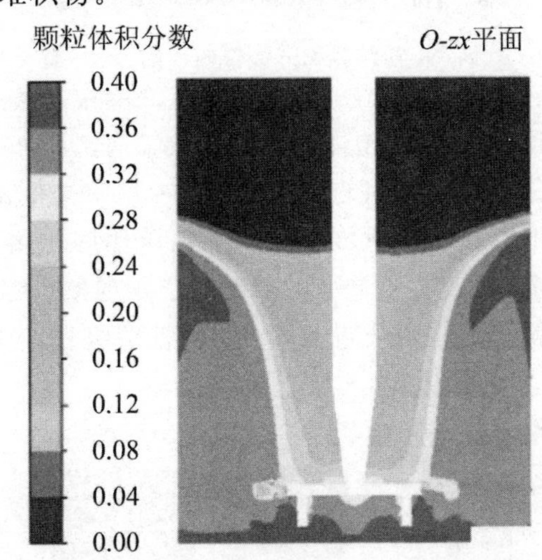

图10-4　Si_3N_4 粉体体积分数轴向云图（A1—底结构）

Fig. 10-4　Axial cloud chart of Si_3N_4 powder volume fraction (A1—bottom structure)

单体壁结构的 Si_3N_4 粉体的体积分数轴向云图如图10-5所示：由于多相流旋转耦合场制粒方法中的搅拌主轴旋转速度很快，导致粉体做离心运动，粉体大多都集中在旋转室壁面或底部。由图10-5可知，造粒室中 Si_3N_4 粉体的体积分布占总体积的78%，0.36～0.40之间的 Si_3N_4 粉体体积分数占25%，主要集中在旋流室底部和壁部。但是加装壁结构后稍微改善了这种现象，造粒室壁部和底部有一些堆积物，底部有很多堆积物。

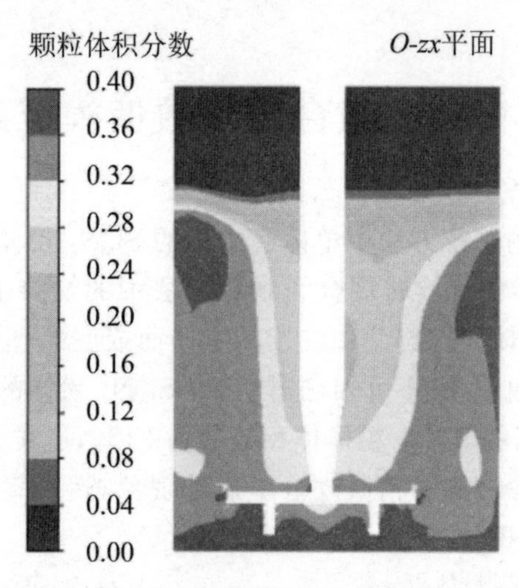

图 10-5 Si_3N_4 粉体体积分数轴向云图(A2—壁结构)

Fig. 10-5 Axial cloud chart of Si_3N_4 powder volume fraction (A2—wall structure)

单体底-壁组合结构的 Si_3N_4 粉体的体积分数轴向云图如图 10-6 所示:造粒室中 Si_3N_4 粉体的体积分布占总体积的 79%,0.36~0.40 之间的 Si_3N_4 粉体体积分数占 17%,造粒室壁和底部有少量堆积物。加装单体底-壁组合结构不仅改善了造粒室壁部的堆积现象,还改善了造粒室壁部的堆积现象。综上所述,加装不同结构的造粒室中 Si_3N_4 粉体的体积分布不同,单体底-壁组合结构的 Si_3N_4 粉体堆积最少,混合效果更好。

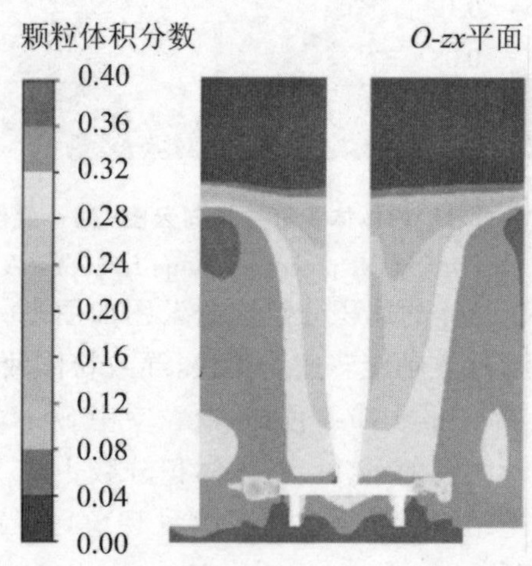

图 10-6 Si_3N_4 粉体体积分数轴向云图 (A3—底-壁组合结构)

ig. 10-6 Axial cloud chart of Si_3N_4 powder volume fraction (A3—bottom-wall structure)

(2) Si_3N_4 粉体体积分数的径向云图分析

单体底结构的 Si_3N_4 粉体的体积分数径向云图如图 10-7 所示：Si_3N_4 粉体的体积分数小于 0.28，占总体积的 11.8%，主要集中在旋转室中部；Si_3N_4 粉体的体积分数在 0.36～0.38 之间主要集中在粉碎铰刀附近；大于 0.38 的 Si_3N_4 粉体体积分数占总体积的 17.8%，主要集中在主轴和造粒立柱附近，底部结构处也有部分存在。综上所述，Si_3N_4 粉体主要集中在主轴和造粒立柱附近，部分集中在底部结构处，其中 Si_3N_4 粉体的堆积较为明显。

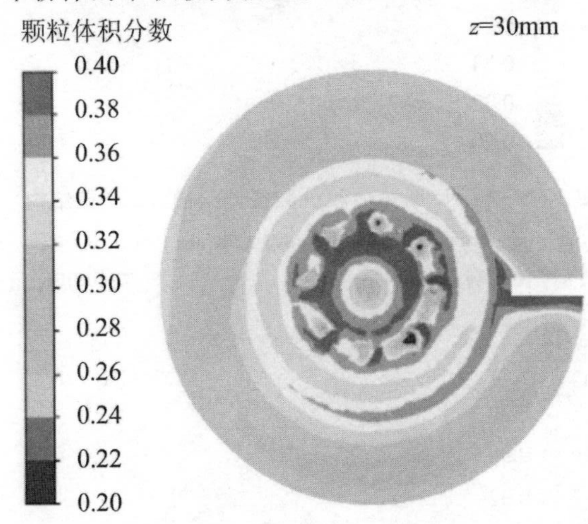

图 10-7　Si_3N_4 **粉体体积分数径向云图**(A1—**底结构**)

Fig. 10-7　Radial cloud chart of Si_3N_4 powder volume fraction (A1—bottom structure)

单体壁结构的 Si_3N_4 粉体的体积分数径向云图如图 10-8 所示：Si_3N_4 粉体的体积分数小于 0.28，占总体积的 20.3%，主要集中在旋转室中部；Si_3N_4 粉体的体积分数在 0.36～0.38 之间主要集中在粉碎铰刀附近；大于 0.38 的 Si_3N_4 粉体体积分数占总体积的 19.7%，主要集中在主轴附近，部分集中在铰刀附近。综上所述，Si_3N_4 粉体主要集中在主轴附近，部分集中在铰刀附近，Si_3N_4 粉体的聚集在这里很明显。

单体底-壁组合结构的 Si_3N_4 粉体的体积分数径向云图如图 10-9 所示：Si_3N_4 粉体的体积分数小于 0.26，占总体积的 20.3%，其中 Si_3N_4 粉体的堆积量很小。Si_3N_4 粉体的体积分数在 0.36～0.38 之间主要集中在粉碎铰刀附近；大于 0.38 的 Si_3N_4 粉体体积分数约占总体积的 10.5%，主要集中在主轴附近，Si_3N_4 粉体的聚集在这里很明显。综上所述，单体底-壁组合结构造粒室中 Si_3N_4 粉体的混合效果最好。

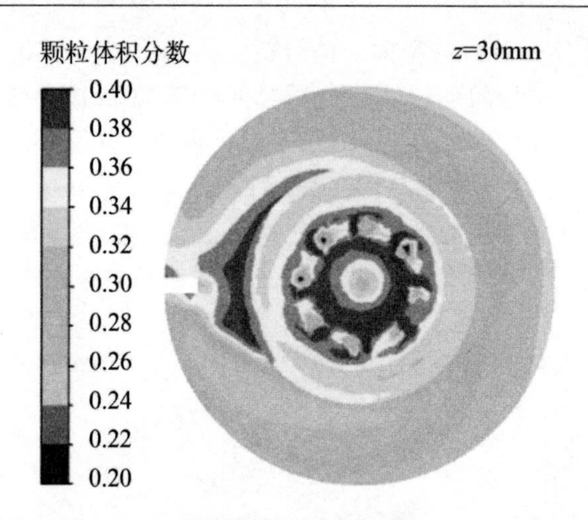

图 10-8　Si_3N_4 **粉体体积分数径向云图**(A2—**壁结构**)

Fig. 10-8　Radial cloud chart of Si_3N_4 powder volume fraction (A2—wall structure)

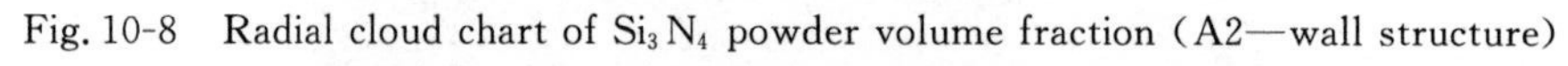

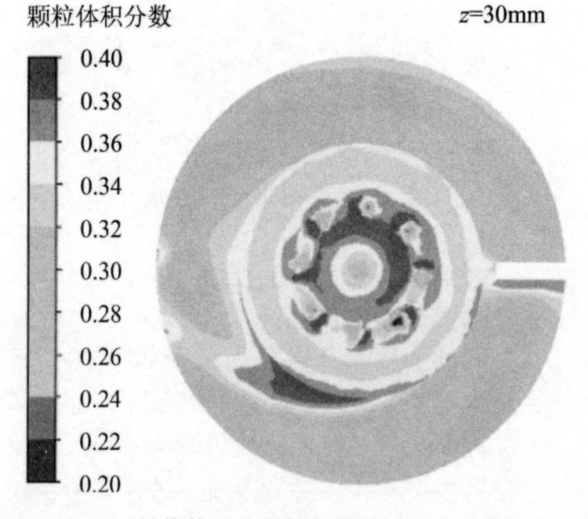

图 10-9　Si_3N_4 **粉体体积分数径向云图**(A3—**底-壁组合结构**)

Fig. 10-9　Radial cloud chart of Si_3N_4 powder volume fraction (A3—bottom-wall structure)

(3)Si_3N_4 粉体速度场的轴向云图分析

单体底结构 Si_3N_4 粉体的轴向速度云图和速度矢量云图如图 10-10 所示:从单体底结构 Si_3N_4 粉体的速度云图可以看出,速度分布面积占总体积的 71%,Si_3N_4 粉体的速度大于 0.9,占总体积的 4.9%,集中在粉碎铰刀和造粒立柱附近;速度在 0.7～0.9 之间的,主要集中在临近粉碎铰刀处。从单体底结构的 Si_3N_4 粉体的速度矢量云图可以看出,底部结构上方的 Si_3N_4 粉体速度有明显的梯度差,

Si_3N_4 粉体沿造粒室壁向搅拌轴移动，进入造粒结构，增强了 Si_3N_4 粉体混合过程，但轴向的 Si_3N_4 粉体速度梯度差不显著，Si_3N_4 粉体的混合过程提高不显著。

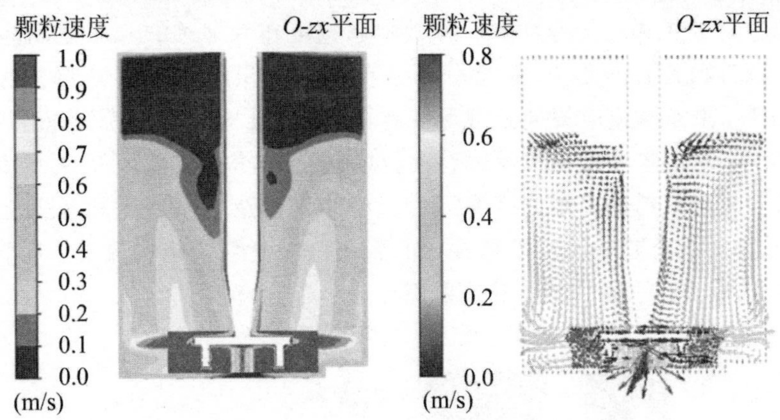

图 10-10　Si_3N_4 粉体轴向速度场（A1—**底结构**）

Fig. 10-10　Axial cloud chart of Si_3N_4 powder velocity (A1—bottom structure)

单体壁结构 Si_3N_4 粉体的轴向速度云图和速度矢量云图如图 10-11 所示：从单体壁结构 Si_3N_4 粉体的速度云图可以看出，速度分布面积占总体积的 78%，Si_3N_4 粉体在造粒柱附近的速度大于 0.9m/s，占总体积的 6.1%，速度在 0.7～0.9m/s 之间的，主要集中在临近粉碎铰刀处。从单体壁结构的 Si_3N_4 粉体的速度矢量云图可以看出，单体壁结构一侧的粉体轴向运动强烈，另一侧粉体轴向运动较弱。单体壁结构一侧的粉体先沿造粒室壁上升，然后向搅拌轴下端移动，Si_3N_4 粉体混合过程增强，但另一侧 Si_3N_4 粉体的混合过程提高不显著。

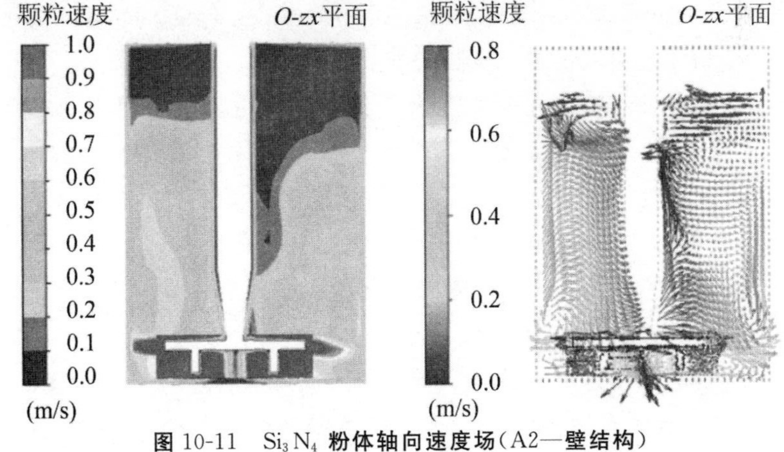

图 10-11　Si_3N_4 粉体轴向速度场（A2—**壁结构**）

Fig. 10-11　Axial cloud chart of Si_3N_4 powder velocity (A2—wall structure)

单体底-壁组合结构的 Si_3N_4 粉体的轴向速度云图和速度矢量云图如图 10-12 所示：从单体底-壁组合结构 Si_3N_4 粉体的速度云图可以看出，Si_3N_4 粉体在造粒柱附近的速度大于 0.9m/s，占总体积的 8.2%，速度在 0.7～0.9m/s 之间的，主要集中在粉碎铰刀和旋流室附近，速度分布面积占总体积的 78%。从单体底-壁组合结构的 Si_3N_4 粉体的速度矢量云图可以看出，底部结构上方的粉体速度有明显的梯度差。粉体沿造粒室壁向搅拌轴移动，进入造粒结构，增强了 Si_3N_4 粉体混合过程。壁结构侧面的粉体沿轴向剧烈运动。粉体先沿造粒室壁上升，然后向搅拌轴下端移动，加大混合趋势。综上所述，加装单体底-壁组合结构改善了轴向和径向的打旋现象，Si_3N_4 粉体的混合效果更好。

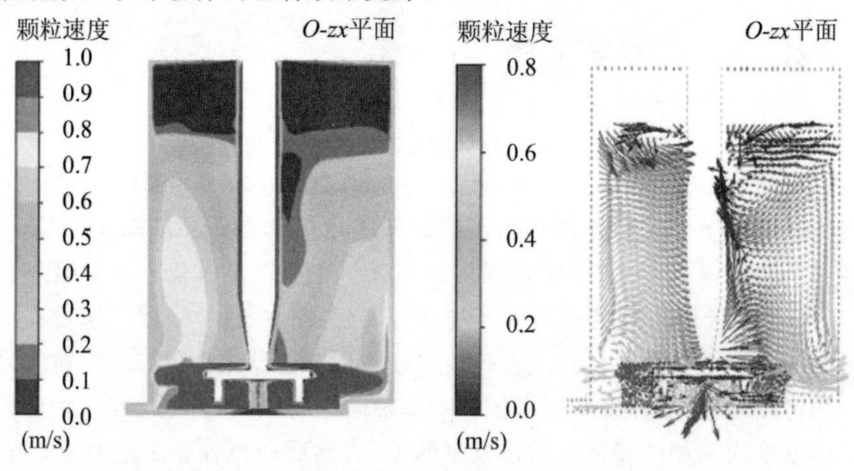

图 10-12 Si_3N_4 **粉体轴向速度场**（A3—**底-壁组合结构**）

Fig. 10-12 Axial cloud chart of Si_3N_4 powder velocity (A3—bottom-wall structure)

(4) Si_3N_4 粉体速度场的径向云图分析

单体底结构 Si_3N_4 粉体径向速度云图和速度矢量云图如图 10-13 所示：从单体底结构 Si_3N_4 粉体的速度云图可以看出，Si_3N_4 粉体速度大于 0.94m/s 的分布在造粒立柱附近，约占总体积的 21%。从单体底结构的 Si_3N_4 粉体的速度矢量云图可以看出，在单体底结构一侧 Si_3N_4 粉体速度方向发生变化，改善了单体底结构处的打旋现象。但另一侧 Si_3N_4 粉体的混合过程提高不显著。

单体壁结构 Si_3N_4 粉体径向速度云图和速度矢量云图如图 10-14 所示：从单体壁结构 Si_3N_4 粉体的速度云图可以看出，Si_3N_4 粉体速度大于 0.94m/s 的分布在造粒立柱附近，约占总体积的 14%。从单体壁结构的 Si_3N_4 粉体的速度矢量云图可以看出，在单体壁结构一侧 Si_3N_4 粉体速度方向发生变化，改善了单体壁结构处的打旋现象。但另一侧 Si_3N_4 粉体速度方向变化不显著，Si_3N_4 粉体的混合过程提高不显著。

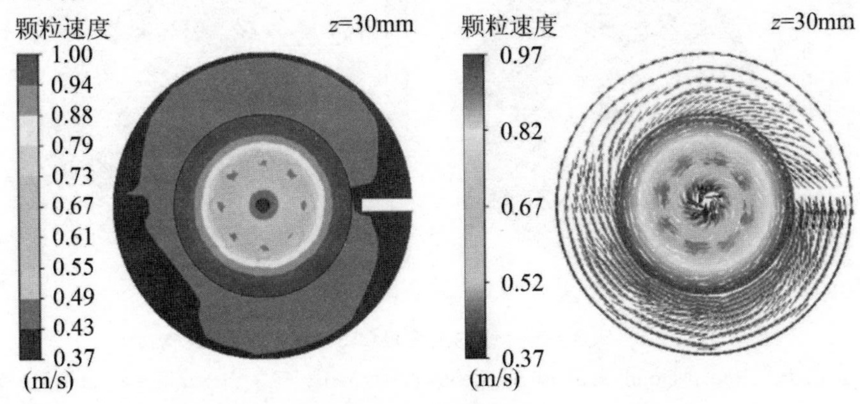

图 10-13　**化硅粉体径向速度场**(A1—**底结构**)

Fig. 10-13　Radial cloud chart of Si_3N_4 powder velocity (A1—bottom structure)

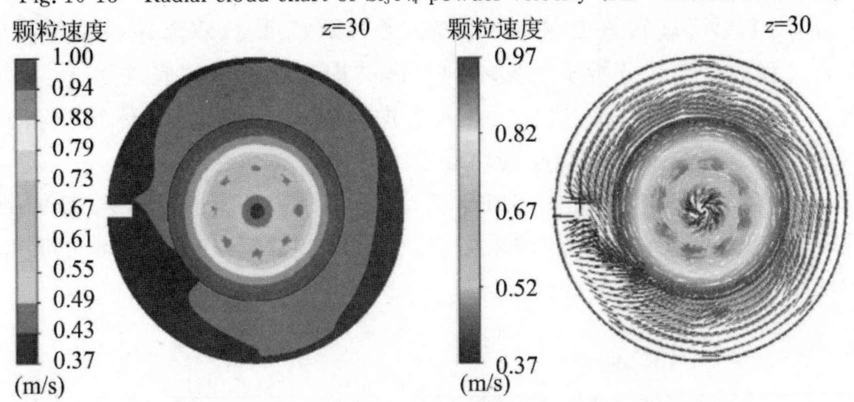

图 10-14　Si_3N_4 **粉体径向速度场**(A2—**壁结构**)

Fig. 10-14　Radial cloud chart of Si_3N_4 powder velocity (A2—wall structure)

单体底-壁组合结构 Si_3N_4 粉体径向速度云图和速度矢量云图如图 10-15 所示：从单体底-壁组合结构 Si_3N_4 粉体的速度云图可以看出，Si_3N_4 粉体速度大于 0.94m/s 的分布在造粒立柱附近，约占总体积的 22%。综上所述，单体底-壁组合结构 Si_3N_4 粉体速度大于 0.94m/s 所占比例最多。从单体底-壁组合结构的 Si_3N_4 粉体的速度矢量云图可以看出，在底结构和壁结构处 Si_3N_4 粉体速度方向均发生变化，改善了底结构和壁结构处的打旋现象。综上所述，加装单体底-壁组合结构可以更好地改善造粒室内的打旋现象，Si_3N_4 粉体混合效果更好。

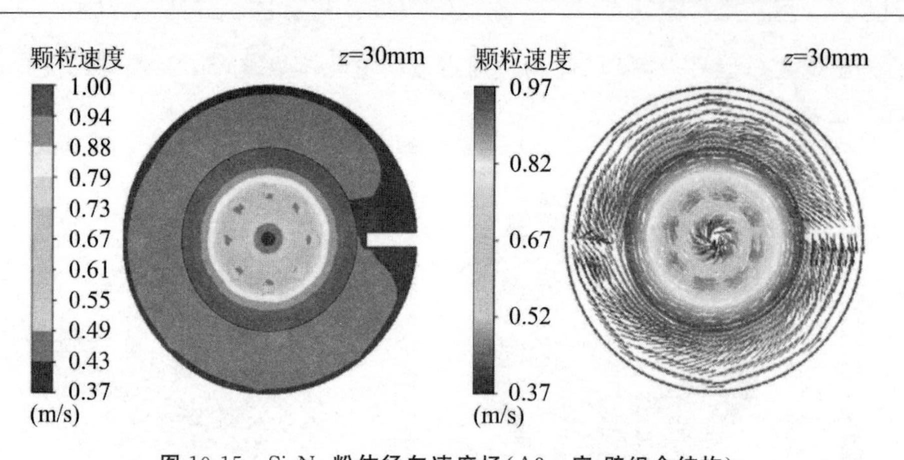

图 10-15　Si_3N_4 粉体径向速度场（A3—底-壁组合结构）

Fig. 10-15　Radial cloud chart of Si_3N_4 powder velocity (A3—bottom-wall structure)

10.2.4　结论

（1）利用多相流旋转耦合场制粒方法，通过欧拉-欧拉双流体模型模拟 Si_3N_4 粉体混合过程的研究。分析了加装不同单体结构和加装单体底-壁组合结构的造粒室内 Si_3N_4 粉体体积分布，速度大小及方向。发现加装不同单体结构和加装单体底-壁组合结构均能改善 Si_3N_4 粉体颗粒的打旋现象。

（2）当加装单体底-壁组合结构时，Si_3N_4 粉体的堆积最少，Si_3N_4 粉体的打旋现象改善效果更好，粉体的混合效果更好。所得结论对 Si_3N_4 多相流旋转耦合场制粒方法结构优化具有一定的指导意义。

10.3　不同形状单体底-壁组合结构流场分析

10.3.1　模拟区域的简化

图 10-16 为不同形状 Si_3N_4 造粒室结构示意图，造粒室高度 L_1 为 300 mm，直径 T 为 235mm。粉碎铰刀直径 d_2 为 128mm，厚度 L_3 为 8mm。造粒柱高度 L_5 为 20mm，直径 d_3 为 8mm。初始 Si_3N_4 粉末高度 L_4 为 70 mm。单体底-壁组合结构模型参数中，底结构 d_4 长度为 40mm，壁结构 d_1 的长度为 10mm，底结构 L_6 的长度为 10mm，壁结构 L_2 的长度为 290mm。

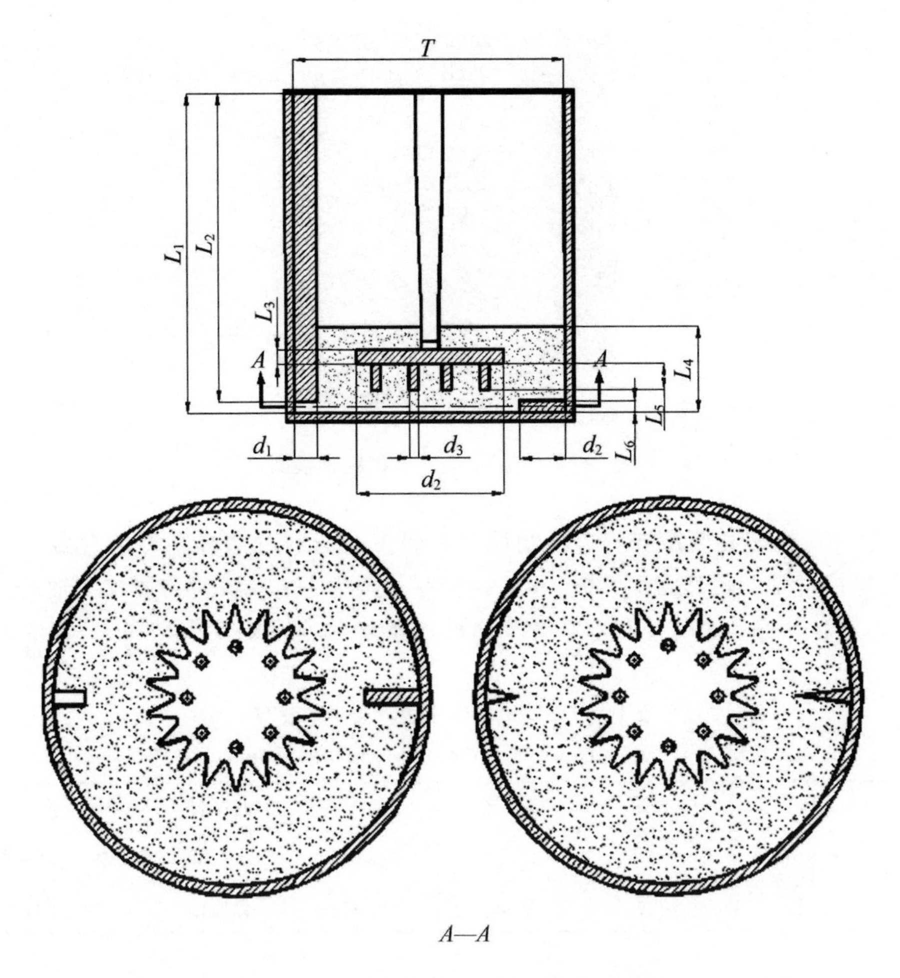

图 10-16　不同形状 Si_3N_4 造粒室示意图

Fig. 10-16　Schematic diagram to granulation chamber with different shapes

10.3.2　物理模型的建立

Si_3N_4 造粒室的结构模型如图 10-17 所示:因为粉碎铰刀和造粒立柱的结构比较复杂。对于粉碎铰刀和造粒立柱可以利用 SolidWorks 软件来进行建模,利用 ICEM 软件建立不同形状单体底-壁组合结构的造粒室。单体底-壁组合结构造粒室的计算区域可以分为两部分,粉碎铰刀和造粒立柱附近 5mm 可以设为动态计算区域,其他区域可以设为静态计算区域。动静计算区域所重合的面可以设为交界面,其他都设为壁面。

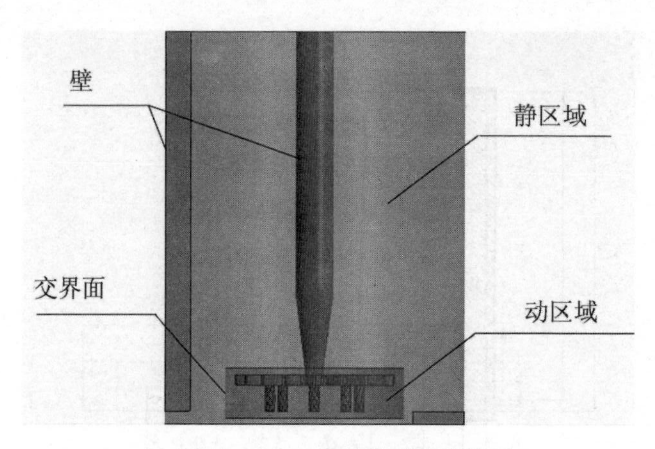

图 10-17 Si_3N_4 造粒室的结构模型

Fig. 10-17 Structure model of Si_3N_4 granulation chamber

表 10-2 为多相流旋转耦合场制粒方法研究混合过程边界条件的设置。粉碎铰刀、搅拌主轴的转速为 1 000r/min，旋转室转速为 40r/min 且与搅拌主轴的旋转方向相反。动态计算区域和静态计算区域所重合的面可以设为交界面，其他都设为壁面。

表 10-2 Si_3N_4 造粒室边界条件的设置

Tab. 10-2 Setting of boundary conditions in Si_3N_4 granulation chamber

参数	外壁	搅拌轴	铰刀	动区域	静区域
速度/($r \cdot min^{-1}$)	−40	1 000	1 000	1 000	参考坐标系
边界条件	壁面	壁面	壁面	交界面	交界面

图 10-18 显示了 Si_3N_4 造粒室中的网格生成。将 Si_3N_4 单体底-壁组合结构造粒室的静态计算区域划分为尺寸为 6mm 的六面体网格。动态计算区域由尺寸为 4 mm 的高度混合四边形网格划分。

利用 fluent 软件对不同形状底-壁组合结构的 Si_3N_4 造粒机进行了流场分析。建立了欧拉-欧拉双流体模型来模拟流场分布。动态计算区采用滑动网格模型，静态计算区采用多参考坐标系模型。湍流状态采用 RNG k-ε 模型进行分析。变量收敛残差应小于 1×10^{-4}。

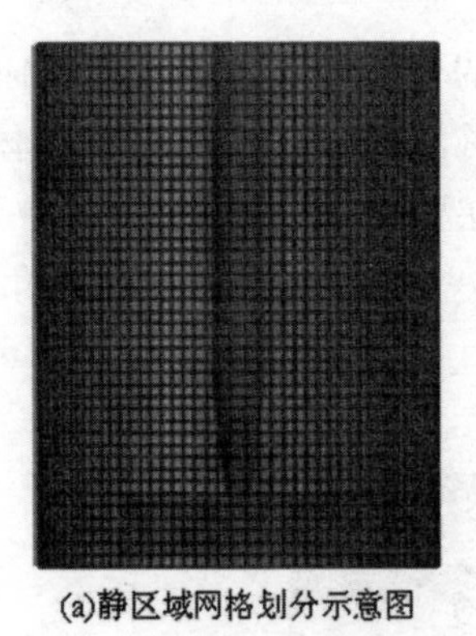

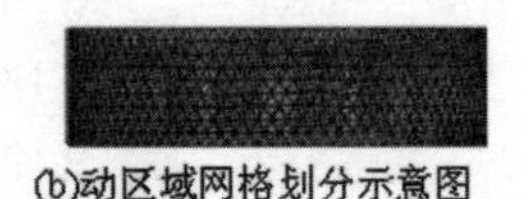

图 10-18　Si_3N_4 造粒室网格划分

Fig. 10-18　Mesh generation in Si_3N_4 granulation chamber

10.3.3　数值模拟结果分析

(1) Si_3N_4 粉体体积分数的轴向云图分析

四边形单体底-壁组合结构的 Si_3N_4 粉体的体积分数轴向云图如图 10-19 所示：造粒室中粉体的体积分布占总体积的 79%，0.18～0.20 的粉体体积分数占 9%，Si_3N_4 粉体的堆积量较小，主要集中在旋转室底部，0.16～0.18 的粉体体积分数，主要集中在壁部，部分存在旋转室底部。由于多相流旋转耦合场制粒方法中的搅拌主轴旋转速度很快，导致粉体做离心运动，粉体大多都集中在旋转室壁面或底部，但是加装单体底-壁组合结构后改善了这种情况，造粒室壁部有部分堆积，底部有少量堆积。

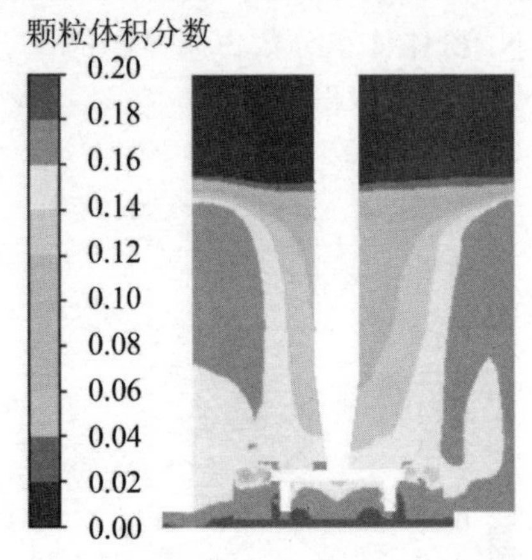

图 10-19　Si_3N_4 粉体体积分数轴向云图(B1—**四边形**)

Fig. 10-19　Axial cloud chart of Si_3N_4 powder volume fraction (B1—quadrilateral)

三角形单体底-壁组合结构的 Si_3N_4 粉体的体积分数轴向云图如图 10-20 所示：造粒室中粉体的体积分布占总体积的 77%，0.18～0.20 的粉体体积分数占 22%；0.16～0.18 的粉体体积分数，主要集中在壁部，造粒室壁上有一些堆积，底部有很多堆积。综上所述，加装四边形单体底-壁组合结构比加装三角形单体底-壁组合结构对粉体的混合效果更好。

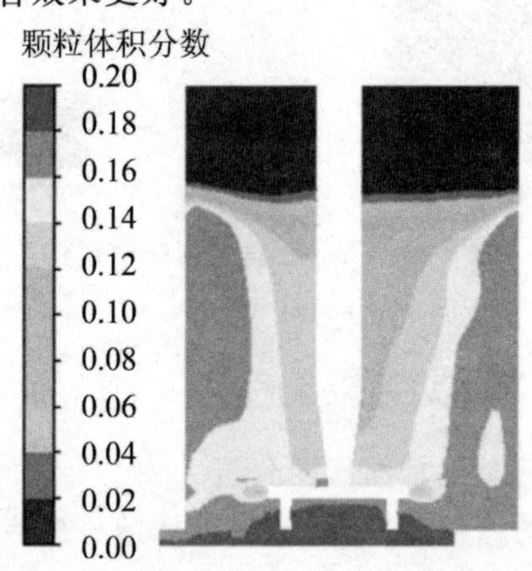

图 10-20　Si_3N_4 粉体体积分数轴向云图（B2—**三角形**）

Fig. 10-20　Axial cloud chart of Si_3N_4 powder volume fraction (B2—triangle)

（2）Si_3N_4 粉体体积分数的径向云图分析

四边形单体底-壁组合结构的 Si_3N_4 粉体的体积分数径向云图如图 10-21 所示：Si_3N_4 粉体的体积分数小于 0.13，占总体积的 19.8%，其中 Si_3N_4 粉体的堆积量较小；大于 0.18 的 Si_3N_4 粉体体积分数占总体积的 10.5%，Si_3N_4 粉体主要集中在主轴附近，其中 Si_3N_4 粉体的堆积较少。

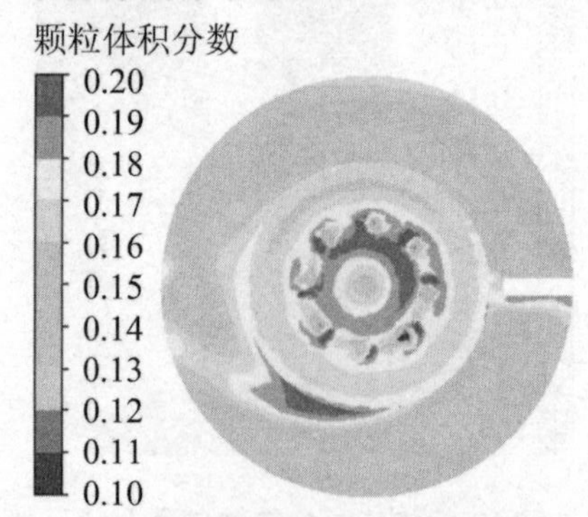

图 10-21　Si_3N_4 粉体体积分数径向云图（B1—**四边形**）

Fig. 10-21　Radial cloud chart of Si_3N_4 powder volume fraction (B1—quadrilateral)

三角形单体底-壁组合结构的 Si_3N_4 粉体的体积分数径向云图如图 10-22 所示：小于 0.13 的 Si_3N_4 粉体体积分数约占总体积的 19.3%，其中 Si_3N_4 粉体的堆积量较小；大于 0.18 的 Si_3N_4 粉体体积分数占总体积的 21.7%，主要集中在主轴附近。Si_3N_4 粉体的聚集在这里很明显。

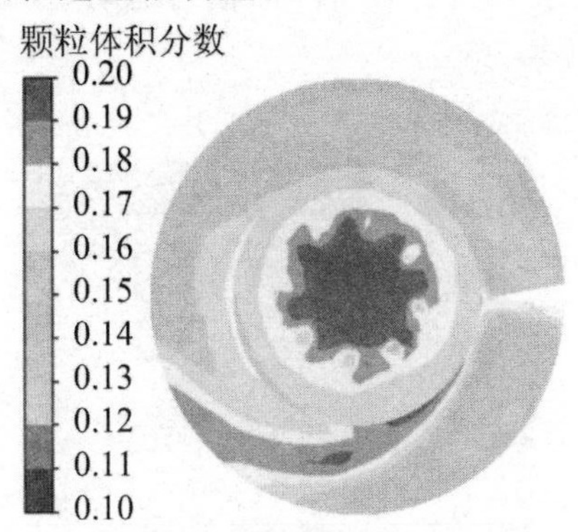

图 10-22　Si_3N_4 粉体体积分数径向云图(B2—三角形)

Fig. 10-22　Radial cloud chart of Si_3N_4 powder volume fraction (B2—triangle)

(3) Si_3N_4 粉体速度场的轴向云图分析

四边形单体底-壁组合结构的 Si_3N_4 粉体的轴向速度云图如图 10-23 所示：Si_3N_4 粉体在造粒柱附近的速度大于 0.9m/s，占总体积的 8.2%，速度分布面积占总体积的 78%。底部结构上方的粉体速度有明显的梯度差。粉体沿造粒室壁向搅拌轴移动，进入造粒结构，增强了 Si_3N_4 粉体混合过程。壁结构侧面的粉体沿轴向剧烈运动，形成明显的速度梯度差，加大混合趋势。

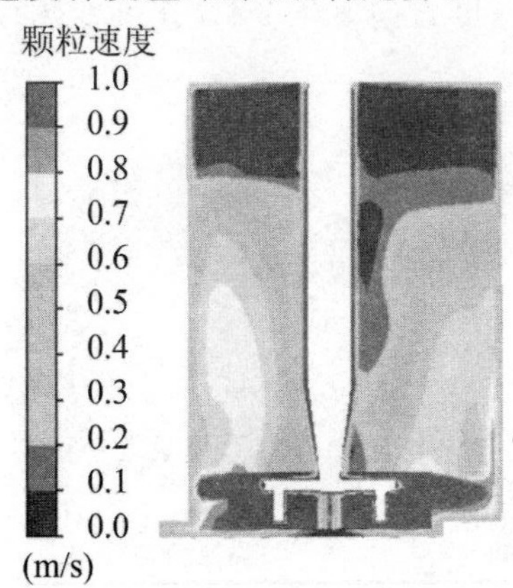

图 10-23　Si_3N_4 粉体速度的轴向云图(B1—四边形)

Fig. 10-23　Axial cloud chart of Si_3N_4 powder velocity (B1—quadrilateral)

三角形单体底-壁组合结构的 Si_3N_4 粉体的轴向速度云图如图 10-24 所示：Si_3N_4 粉体在造粒柱附近的速度大于 0.9m/s，占总体积的 7.5%，底部结构上方的粉体速度有明显的梯度差。粉体沿造粒室壁向搅拌轴移动，进入造粒结构，增强了 Si_3N_4 粉体混合过程。壁结构侧面的粉体沿轴向运动，存在速度梯度差。对 Si_3N_4 粉体的混合有比较好的效果。

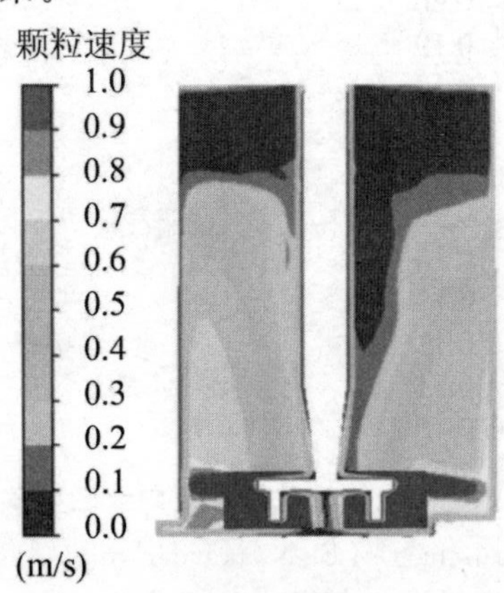

图 10-24　Si_3N_4 粉体速度的轴向云图(B2—**三角形**)

Fig. 10-24　Axial cloud chart of Si_3N_4 powder velocity (B2—triangle)

(4) Si_3N_4 粉体速度场的径向云图分析

四边形单体底-壁组合结构 Si_3N_4 粉体径向速度云图如图 10-25 所示：Si_3N_4 粉体速度大于 0.95m/s 的分布在造粒立柱附近，约占总体积的 22%。在单体底结构和壁结构处 Si_3N_4 粉体速度方向发生变化，速度变化大，改善了底结构和壁结构处的打旋现象。

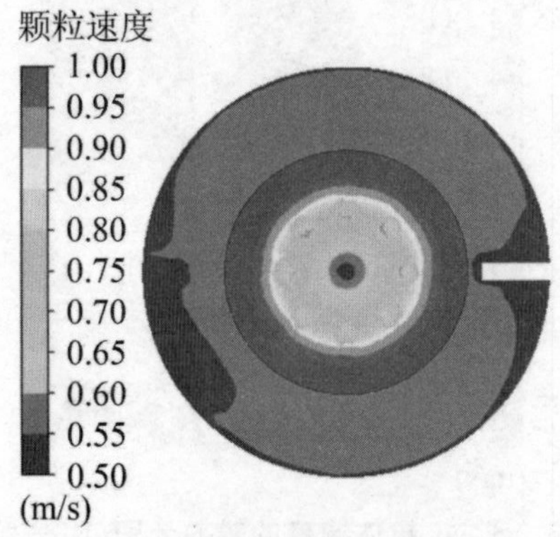

图 10-25　Si_3N_4 粉体速度的径向云图(B1—**四边形**)

Fig. 10-25　Radial cloud chart of Si_3N_4 powder velocity (B1—quadrilateral)

三角形单体底-壁组合结构的 Si_3N_4 粉体的径向速度云图如图 10-26 所示：Si_3N_4 粉体速度大于 0.95m/s 的分布在造粒立柱附近，约占总体积的 19％。在单体底结构处 Si_3N_4 粉体速度方向发生了变化，速度变化大，改善了底结构处的打旋现象。但在单体壁结构处 Si_3N_4 粉体速度方向发生变化，速度变化不大，略微改善了壁结构处的打旋现象。综上所述，加装四边形单体底-壁组合结构可以更好地改善造粒室内的打旋现象，Si_3N_4 粉体混合效果更好。

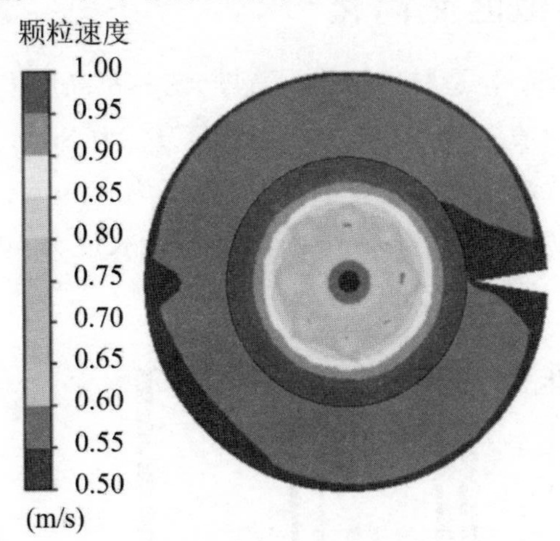

图 10-26　Si_3N_4 粉体速度的径向云图(B2—**三角形**)

Fig. 10-26　Radial cloud chart of Si_3N_4 powder velocity (B2—triangle)

10.3.4　结论

(1)由数值模拟结果可知，加装单体底-壁组合结构时，底部结构上方的粉体速度有明显的梯度差。粉体沿造粒室壁向搅拌轴移动，进入造粒结构，增强了 Si_3N_4 粉体混合过程。壁结构侧面的粉体沿轴向剧烈运动，形成明显速度梯度差。加大混合趋势。Si_3N_4 粉体的堆积减少，Si_3N_4 粉体的打旋现象改善效果更好，粉体的混合效果更好。

(2)当加装四边形单体底-壁组合结构时，发现四边形单体底-壁组合结构比三角形单体底-壁组合结构更有利于粉体的轴向运动。堆积现象相比于三角形单体底-壁组合结构旋转室时有所减弱，粉体的混合效果更好。

10.4　异形单体底-壁组合结构流场分析

10.4.1　模拟区域简化

图 10-27 为异形 Si_3N_4 造粒室结构示意图，造粒室高度 L_1 为 300 mm，直径 T 为 235mm。粉碎铰刀直径 d_2 为 128mm，厚度 L_3 为 8mm。造粒柱高度 L_5 为 20mm，直径 d_3 为 8mm。初始 Si_3N_4 粉末高度 L_4 为 70 mm。单体底-壁组合结构模型参数中，底结构 d_4 长度为 40mm，壁结构 d_1 的长度为 10mm，底结构 L_6 的长度为 10mm，壁结构 L_2 的长度为 290mm。

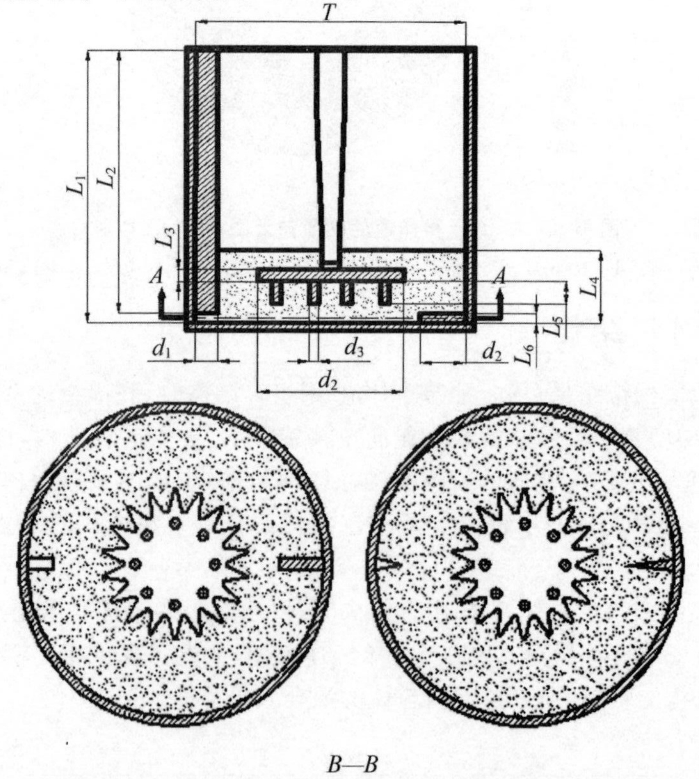

图 10-27　异形 Si_3N_4 造粒室示意图

Fig. 10-27　Schematic diagram to granulation chamber with different shapes

10.4.2　物理模型的建立

图 10-28 显示了 Si_3N_4 造粒室的结构模型。因为粉碎铰刀和造粒立柱的结构比较复杂，对于粉碎铰刀和造粒立柱可以利用 SolidWorks 软件来进行建模，利用 ICEM 软件建立异形单体底-壁组合结构的造粒室。异形单体底-壁组合结构造粒室的计算区域可以分为两部分，粉碎铰刀和造粒立柱附近 5mm 可以设为动态计算区域，其他区域可以设为静态计算区域。表 10-3 为 Si_3N_4 造粒室边界条件的设置，动静计算区域所重合的面可以设为交界面，其他都设为壁面。粉碎铰刀、搅拌主轴的转速为 1 000r/min，旋转室转速为 40r/min 且与搅拌主轴的旋转方向相反。

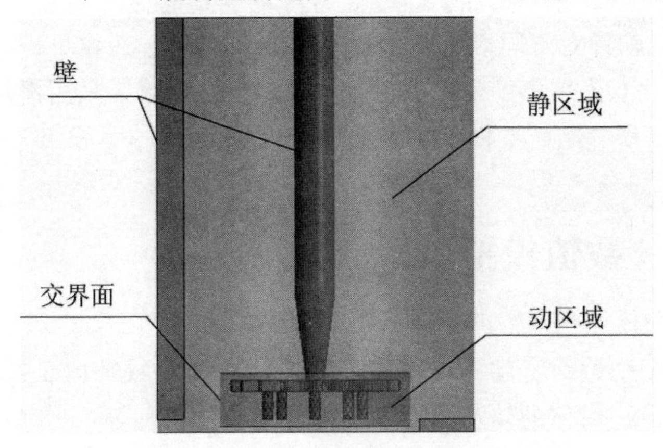

图 10-28　Si_3N_4 造粒室的结构模型

Fig. 10-28　Structure model of Si_3N_4 granulation chamber

表 10-3　Si_3N_4 造粒室边界条件的设置

Tab. 10-3　Setting of boundary conditions in Si_3N_4 granulation chamber

参数	外壁	搅拌轴	铰刀	动区域	静区域
速度/$(r \cdot min^{-1})$	−40	1 000	1 000	1 000	参考坐标系
边界条件	壁面	壁面	壁面	交界面	交界面

图 10-29 显示了 Si_3N_4 单体底-壁组合结构造粒室中的网格生成。将 Si_3N_4 单体底-壁组合结构造粒室的静态计算区域划分为尺寸为 6mm 的六面体网格。动态计算区域由尺寸为 4mm 的高度混合四边形网格划分。

(a)静区域网格划分示意图　　(b)动区域网格划分示意图

(a) Schematic diagram mesh in static zone　　(b) Schematic diagram mesh in dynamic zone

图 10-29　Si_3N_4 造粒室网格划分

Fig. 10-29　Mesh generation in Si_3N_4 granulation chamber

利用 fluent 软件对不同形状底-壁组合结构的 Si_3N_4 造粒机进行了流场分析。建立了欧拉-欧拉双流体模型来模拟流场分布。动态计算区采用滑动网格模型，静态计算区采用多参考坐标系模型。湍流状态采用 RNG k-ε 模型进行分析。变量收敛残差应小于 1×10^{-4}。

10.4.3　数值模拟结果分析

(1) Si_3N_4 粉体体积分数的轴向云图分析

四边形单体底-壁组合结构的 Si_3N_4 粉体的体积分数轴向云图如图 10-30 所示：造粒室中 Si_3N_4 粉体的体积分布占总体积的 79%，大于 0.18 的 Si_3N_4 粉体体积分数占 9%，存在于旋转室底部，Si_3N_4 粉体的堆积量较小，0.16～0.18 的粉体体积分数，主要集中在壁部，部分存在旋转室底部。旋转室底部壁部有部分堆积，底部有少量堆积。

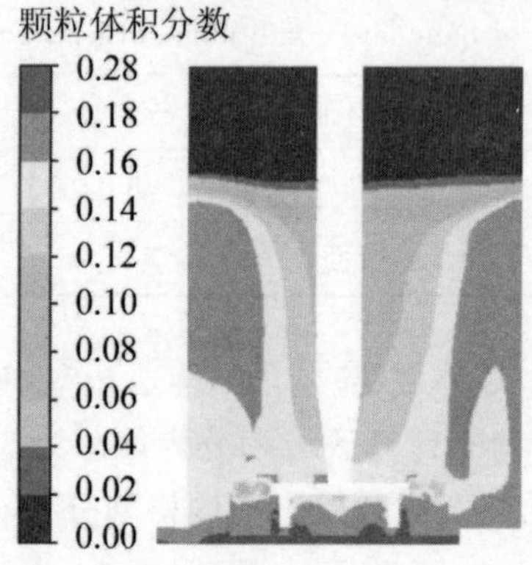

图 10-30　Si_3N_4 粉体体积分数轴向云图（C1—四边形）

ig. 10-30　Axial cloud chart of Si_3N_4 powder volume fraction (C1—quadrilateral)

壁部为四边形、底部为三角形的单体底-壁组合结构的 Si_3N_4 粉体的体积分数轴向云图如图10-31所示：造粒室中 Si_3N_4 粉体的体积分布占总体积的79%，大于0.18的 Si_3N_4 粉体体积分数占24%，存在于旋转室底部和旋转室壁部，0.16～0.18的 Si_3N_4 粉体体积分数，主要集中在壁部。造粒室壁上有一些堆积，底部有很多堆积。

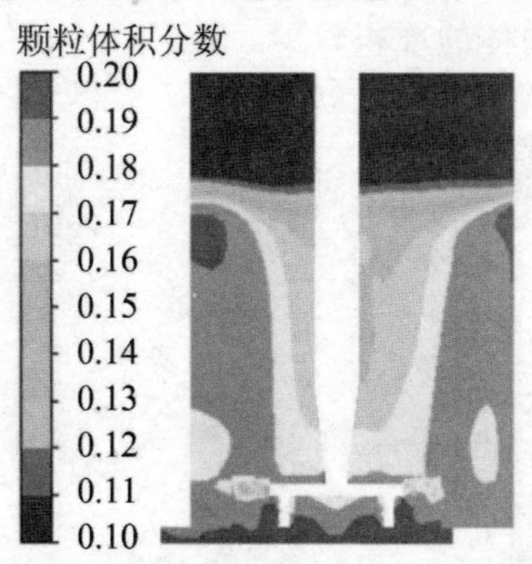

图10-31　Si_3N_4 粉体体积分数轴向云图（C2—**四边形**，C2′—**三角形**）

Fig. 10-31　Axial cloud chart of Si_3N_4 powder volume fraction (C2—quadrilateral，C2′—triangle)

壁部为三角形、底部为四边形的单体底-壁组合结构的 Si_3N_4 粉体的体积分数轴向云图如图10-32所示：造粒室中 Si_3N_4 粉体的体积分布占总体积的79%，大于0.18的 Si_3N_4 粉体体积分数占21%，存在于旋转室底部和旋转室壁部，0.16～0.18的 Si_3N_4 粉体体积分数，主要集中在壁部。造粒室壁上有一些堆积，底部有很多堆积。

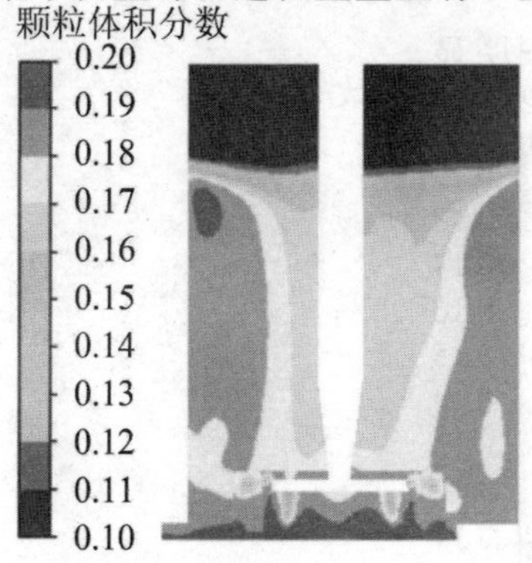

图10-32　Si_3N_4 粉体体积分数轴向云图（C3—**三角形**，C3′—**四边形**）

Fig. 10-32　Axial cloud chart of Si_3N_4 powder volume fraction (C3— triangle，C3′—quadrilateral)

(2)Si_3N_4 粉体体积分数的径向云图分析

四边形单体底-壁组合结构的 Si_3N_4 粉体的体积分数径向云图如图 10-33 所示：Si_3N_4 粉体的体积分数小于 0.14，占总体积的 22%，其中 Si_3N_4 粉体的堆积量较小。大于 0.18 的 Si_3N_4 粉体体积分数占总体积的 10.5%，Si_3N_4 粉体主要集中在主轴附近，其中 Si_3N_4 粉体的堆积较少。

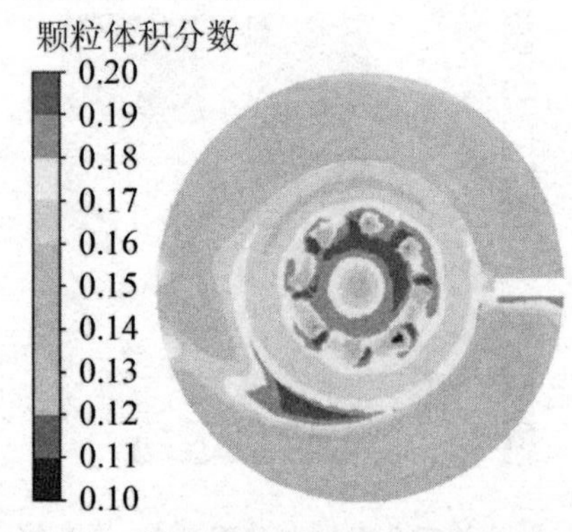

图 10-33 Si_3N_4 粉体体积分数径向云图(C1—四边形)

Fig. 10-33 Radial cloud chart of Si_3N_4 powder volume fraction (C1—quadrilateral)

壁部为四边形、底部为三角形的单体底-壁组合结构的 Si_3N_4 粉体的体积分数径向云图如图 10-34 所示：小于 0.14 的 Si_3N_4 粉体体积分数约占总体积的 15%，主要集中在旋转室中部，其中 Si_3N_4 粉体的堆积量较小。大于 0.18 的 Si_3N_4 粉体体积分数占总体积的 23%，大部分集中在主轴附近，小部分集中在旋转室中部，Si_3N_4 粉体的聚集在这里很明显。

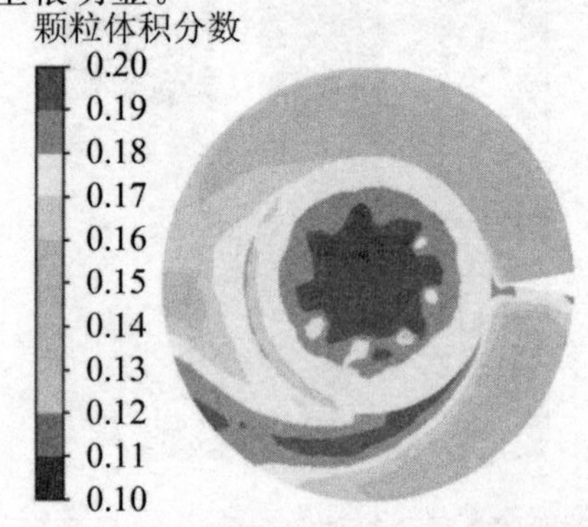

图 10-34 Si_3N_4 粉体体积分数径向云图(C2—四边形，C2′—三角形)

Fig. 10-34 Radial cloud chart of Si_3N_4 powder volume fraction (C2—quadrilateral, C2′—triangle)

壁部为三角形、底部为四边形的单体底-壁组合结构的Si_3N_4粉体的体积分数径向云图如图10-35所示：小于0.14的Si_3N_4粉体体积分数约占总体积的11%，其中Si_3N_4粉体的堆积量较小。大于0.18的Si_3N_4粉体体积分数占总体积的21%，主要集中在主轴附近，一部分集中在旋转室中部，Si_3N_4粉体的堆积在这里很明显。

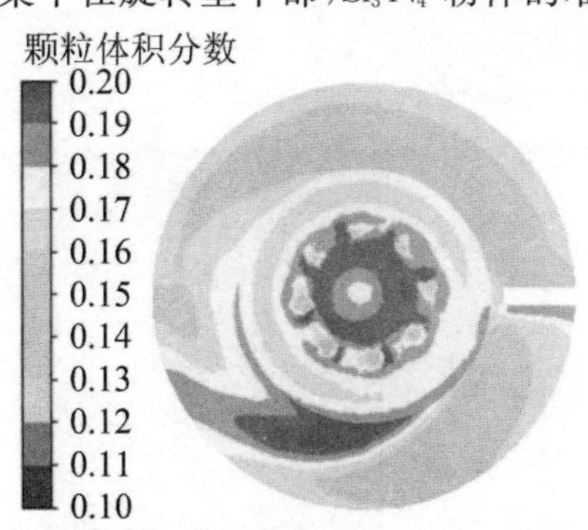

图10-35　Si_3N_4粉体体积分数径向云图（C3—**三角形**，C3′—**四边形**）

Fig. 10-35　Radial cloud chart of Si_3N_4 powder volume fraction (C3—triangle, C3′—quadrilateral)

(3)Si_3N_4粉体速度场的轴向云图分析

四边形单体底-壁组合结构的Si_3N_4粉体的轴向速度云图如图10-36所示：Si_3N_4粉体在造粒柱附近的速度大于0.9，占总体积的8.2%，速度分布面积占总体积的78%。底部结构上方的粉体速度有明显的梯度差。粉体沿造粒室壁向搅拌轴移动，进入造粒结构，增强了Si_3N_4粉体混合过程。壁结构侧面的粉体沿轴向剧烈运动，形成明显的速度梯度差，加大混合趋势。

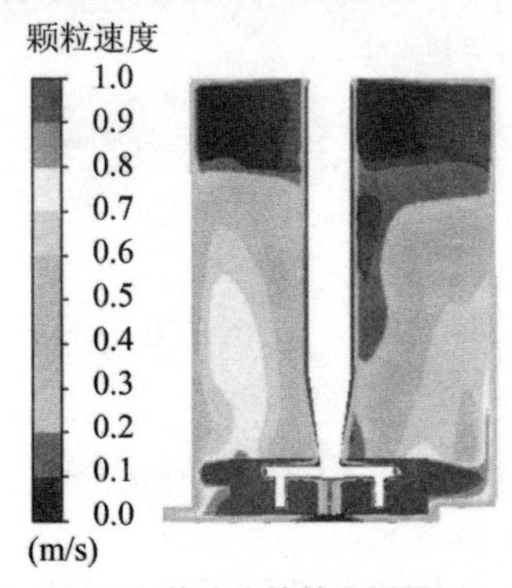

图10-36　Si_3N_4粉体速度的轴向云图（C1—**四边形**）

Fig. 10-36　Axial cloud chart of Si_3N_4 powder velocity (C1—quadrilateral)

壁部为四边形、底部为三角形的单体底-壁组合结构的 Si_3N_4 粉体的轴向速度云图如图 10-37 所示：Si_3N_4 粉体在造粒柱附近的速度大于 0.9m/s，占总体积的 6.8%，速度分布面积占总体积的 75%。底部结构上方的粉体速度有明显的梯度差。粉体沿造粒室壁向搅拌轴移动，进入造粒结构，增强了 Si_3N_4 粉体混合过程。壁结构侧面的粉体沿轴向运动。

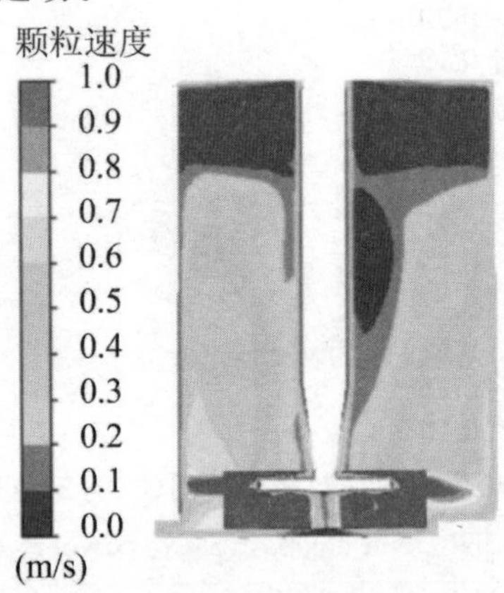

图 10-37　Si_3N_4 **粉体速度的轴向云图**(C2—**四边形**,C2′—**三角形**)

Fig. 10-37　Axial cloud chart of Si_3N_4 powder velocity (C2—quadrilateral, C2′—triangle)

壁部为三角形、底部为四边形的单体底-壁组合结构的 Si_3N_4 粉体的轴向速度云图如图 10-38 所示：Si_3N_4 粉体在造粒柱附近的速度大于 0.9m/s，占总体积的 6.5%，速度分布面积占总体积的 76%。底部结构上方的粉体速度有明显的梯度差。粉体沿造粒室壁向搅拌轴移动，进入造粒结构，增强 Si_3N_4 粉体混合过程。壁结构侧面的粉体沿轴向运动，存在速度梯度差。对 Si_3N_4 粉体的混合有比较好的效果。

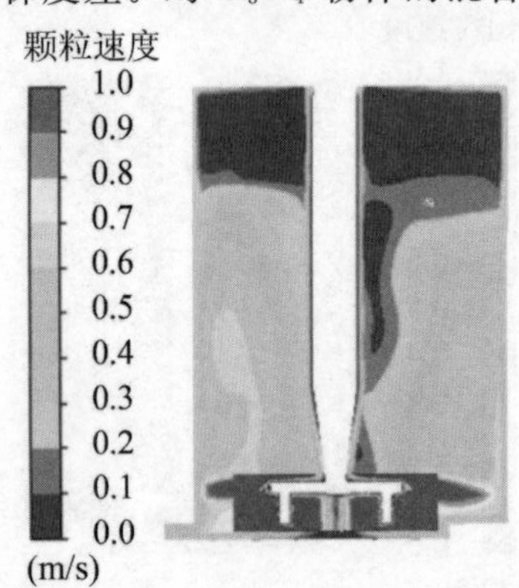

图 10-38　Si_3N_4 **粉体速度的轴向云图**(C3—**三角形**,C3′—**四边形**)

Fig. 10-38　Axial cloud chart of Si_3N_4 powder velocity (C3—triangle, C3′—quadrilateral)

(4) Si_3N_4 粉体速度场的径向云图分析

四边形单体底-壁组合结构 Si_3N_4 粉体径向速度云图如图 10-39 所示：Si_3N_4 粉体速度大于 0.95m/s 的分布在造粒立柱附近，约占总体积的 22%。在单体底结构和壁结构处 Si_3N_4 粉体速度变化大，形成速度梯度差，改善了底结构和壁结构处的打旋现象。

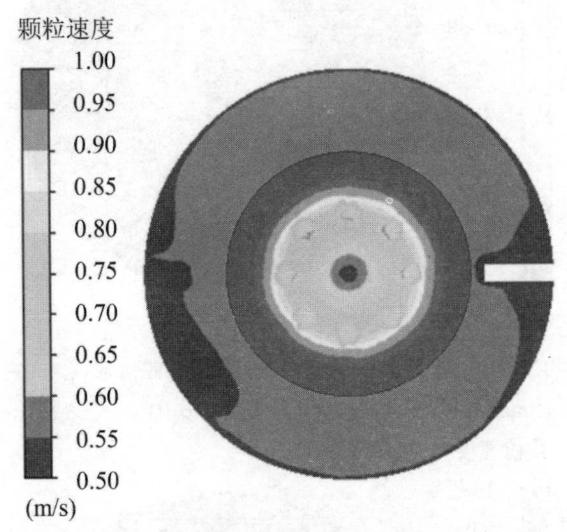

图 10-39　Si_3N_4 粉体速度的径向云图(C1—**四边形**)

Fig. 10-39　Radial cloud chart of Si_3N_4 powder velocity (C1—quadrilateral)

壁部为四边形、底部为三角形的单体底-壁组合结构的 Si_3N_4 粉体的径向速度云图如图 10-40 所示：Si_3N_4 粉体速度大于 0.95m/s 的分布在造粒立柱附近，约占总体积的 15%。在单体底结构处 Si_3N_4 粉体速度变化大，形成速度梯度差，速度变化大，改善了底结构处的打旋现象。但在单体壁结构处 Si_3N_4 粉体速度变化不大，略微改善了壁结构处的打旋现象。

壁部为三角形、底部为四边形的单体底-壁组合结构的 Si_3N_4 粉体的径向速度云图如图 10-41 所示：Si_3N_4 粉体速度大于 0.95m/s 的分布在造粒立柱附近，约占总体积的 17%。在单体底结构处 Si_3N_4 粉体速度变化大，形成速度梯度差，速度变化大，改善了底结构处的打旋现象。但在单体壁结构处 Si_3N_4 粉体速度变化不大，略微改善了壁结构处的打旋现象。综上所述，加装四边形单体底-壁组合结构可以更好地改善造粒室内的打旋现象，Si_3N_4 粉体混合效果更好。

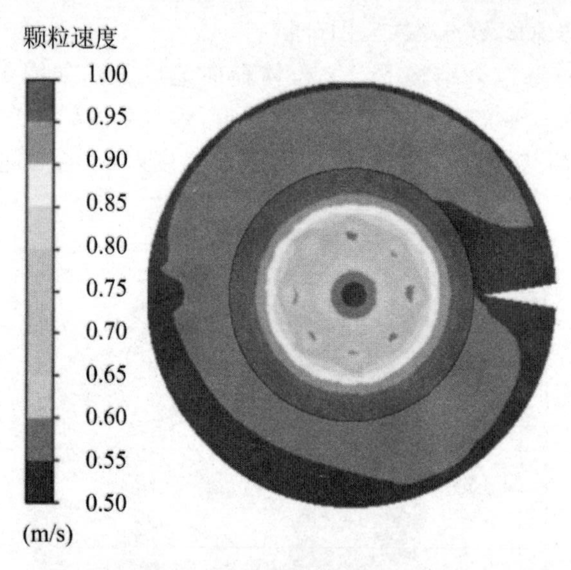

图 10-40 Si_3N_4 粉体速度的径向云图(C2—四边形,C2′—三角形)

Fig. 10-40 Radial cloud chart of Si_3N_4 powder velocity (C2—quadrilateral,C2′—triangle)

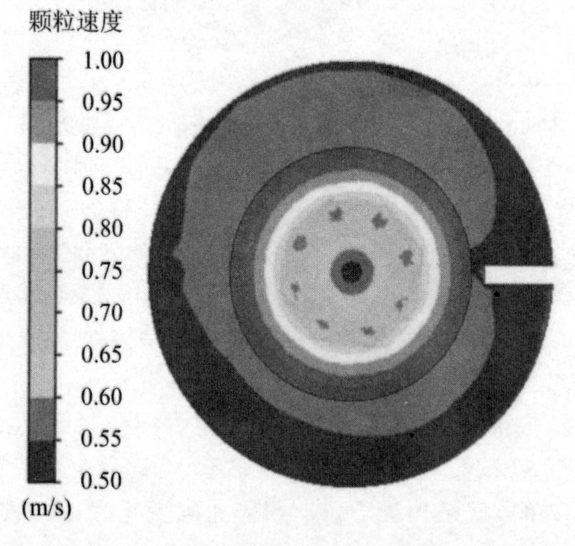

图 10-41 Si_3N_4 粉体速度的径向云图(C3—三角形,C3′—四边形)

Fig. 10-41 Radial cloud chart of Si_3N_4 powder velocity (C3—triangle,C3′—quadrilateral)

10.4.4 结论

(1)采用多相流旋转耦合场制粒方法,建立欧拉-欧拉双相流体模型模拟 Si_3N_4

粉体混合过程。加装单体底-壁组合结构时，粉体沿轴向剧烈运动，形成明显的速度梯度差，加大混合趋势。Si_3N_4 粉体的堆积减少，Si_3N_4 粉体的打旋现象改善效果更好，粉体的混合效果更好。

(2)当加装四边形单体底-壁结构时，发现四边形单体底-壁组合结构比异形单体底-壁组合结构更有利于粉体的轴向运动。堆积现象相比于三角形单体底-壁组合结构旋转室时有所减弱，粉体的混合效果更好。所得结论对 Si_3N_4 多相流旋转耦合场制粒方法结构优化具有一定的指导意义。

10.5　实验分析

10.5.1　实验方法和步骤

为了进一步验证数值模拟结果的正确性，对不同单体结构和单体组合结构造粒室制备的 Si_3N_4 颗粒进行了实验分析。旋转耦合场制粒装置结构截图如图10-42所示。

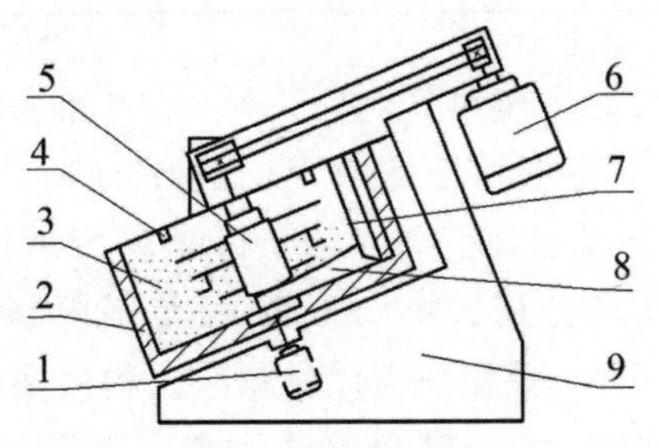

图 10-42　制粒装置简图

Fig. 10-42　Diagram of granulator

1—低速电机；2—造粒室；3—Si_3N_4 粉体；4—超声波雾化喷嘴；5—造粒机构；6—高速电机；7—耐磨块；8—大刮板；9—机架

(1)传动系统：高速电机带动造粒机构做逆时针运动，低速电机带动造粒室顺时针运动。

(2)造粒系统：Si_3N_4 粉体在顺时针运动的造粒室内收到逆时针旋转的造粒机构的强剪切作用，Si_3N_4 粉体不断地从底部上升到造粒室顶部中心，再由离心力及重力作用掉落，不断地往复，实现 Si_3N_4 粉体的造粒过程。

(3)辅助造粒系统包括机架、大刮板、耐磨块和超声波雾化喷嘴。机架倾斜30°,保证粉体能够由下往上地混合;大刮板与耐磨块将附着在内壁的粉体刮落;超声波雾化喷嘴将添加剂溶液雾化,喷洒至造粒室中。各系统间相互配合,Si_3N_4 粉体受各系统作用,不断地水平移动、回转上升和上下翻转,最终实现造粒。

主要原料为 Si_3N_4 粉末,纯度为98%。样品制备中使用的添加剂主要有增加颗粒可塑性的聚乙二醇(PEG),提高颗粒强度的聚乙烯醇(PVA)黏结剂、增强造粒效果的海藻酸钠(SA)和增塑效果的四甲基氢氧化铵(TMAH)。具体造粒添加剂的化学式、纯度、配比及制造商如表10-4所示。

表10-4 添加剂溶液成分

Tab. 10-4 Additive solution composition

原料	纯度/%	质量百分比/%	制造商
TMAH	92.7	6	Sinopharm
SA	96	3	Sinopharm
PEG	92	5	Sinopharm
PVA	95	6	Sinopharm
水	100	80	—

由图10-43实验平台的搭建可知,将 Si_3N_4 粉末加入造粒室。在旋转耦合场制粒装置的作用下,Si_3N_4 粉末逐渐变成不同粒径的 Si_3N_4 颗粒。造粒后,Si_3N_4 颗粒从造粒室中倒出。分别用20,40,60,80目筛对 Si_3N_4 颗粒进行筛分,选择不同的 Si_3N_4 颗粒进行检测和分析。将20~80目范围内的 Si_3N_4 颗粒视为有效颗粒,40~60目范围内的 Si_3N_4 颗粒视为优良颗粒。利用多功能粉末试验机测定了 Si_3N_4 颗粒的休止角、压缩性、均匀度和板角,计算了颗粒的流动性指数。

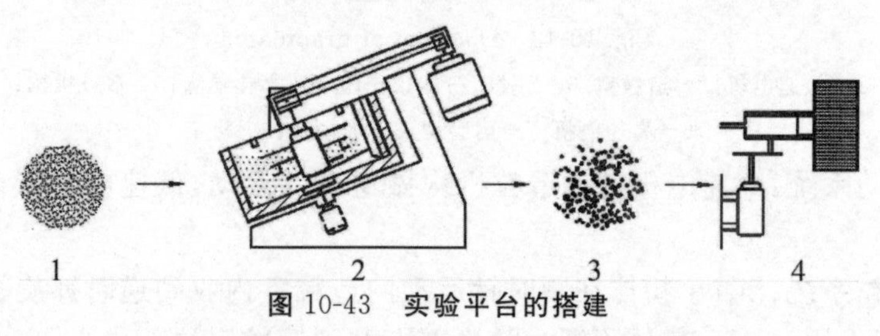

图10-43 实验平台的搭建

Fig. 10-43 Construction of experimental platform

1—Si_3N_4粉末;2—粒化器;3—Si_3N_4颗粒;4—筛选装置

10.5.2　实验结果分析

造粒室中加装不同单体结构对 Si_3N_4 颗粒级配的影响如图 10-44 所示，由图可知：当加装单体底结构时，造粒室内 Si_3N_4 颗粒粒度在 20～80 目的相对都较多，颗粒的合格率为 83%，Si_3N_4 颗粒粒度处于 30～60 目之间的优良颗粒为 61%。当加装单体壁结构时，造粒室内 Si_3N_4 颗粒粒度在 20～80 目的相对都较多，颗粒的合格率为 84%，Si_3N_4 颗粒处于 30～60mesh 之间的优良颗粒为 62%。而加装底-壁组合结构时，图中曲线为比较好的正态分布。造粒室内 Si_3N_4 颗粒粒度在 20～80 目的相对都较少，颗粒的合格率为 86%，Si_3N_4 颗粒处于 30～60mesh 之间的优良颗粒为 65.5%。由此可知，当加装底-壁组合结构时，Si_3N_4 颗粒的优良率和合格率最高，粒化效果最好。

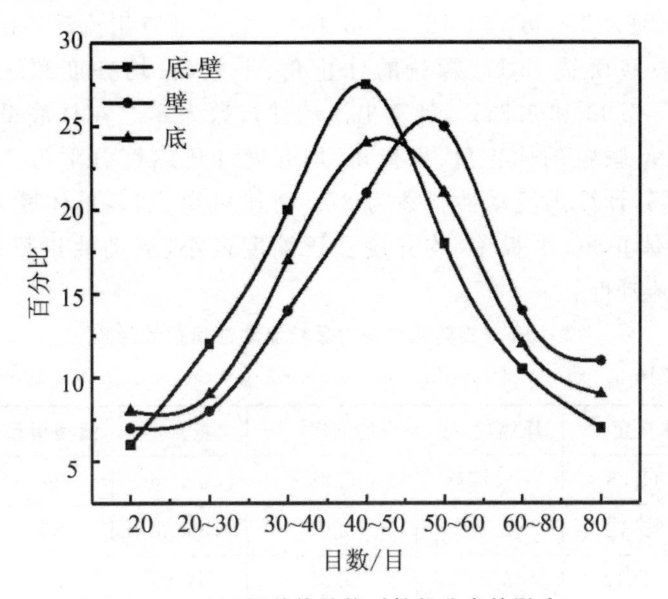

图 10-44　不同单体结构对粒径分布的影响

Fig. 10-44　Effect of different monomer structure on particle size distribution

图 10-45 为对不同单体结构和单体组合结构颗粒在 SEM 下的观察图像，图 10-45(a)为单体底结构所制颗粒，由图可知：Si_3N_4 颗粒球形度比较高，但颗粒的粒径分布较为单一；图 10-45(b)为单体壁结构所制颗粒，由图可知：颗粒的粒径分布繁多，并且颗粒球形度不是很高；图 10-45(c)为单体底-壁组合结构所制颗粒，由图可知：颗粒的粒径分布繁多，并且颗粒球形度高，颗粒级配合理。单体底-壁组合结

构对多相流旋转耦合场制备 Si_3N_4 颗粒的形态改善更佳。

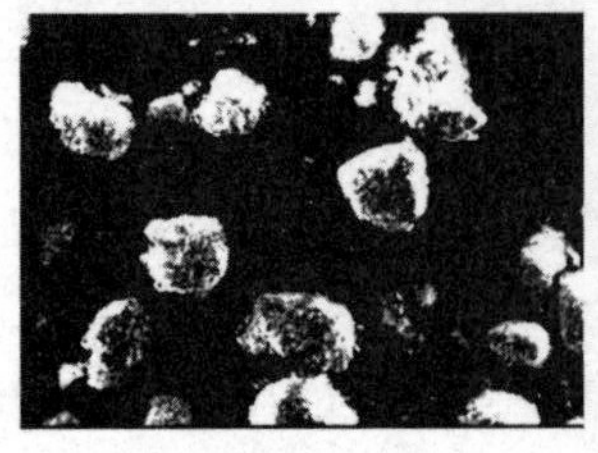

(a)底结构

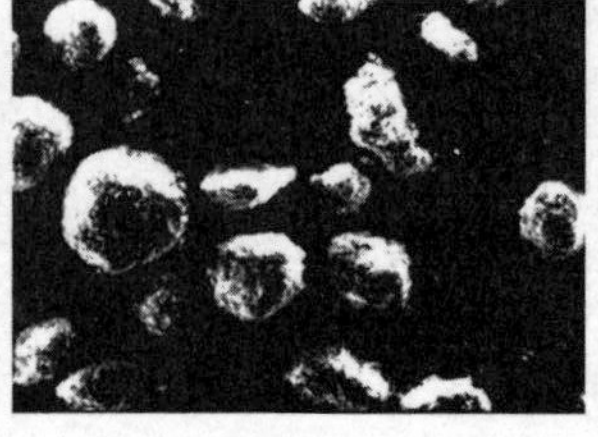

(b)壁结构

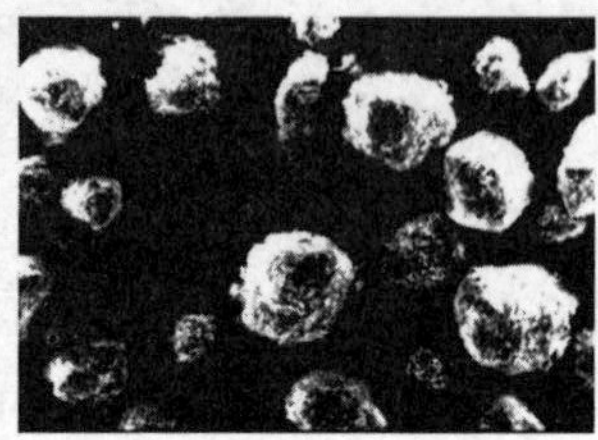

(c)底-壁组合结构

图 10-45　颗粒 SEM 图像

Fig. 10-45　SEM photograph of particles

表 10-5 为造粒室中加装不同单体结构对颗粒流动性指数的影响。由表可知，在造粒的最佳时间内，单体底结构造粒室所造 Si_3N_4 颗粒的休止角、平板角、均齐度和压缩度分别为 36.38°，35.16°，5.83°和 9.52%，计算出流动性指数为 84。单体壁结构造粒室所造 Si_3N_4 颗粒的休止角、平板角、均齐度和压缩度分别为 36.12°，35.23°，5.96°和 9.35%，计算出流动性指数为 85。单体底-壁组合结构造粒室所造 Si_3N_4 颗粒的休止角、平板角、均齐度和压缩度分别为 34.84，34.97，5.31°和 8.87%，计算出流动性指数为 87。对比可得，加装单体底-壁组合结构，Si_3N_4 颗粒的休止角、平板角、均齐度和压缩度最小，流动性指数最高，增强了 Si_3N_4 颗粒的流动性。

表 10-5　旋转室结构对颗粒流动性指数的影响

Tab. 10-5　Effect of rotating chamber structure on particle fluidity index

造粒室	休止角/°	压缩比/%	均匀度/°	板角/°	流动指数	流动性评价
底	36.38	9.52	5.83	35.16	84	优秀
壁	36.12	9.35	5.96	35.23	85	优秀
底-壁	34.84	8.87	5.31	34.97	87	优秀

10.6　本章小结

(1)本章对旋转室内加设单体底-壁结构、不同形状单体底-壁结构及异形单体底-壁结构进行了探究，通过数值模拟 Si_3N_4 粉体体积分数分布、对 Si_3N_4 粉体速度场进行分析，从 Si_3N_4 粉体堆积情况、运动趋势等方面研究以上结构分别对多相流旋转耦合场制粒室内流场的影响，从结果可发现四边形单体底-壁结构能更好地减少 Si_3N_4 粉体在旋转室底部的堆积，提高 Si_3N_4 粉体轴向运动趋势。

（2）实验结果表明，加装四边形单体底-壁结构时，Si_3N_4 颗粒的优良率和合格率最高，流动性指数最高。实验结果与数值模拟结果基本吻合，验证了数值模拟结果的正确性。所得结论对 Si_3N_4 多相流旋转耦合场制粒结构优化具有一定的指导意义。综合以上分析后，选取四边形单体底-壁组合结构继续深入研究。

第 11 章 底-壁组合结构几何参数与气-固两相流旋转耦合场制备 Si_3N_4 颗粒混合过程的影响

11.1 引 言

本章内容主要对 Si_3N_4 多相流旋转耦合场制粒工艺中旋转室内几何参数进行参数优化。分别对旋转室内加设不同长度单体底-壁组合结构、不同位置单体底-壁结构的流场分析进行了探究；根据数值仿真所得到的结果分别对不同结构的旋转室内 Si_3N_4 粉体的体积分布云图和速度场进行分析；最后，通过实验验证数值模拟结果的正确性。

11.2 不同长度单体底-壁组合结构流场分析

11.2.1 模拟区域简化

图 11-1 为不同长度 Si_3N_4 造粒室结构示意图，造粒室高度 L_1 为 300 mm，直径 T 为 235mm。粉碎铰刀直径 d_2 为 128mm，厚度 L_3 为 8mm。造粒柱高度 L_5 为 20mm，直径 d_3 为 8mm。初始 Si_3N_4 粉末高度 L_4 为 70 mm。单体底-壁组合结构模型参数中，底结构 L_6 的长度为 10mm，壁结构 L_2 的长度为 290mm，壁结构 d_1 的长度为 10mm，底结构 d_4 长度分别为 30mm，35mm，40mm。

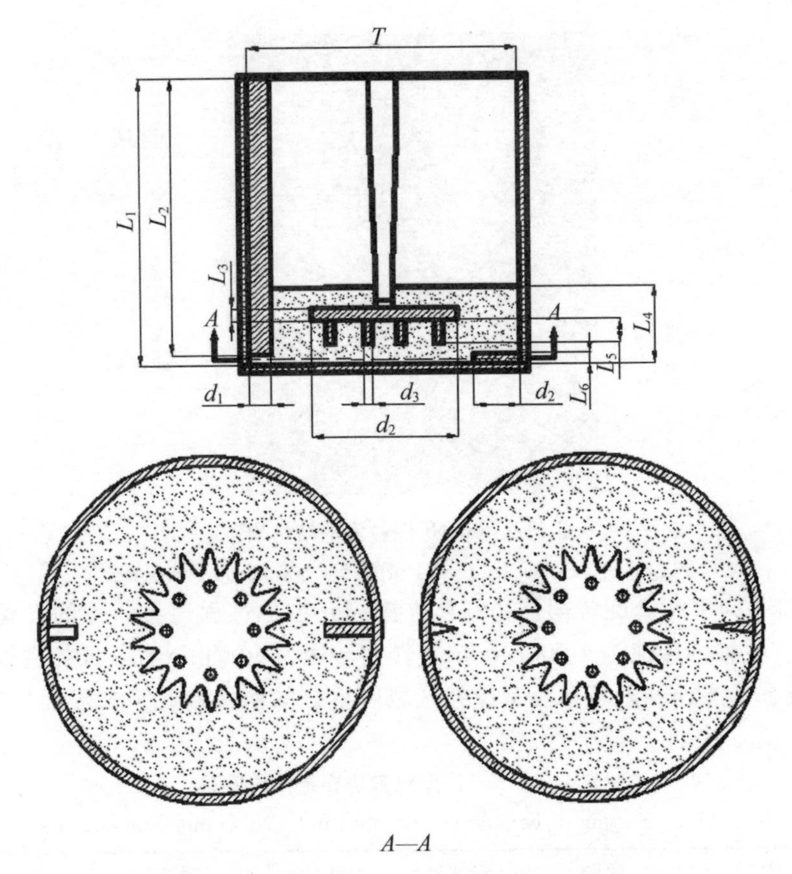

图 11-1　不同长度 Si_3N_4 造粒室结构示意图

Fig. 11-1　Schematic diagram to granulation chamber

11.2.2　物理模型的建立

Si_3N_4 造粒室的结构模型如图 11-2 所示：因为粉碎铰刀和造粒立柱的结构比较复杂。对于粉碎铰刀和造粒立柱可以利用 SolidWorks 软件来进行建模，利用 ICEM 软件建立不同长度单体底-壁组合结构的造粒室。不同长度单体底-壁组合结构造粒室的计算区域可以分为两部分，粉碎铰刀和造粒立柱附近 5mm 可以设为动态计算区域，其他区域可以设为静态计算区域。动静计算区域所重合的面可以设为交界面，其他都设为壁面。

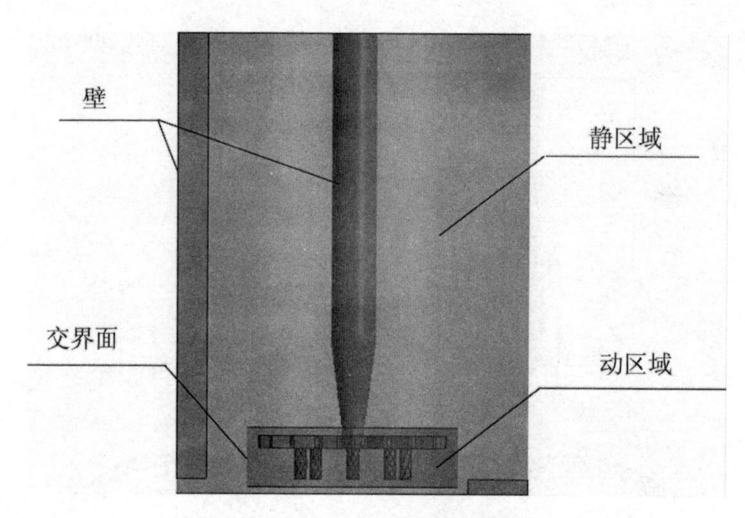

图 11-2　Si_3N_4 造粒室的结构模型

Fig. 11-2　Structure model of Si_3N_4 granulation chamber

表 11-1 为多相流旋转耦合场制粒方法研究粒化过程边界条件的设置。粉碎铰刀、搅拌主轴的转速为 1 000r/min,旋转室转速为 40r/min 且与搅拌主轴的旋转方向相反。动态计算区域和静态计算区域所重合的面可以设为交界面,其他都设为壁面。

表 11-1　Si_3N_4 造粒室边界条件的设置

Tab. 11-1　Setting of boundary conditions in Si_3N_4 granulation chamber

参数	外壁	搅拌轴	铰刀	动区域	静区域
速度/($r \cdot min^{-1}$)	−40	1 000	1 000	1 000	参考坐标系
边界条件	壁面	壁面	壁面	交界面	交界面

图 11-3 显示了 Si_3N_4 单体底-壁组合结构造粒室中的网格生成。将不同长度 Si_3N_4 单体底-壁组合结构造粒室的静态计算区域划分为尺寸为 6mm 的六面体网格。动态计算区域由尺寸为 4 mm 的高度混合四边形网格划分。

利用 fluent 软件对不同形状底-壁组合结构的 Si_3N_4 造粒机进行了流场分析。建立了欧拉-欧拉双流体模型来模拟流场分布。动态计算区采用滑动网格模型,静态计算区采用多参考坐标系模型。湍流状态采用 RNG k-ε 模型进行分析。变量收敛残差应小于 1×10^{-4}。

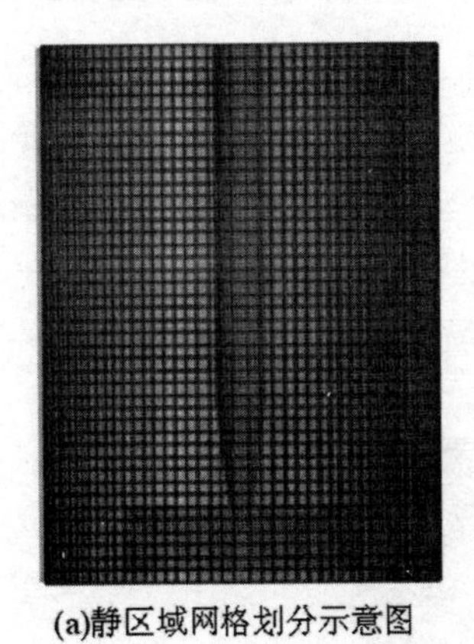

(a)静区域网格划分示意图

(b)动区域网格划分示意图

图 11-3　Si_3N_4 造粒室网格划分

Fig. 11-3　Mesh generation in Si_3N_4 granulation chamber

11.2.3　数值模拟结果分析

(1) Si_3N_4 粉体体积分数的轴向云图分析

底结构为 30mm 时单体底-壁组合结构的 Si_3N_4 粉体的体积分数轴向云图如图 11-4 所示：造粒室中 Si_3N_4 粉体的体积分布占总体积的 78%，大于 0.18 的 Si_3N_4 粉体体积分数占 21%，大部分集中在主轴附近，小部分集中在旋转室壁部，0.16～0.18 的 Si_3N_4 粉体体积分数，主要集中在旋转室壁部和旋转室底部。造粒室壁部有少量堆积物，底部有部分堆积物。

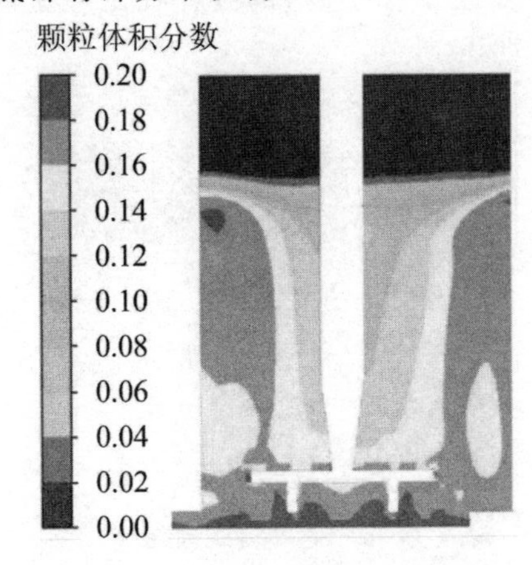

图 11-4　Si_3N_4 粉体体积分数轴向云图(D1—30mm)

Fig. 11-4　Axial cloud chart of Si_3N_4 powder volume fraction (D1—30mm)

底结构为 35mm 时单体底-壁组合结构的 Si_3N_4 粉体的体积分数轴向云图如图 11-5 所示：造粒室中 Si_3N_4 粉体的体积分布占总体积的 78%，大于 0.18 的 Si_3N_4 粉体体积分数占 20%，造粒室壁部有少量堆积物，底部有部分堆积物，0.16～0.18 的 Si_3N_4 粉体体积分数，主要集中在旋转室壁部，部分存在旋转室底部。造粒室壁部有少量堆积物，底部有部分堆积物。

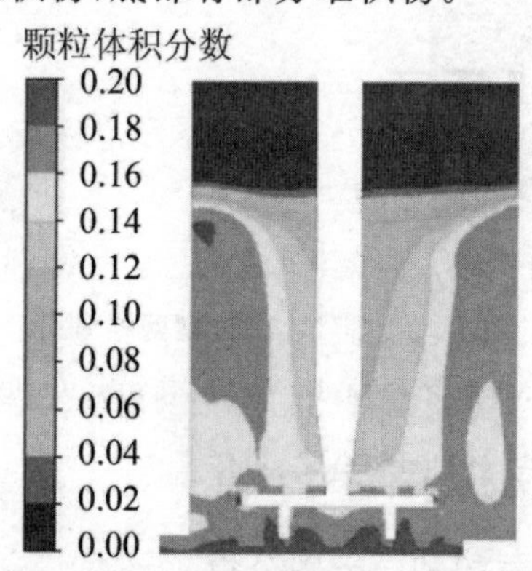

图 11-5　Si_3N_4 粉体体积分数轴向云图(D2—35mm)

Fig. 11-5　Axial cloud chart of Si_3N_4 powder volume fraction (D2—35mm)

底结构为 40mm 时单体底-壁组合结构的 Si_3N_4 粉体的体积分数轴向云图如图 11-6 所示：造粒室中 Si_3N_4 粉体的体积分布占总体积的 79%，大于 0.18 的 Si_3N_4 粉体体积分数占 9%，存在于旋转室底部，Si_3N_4 粉体的堆积量较小，0.16～0.18 的粉体体积分数，主要集中在壁部，部分存在旋转室底部。旋转室底部壁部有部分堆积，底部有少量堆积。

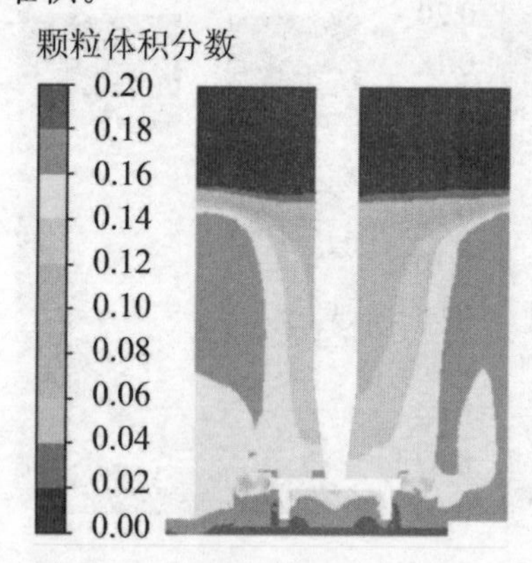

图 11-6　Si_3N_4 粉体体积分数轴向云图(D3－40mm)

Fig. 11-6　Axial cloud chart of Si_3N_4 powder volume fraction (D3－40mm)

综上所述，不同底结构长度的造粒室中 Si_3N_4 粉体的总体积基本相同。但底结构为 40mm 时 Si_3N_4 粉体堆积相对少一点。

(2)Si_3N_4 粉体体积分数的径向云图分析

底结构为 30mm 时单体底-壁组合结构的 Si_3N_4 粉体的体积分数径向云图如图 11-7 所示：0.18～0.20 的 Si_3N_4 粉体体积分数占总体积的 24%，Si_3N_4 粉体主要集中在主轴附近，其中 Si_3N_4 粉体有部分堆积。Si_3N_4 粉体在 0.15～0.17 区域集中在底结构和壁结构之间，此处粉体堆积较少。

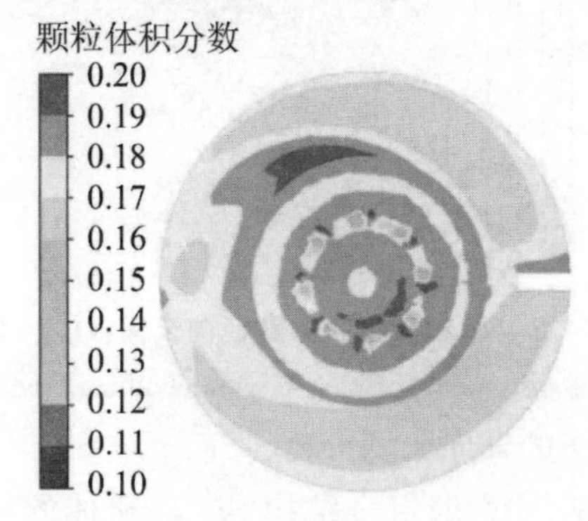

图 11-7　Si_3N_4 粉体体积分数径向云图(D1－30mm)

Fig. 11-7　Radial cloud chart of Si_3N_4 powder volume fraction (D1－30mm)

底结构为 35mm 时单体底-壁组合结构的 Si_3N_4 粉体的体积分数径向云图如图 11-8 所示：0.18～0.20 的 Si_3N_4 粉体体积分数占总体积的 19%，主要集中在主轴附近。Si_3N_4 粉体在 0.15～0.17 区域集中在底结构和壁结构之间，此处粉体堆积较少。

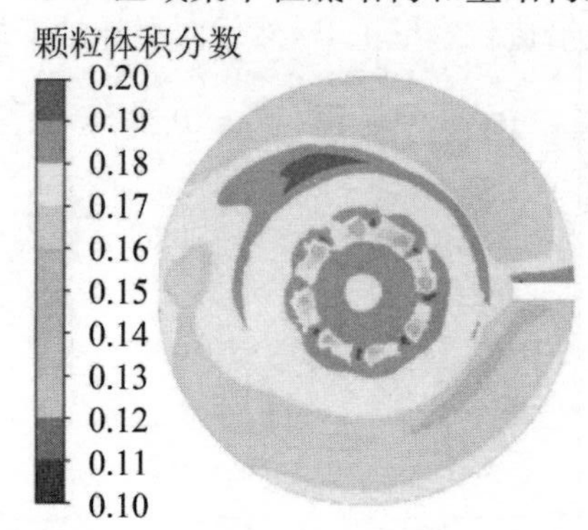

图 11-8　Si_3N_4 粉体体积分数径向云图(D2－35mm)

Fig. 11-8　Radial cloud chart of Si_3N_4 powder volume fraction (D2－35mm)

底结构为 40mm 时单体底-壁组合结构的 Si_3N_4 粉体的体积分数径向云图如图 11-9 所示：Si_3N_4 粉体的体积分数小于 0.14，占总体积的 22%，其中 Si_3N_4 粉体的堆积量较小。大于 0.18 的 Si_3N_4 粉体体积分数占总体积的 10.5%，Si_3N_4 粉体主要集中在主轴附近，其中 Si_3N_4 粉体的堆积较少。综上所述，底结构为 40mm 时 Si_3N_4 粉体堆积相对少一点。

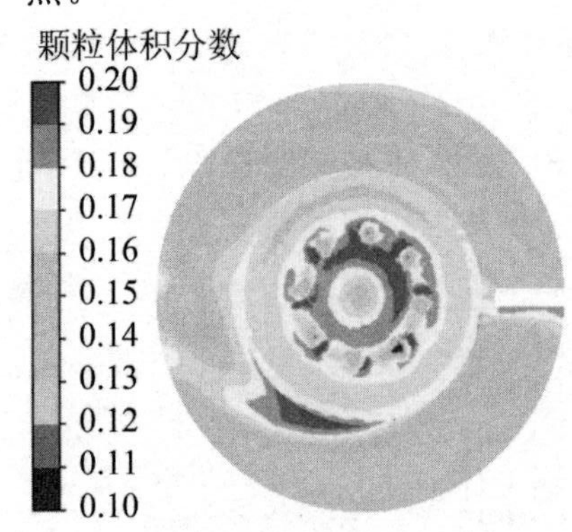

图 11-9 Si_3N_4 粉体体积分数径向云图(D3－40mm)

Fig. 11-9 Radial cloud chart of Si_3N_4 powder volume fraction (D3－40mm)

(3)Si_3N_4 粉体速度场的轴向云图分析

底结构为 30mm 时单体底-壁组合结构 Si_3N_4 粉体的轴向速度云图和速度矢量云图如图 11-10 所示：Si_3N_4 粉体在造粒柱附近的速度大于 0.9m/s，占总体积的 6.7%，速度分布面积占总体积的 73%。从单体底-壁组合结构 Si_3N_4 粉体速度矢量云图可以看出，底部结构上方的粉体速度方向基本上是径向的。粉体沿造粒室壁向搅拌轴移动，进入造粒结构，增强了 Si_3N_4 粉体混合过程。壁结构侧面的粉体有部分沿轴向运动。粉体首先沿造粒室壁上升，然后向搅拌轴下端移动，加大混合趋势。

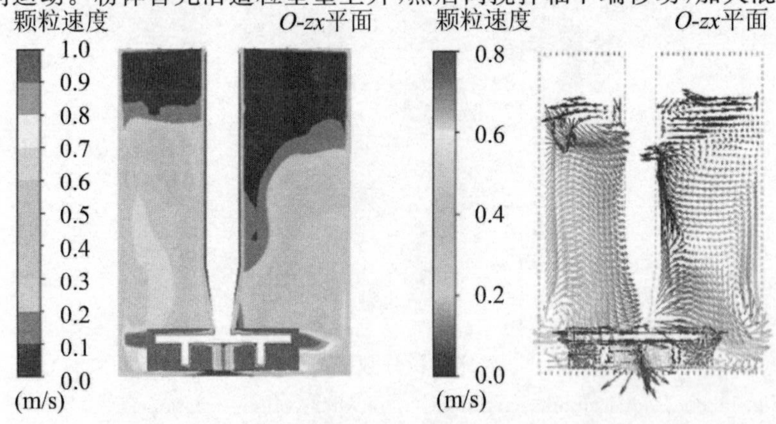

图 11-10 Si_3N_4 粉体速度的轴向云图(D1－30mm)

Fig. 11-10 Axial cloud chart of Si_3N_4 powder velocity (D1－30mm)

底结构为 35mm 时单体底-壁组合结构 Si_3N_4 粉体的轴向速度云图和速度矢量云图如图 11-11 所示：Si_3N_4 粉体在造粒柱附近的速度大于 0.9m/s，占总体积的 7.6%，速度分布面积占总体积的 75%。从单体底-壁组合结构 Si_3N_4 粉体速度矢量云图可以看出底部结构上方的粉体速度方向基本上是径向的。粉体沿造粒室壁向搅拌轴移动，进入造粒结构，增强了 Si_3N_4 粉体混合过程。壁结构侧面的粉体沿轴向剧烈运动。粉体首先沿造粒室壁上升，然后向搅拌轴下端移动，加大混合趋势。

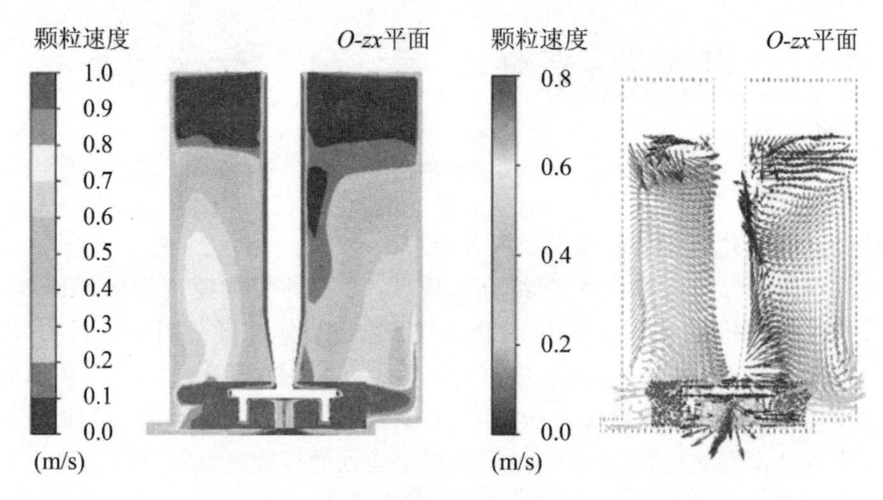

图 11-11　Si_3N_4 粉体速度的轴向云图(D1－35mm)

Fig. 11-11　Axial cloud chart of Si_3N_4 powder velocity (D1－35mm)

底结构为 40mm 时单体底-壁组合结构 Si_3N_4 粉体的轴向速度云图和速度矢量云图如图 11-12 所示：从单体底-壁组合结构 Si_3N_4 粉体的速度云图可以看出，Si_3N_4 粉体在造粒柱附近的速度大于 0.9m/s，占总体积的 8.2%，速度在 0.7～0.9m/s 之间的，主要集中在粉碎铰刀和旋流室附近，速度分布面积占总体积的 78%。从单体底-壁组合结构的 Si_3N_4 粉体的速度矢量云图可以看出，底部结构上方的粉体速度有明显的梯度差。粉体沿造粒室壁向搅拌轴移动，进入造粒结构，增强了混合趋势。壁结构侧面的粉体沿轴向剧烈运动。粉体首先沿造粒室壁上升，然后向搅拌轴下端移动，加大混合趋势。综上所述，底结构为 40mm 时单体底-壁组合结构可以更好地改善造粒室内的打旋现象，Si_3N_4 粉体混合效果更好。

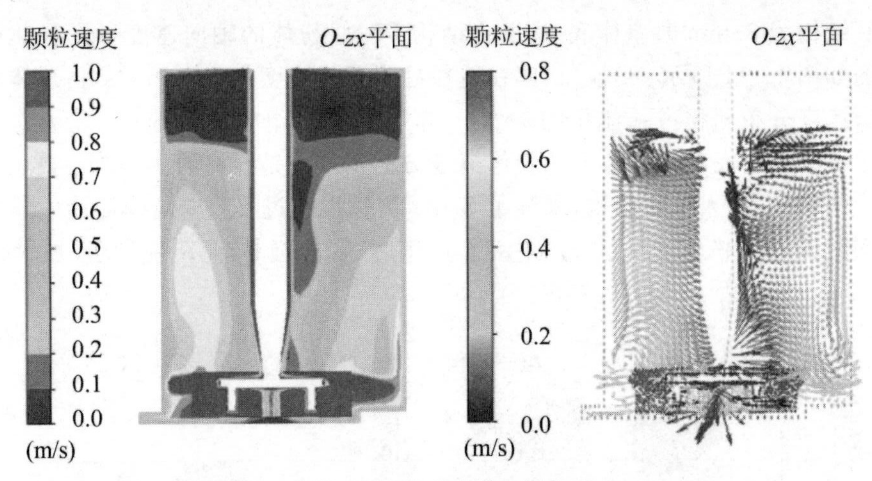

图 11-12 Si_3N_4 粉体速度的轴向云图(D3－40mm)

Fig. 11-12 Axial cloud chart of Si_3N_4 powder velocity (D3－40mm)

(4)Si_3N_4 粉体速度场的径向云图分析

底结构为 30mm 时单体底-壁组合结构 Si_3N_4 粉体径向速度云图和速度矢量云图如图 11-13 所示:从单体底-壁组合结构 Si_3N_4 粉体速度云图可以看出,Si_3N_4 粉体速度大于 0.94m/s 的分布在造粒立柱附近,约占总体积的 23%。从单体底-壁组合结构 Si_3N_4 粉体速度矢量云图可以看出:在单体底结构和壁结构处 Si_3N_4 粉体速度方向发生变化,改善了底结构和壁结构处的打旋现象。

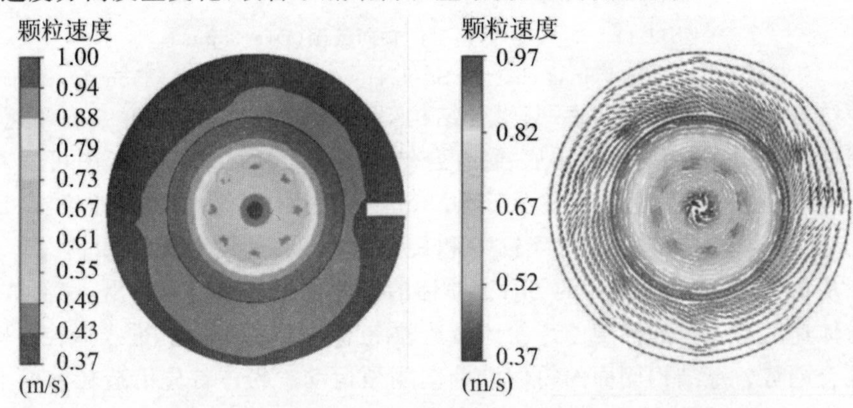

图 11-13 Si_3N_4 粉体速度的径向云图(D1－30mm)

Fig. 11-13 Radial cloud chart of Si_3N_4 particle velocity (D1－30mm)

底结构为 35mm 时单体底-壁组合结构 Si_3N_4 粉体径向速度云图和速度矢量云图如图 11-14 所示:Si_3N_4 粉体速度大于 0.94m/s 的分布在造粒立柱附近,约占总体积的 25%。综上所述,底结构为 35mm 时单体底-壁组合结构 Si_3N_4 粉体速度大于 0.94m/s 所占比例多。从单体底-壁组合结构 Si_3N_4 粉体速度矢量云图可以看出，在单体底结构和壁结构处 Si_3N_4 粉体速度方向发生变化，改善了底结构和壁结构处的打旋现象。

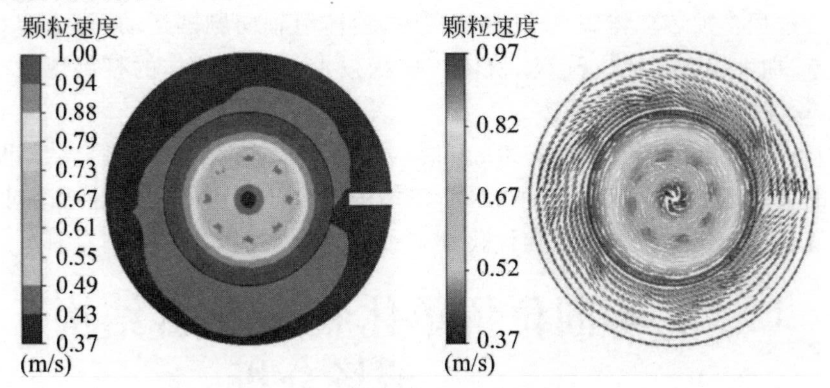

图 11-14　Si_3N_4 粉体速度的径向云图(D2－35mm)

Fig. 11-14　Radial cloud chart of Si_3N_4 particle velocity (D2－35mm)

底结构为 40mm 时单体底-壁组合结构 Si_3N_4 粉体径向速度云图和速度矢量云图如图 11-15 所示：从单体底-壁组合结构 Si_3N_4 粉体的速度云图可以看出，Si_3N_4 粉体速度大于 0.94m/s 的分布在造粒立柱附近，约占总体积的 22%。综上所述，单体底-壁组合结构 Si_3N_4 粉体速度大于 0.94m/s 所占比例最多。从单体底-壁组合结构的 Si_3N_4 粉体的速度矢量云图可以看出，在底结构和壁结构处 Si_3N_4 粉体速度方向均发生变化，改善了底结构和壁结构处的打旋现象。综上所述，底结构为 40mm 时单体底-壁组合结构可以更好地改善造粒室内的打旋现象，Si_3N_4 粉体混合效果更好。

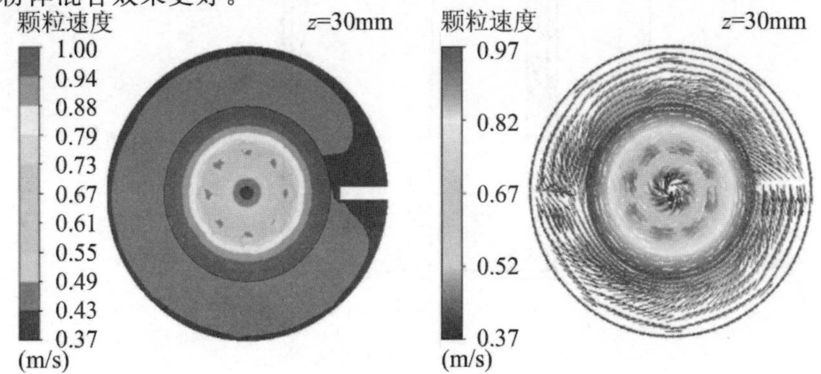

图 11-15　Si_3N_4 粉体速度的径向云图(D3－40mm)

Fig. 11-15　Radial cloud chart of Si_3N_4 particle velocity (D3－40mm)

11.2.4 结论

(1)采用多相流旋转耦合场制粒方法,建立欧拉-欧拉双流体模型模拟 Si_3N_4 粉体混合过程。加装单体底-壁组合结构时,粉体沿轴向剧烈运动,形成明显的速度梯度差,加大混合趋势。Si_3N_4 粉体的堆积减少,Si_3N_4 粉体的打旋现象改善效果更好,粉体的混合效果更好。

(2)当加装底部结构长度为 40mm 时,发现此时的单体底-壁组合结构更有利于粉体的轴向运动,堆积现象有所减弱,粉体的混合效果更好。所得结论对 Si_3N_4 多相流旋转耦合场制粒方法结构优化具有一定的指导意义。

11.3 不同位置单体底-壁组合结构流场分析

11.3.1 模拟区域简化

图 11-16 为不同位置 Si_3N_4 造粒室结构示意图,造粒室高度 L_1 为 300 mm,直径 T 为 235mm。粉碎铰刀直径 d_2 为 128mm,厚度 L_3 为 8mm。造粒柱高度 L_5 为 20mm,直径 d_3 为 8mm。初始 Si_3N_4 粉末高度 L_4 为 70 mm。单体底-壁组合结构模型参数中,底结构 L_6 的长度为 10mm,壁结构 L_2 的长度为 290mm,壁结构 d_1 的长度为 10mm,底结构 d_4 长度 40mm。

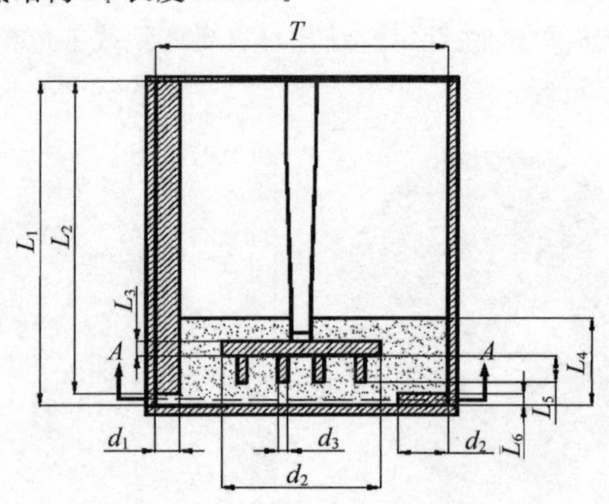

图 11-16 不同位置 Si_3N_4 造粒室结构示意图

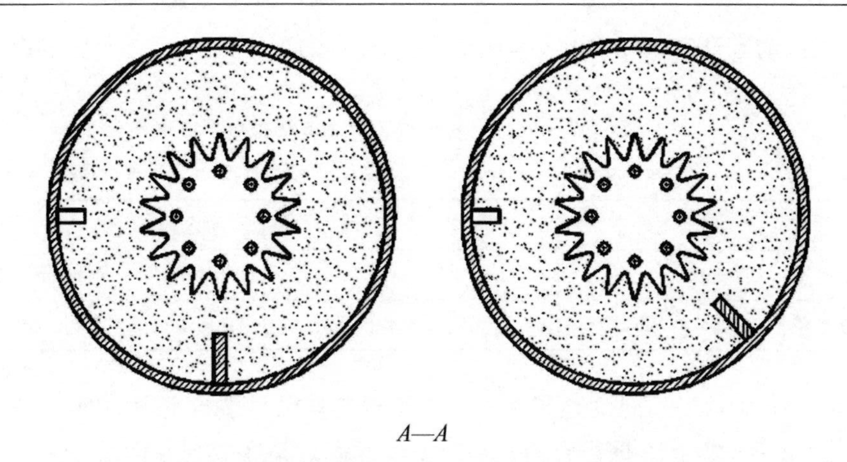

图 11-16 不同位置 Si_3N_4 造粒室结构示意图(续图)

Fig. 11-16 Schematic diagram to granulation chamber

11.3.2 物理模型的建立

图 11-17 显示了 Si_3N_4 造粒室的结构模型。因为粉碎铰刀和造粒立柱的结构比较复杂,对于粉碎铰刀和造粒立柱可以利用 SolidWorks 软件来进行建模,利用 ICEM 软件建立不同位置单体底-壁组合结构的造粒室。不同位置单体底-壁组合结构造粒室的计算区域可以分为两部分,粉碎铰刀和造粒立柱附近 5mm 可以设为动态计算区域,其他区域可以设为静态计算区域。动静计算区域所重合的面可以设为交界面,其他都设为壁面。

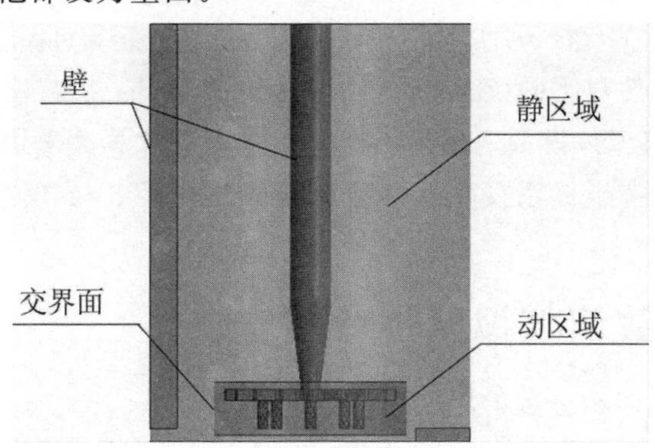

图 11-17 Si_3N_4 造粒室的结构模型

Fig. 11-17 Structure model of Si_3N_4 granulation chamber

表 11-2 为多相流旋转耦合场制粒方法研究混合过程边界条件的设置。粉碎铰刀、搅拌主轴的转速为 1 000r/min,旋转室转速为 40r/min 且与搅拌主轴的旋转

方向相反。动态计算区域和静态计算区域所重合的面可以设为交界面，其他都设为壁面。

表 11-2　Si_3N_4 造粒室边界条件的设置

Tab. 11-2　Setting of boundary conditions in Si_3N_4 granulation chamber

参数	外壁	搅拌轴	铰刀	动区域	静区域
速度	−40	1000	1000	1000	Reference Frame
边界条件	Wall	Wall	Wall	interface	interface

图 11-18 显示了不同位置 Si_3N_4 单体底-壁组合结构造粒室中的网格生成。将不同位置 Si_3N_4 单体底-壁组合结构造粒室的静态计算区域划分为尺寸为 6mm 的六面体网格。动态计算区域由尺寸为 4 mm 的高度混合四边形网格划分。

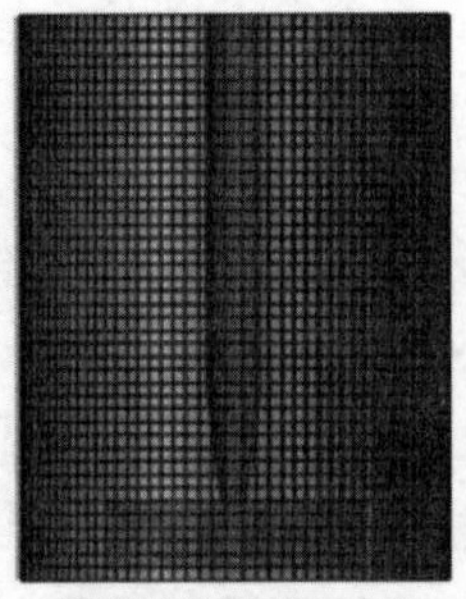

(a)静区域网格划分示意图

(b)动区域网格划分示意图

图 11-18　Si_3N_4 造粒室网格划分

Fig. 11-18　Mesh generation in Si_3N_4 granulation chamber

利用 fluent 软件对不同位置底-壁组合结构的 Si_3N_4 造粒机进行了流场分析。建立了欧拉-欧拉双流体模型来模拟流场分布。动态计算区采用滑动网格模型，静态计算区采用多参考坐标系模型。湍流状态采用 RNG k-ε 模型进行分析。变量收敛残差应小于 1×10^{-4}。

11.3.3　数值模拟结果分析

(1)Si_3N_4 粉体体积分数的轴向云图分析

底结构与壁结构之间为 90°时单体底-壁组合结构的 Si_3N_4 粉体的体积分数轴向云图如图 11-19 所示：造粒室中 Si_3N_4 粉体的体积分布占总体积的 78%，0.18～0.20 的 Si_3N_4 粉体体积分数占 20%，部分集中在主轴附近，小部分集中在旋转室壁部，0.16～0.18 的 Si_3N_4 粉体体积分数主要集中在旋转室壁部和旋转室底部。

综上所述，造粒室壁部有少量堆积物，底部有部分堆积物。

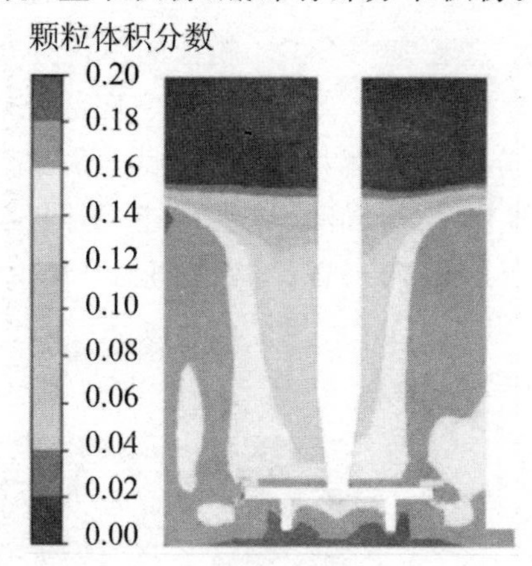

图 11-19　Si_3N_4 粉体体积分数轴向云图(E1－90°)

Fig. 11-19　Axial cloud chart of Si_3N_4 powder volume fraction (E1－90°)

底结构与壁结构之间为 135°时单体底-壁组合结构的 Si_3N_4 粉体的体积分数轴向云图如图 11-20 所示：造粒室中 Si_3N_4 粉体的体积分布占总体积的 78%，0.18～0.20 的 Si_3N_4 粉体体积分数占 28%，部分集中在主轴附近，小部分集中在旋转室壁部，0.16～0.18 的 Si_3N_4 粉体体积分数主要集中在旋转室壁部和旋转室底部，造粒室壁部有少量堆积物，底部大量堆积物。综上所述，造粒室壁部有少量堆积物，底部有部分堆积物。

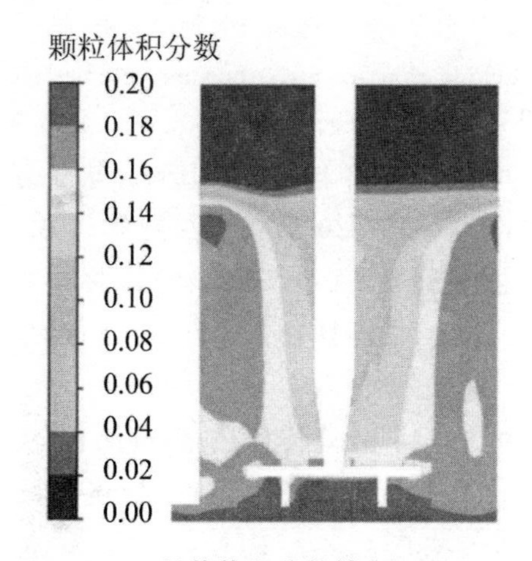

图 11-20　Si_3N_4 粉体体积分数轴向云图(E2－135°)

Fig. 11-20　Axial cloud chart of Si_3N_4 powder volume fraction (E2－135°)

底结构与壁结构之间为180°时单体底-壁组合结构的 Si_3N_4 粉体的体积分数轴向云图如图11-21所示：造粒室中 Si_3N_4 粉体的体积分布占总体积的79%，大于0.18的 Si_3N_4 粉体体积分数占9%，存在于旋转室底部，Si_3N_4 粉体的堆积量较小，0.16～0.18的粉体体积分数主要集中在壁部，部分存在旋转室底部。旋转室底部、壁部有部分堆积，底部有少量堆积。综上所述，不同位置的造粒室中 Si_3N_4 粉体的总体积基本相同。但底结构与壁结构之间为180°时单体底-壁组合结构中 Si_3N_4 粉体堆积相对少一点。

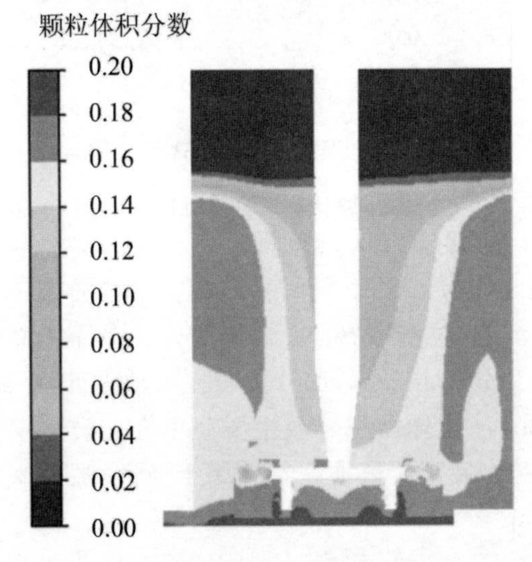

图11-21　Si_3N_4 粉体体积分数轴向云图(E3－180°)

Fig. 11-21　Axial cloud chart of Si_3N_4 powder volume fraction (E3－180°)

(2) Si_3N_4 粉体体积分数的径向云图分析

底结构与壁结构之间为90°时单体底-壁组合结构的 Si_3N_4 粉体的体积分数径向云图如图11-22所示：0.18～0.20的 Si_3N_4 粉体体积分数占总体积的27%，Si_3N_4 粉体主要集中在主轴附近，部分 Si_3N_4 粉体集中在底结构处，可以看出，Si_3N_4 粉体存在部分堆积。Si_3N_4 粉体在0.15～0.17区域集中在旋转室壁部和粉碎铰刀之间，此处粉体堆积较少。

底结构与壁结构之间为135°时单体底-壁组合结构的 Si_3N_4 粉体的体积分数径向云图如图11-23所示：0.18～0.20的 Si_3N_4 粉体体积分数占总体积的36%，主要集中在主轴附近，部分集中在底结构处，Si_3N_4 粉体的大部分聚集在这里。Si_3N_4 粉体在0.15～0.17区域集中在旋转室壁部和粉碎铰刀之间，此处粉体堆积较少。综上所述，底结构与壁结构之间为135°时单体底-壁组合结构中 Si_3N_4 粉体堆积相对少一点。

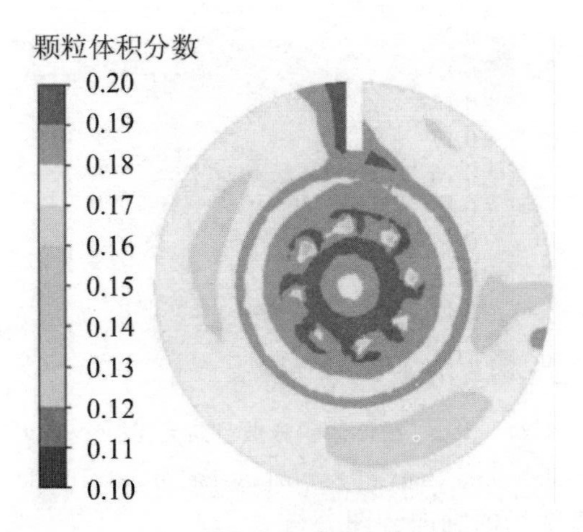

图 11-22　Si_3N_4 粉体体积分数径向云图(E1—90°)

Fig. 11-22　Radial cloud chart of Si_3N_4 powder volume fraction (E1—90°)

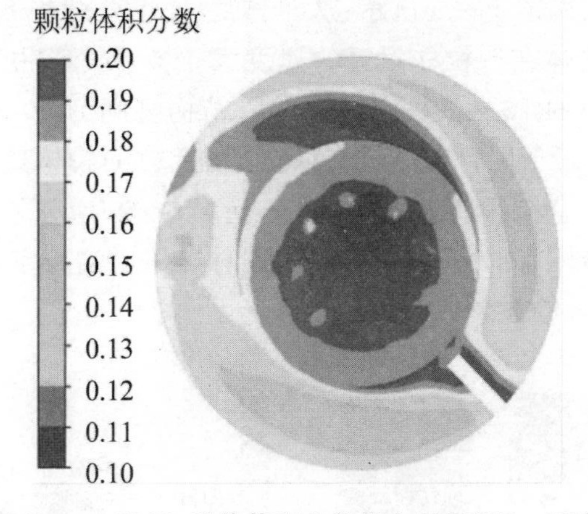

图 11-23　Si_3N_4 粉体体积分数径向云图(E2—135°)

Fig. 11-23　Radial cloud chart of Si_3N_4 powder volume fraction (E2—135°)

底结构与壁结构之间为 180°时单体底-壁组合结构的 Si_3N_4 粉体的体积分数径向云图如图 11-24 所示：Si_3N_4 粉体的体积分数小于 0.14，占总体积的 22%，其中 Si_3N_4 粉体的堆积量较小。大于 0.18 的 Si_3N_4 粉体体积分数占总体积的 10.5%，Si_3N_4 粉体主要集中在主轴附近，其中 Si_3N_4 粉体的堆积较少。综上所述，当底结构与壁结构之间为 180°时单体底-壁组合结构中 Si_3N_4 粉体堆积相对少一点，Si_3N_4 粉体混合效果更好。

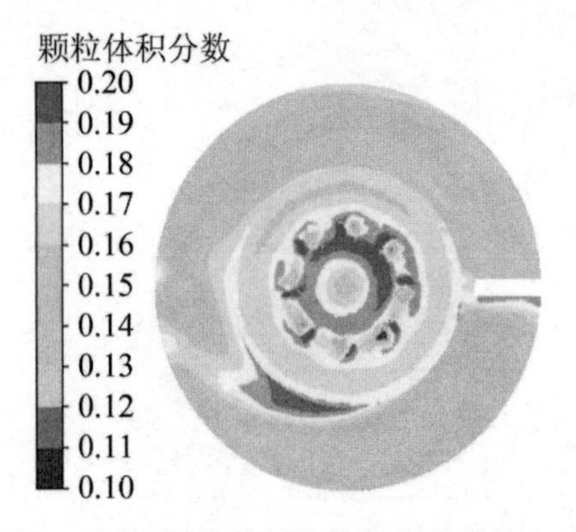

图 11-24　Si_3N_4 粉体体积分数径向云图(E3－180°)

Fig. 11-24　Radial cloud chart of Si_3N_4 powder volume fraction (E3－180°)

(3)Si_3N_4 粉体速度场的轴向云图分析

底结构与壁结构之间为 90°时单体底-壁组合结构 Si_3N_4 粉体的轴向速度云图和轴向速度矢量云图如图 11-25 所示：从单体底-壁组合结构 Si_3N_4 粉体的速度云图可以看出，Si_3N_4 粉体在造粒柱附近的速度大于 0.9m/s，占总体积的 6.7%，速度分布面积占总体积的 73%。从底结构与壁结构之间为 90°时单体底-壁组合结构 Si_3N_4 粉体速度矢量云图可以看出，底部结构上方的粉体速度方向基本上是径向的。粉体沿造粒室壁向搅拌轴移动，进入造粒结构，增强了 Si_3N_4 粉体混合过程。壁结构侧面的粉体有部分沿轴向运动，粉体首先沿造粒室壁上升，然后向搅拌轴下端移动，加大混合趋势。

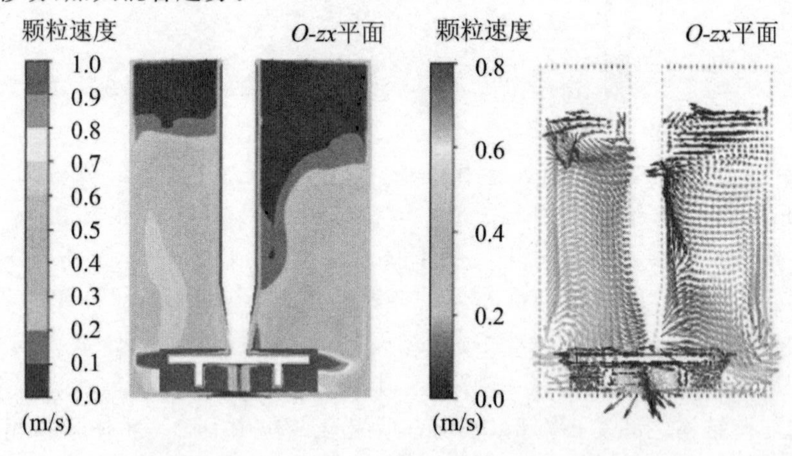

图 11-25　Si_3N_4 粉体速度的轴向云图(E1－90°)

Fig. 11-25　Axial cloud chart of Si_3N_4 powder velocity (E1－90°)

底结构与壁结构之间为 135°时单体底-壁组合结构 Si_3N_4 粉体的轴向速度云图和轴向速度矢量云图如图 11-26 所示：从单体底-壁组合结构 Si_3N_4 粉体的速度云图可以看出，Si_3N_4 粉体在造粒柱附近的速度大于 0.9m/s，占总体积的 7.6%，速度分布面积占总体积的 75%。从底结构与壁结构之间为 135°时单体底-壁组合结构 Si_3N_4 粉体速度矢量云图可以看出，底部结构上方的粉体速度方向基本上是径向的，粉体沿造粒室壁向搅拌轴移动，进入造粒结构，增强了 Si_3N_4 粉体混合过程。壁结构侧面的粉体沿轴向剧烈运动。粉体先沿造粒室壁上升，然后向搅拌轴下端移动，加大混合趋势。当底结构与壁结构之间为 135°时的单体底-壁组合结构可以改善造粒室内的打旋现象，Si_3N_4 粉体混合效果得到改善。

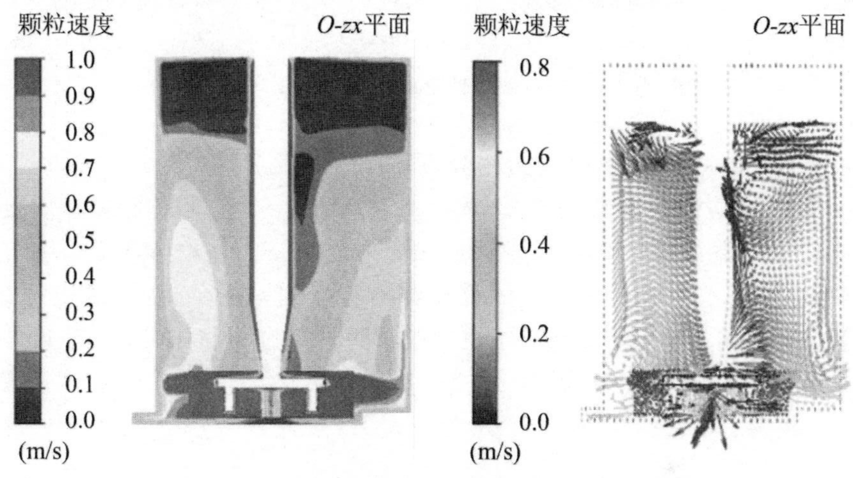

图 11-26　Si_3N_4 粉体速度的轴向云图(E2－135°)

Fig. 11-26　Axial cloud chart of Si_3N_4 powder velocity (E2－135°)

底结构与壁结构之间为 180°时单体底-壁组合结构 Si_3N_4 粉体的轴向速度云图和速度矢量云图如图 11-27 所示：从单体底-壁组合结构 Si_3N_4 粉体的速度云图可以看出，Si_3N_4 粉体在造粒柱附近的速度大于 0.9m/s，占总体积的 8.2%，速度在 0.7～0.9m/s 之间的，主要集中在粉碎铰刀和旋流室附近，速度分布面积占总体积的 78%。从单体底-壁组合结构的 Si_3N_4 粉体的速度矢量云图可以看出，底部结构上方的粉体速度有明显梯度差，粉体沿造粒室壁向搅拌轴移动，进入造粒结构，增强了 Si_3N_4 粉体混合过程。壁结构侧面的粉体沿轴向剧烈运动，粉体先沿造粒室壁上升，然后向搅拌轴下端移动，加大混合趋势。综上所述，底结构与壁结构之间为 180°时单体底-壁组合结构可以更好地改善造粒室内的打旋现象，Si_3N_4 粉体混合效果更好。

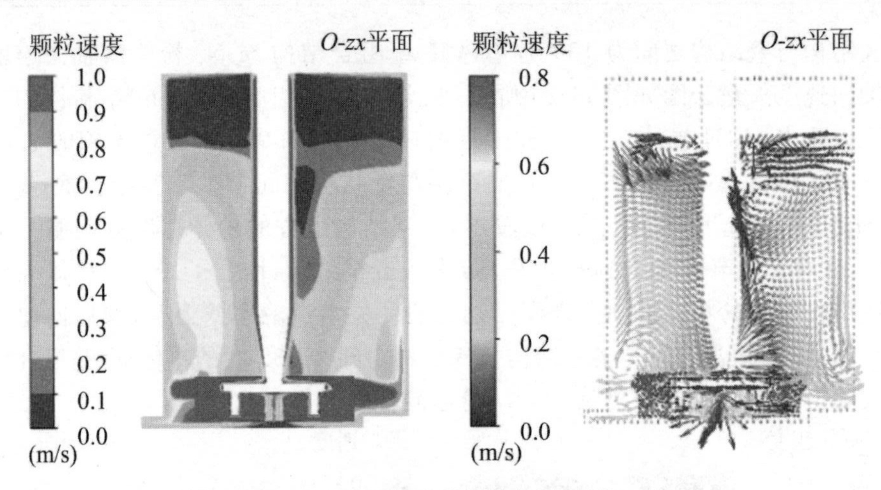

图 11-27　Si_3N_4 **粉体速度的轴向云图**(E3－180°)

Fig. 11-27　Axial cloud chart of Si_3N_4 powder velocity (E3－180°)

(4) Si_3N_4 粉体速度场的径向云图分析

底结构与壁结构之间为 90°时单体底-壁组合结构 Si_3N_4 粉体径向速度云图和速度矢量云图如图 11-28 所示：从单体底-壁组合结构 Si_3N_4 粉体速度云图可以看出，Si_3N_4 粉体速度大于 0.94m/s 的分布在造粒立柱附近，约占总体积的 25%，Si_3N_4 粉体绕搅拌主轴旋转。从底结构与壁结构之间为 90°时单体底-壁组合结构 Si_3N_4 粉体速度矢量云图可以看出，在单体底结构和壁结构处 Si_3N_4 粉体速度方向发生变化，改善了底结构和壁结构处的打旋现象。

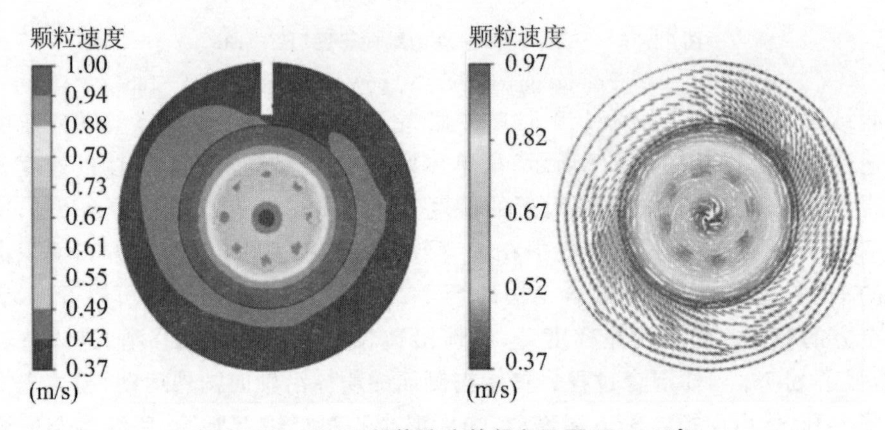

图 11-28　Si_3N_4 **粉体速度的径向云图**(E1－90°)

Fig. 11-28　Radial cloud chart of Si_3N_4 powder velocity (E1－90°)

底结构与壁结构之间为 135°时单体底-壁组合结构 Si_3N_4 粉体径向速度云图和速度矢量云图如图 11-29 所示：从单体底-壁组合结构 Si_3N_4 粉体速度云图可以看出，Si_3N_4 粉体速度大于 0.94m/s 的分布在造粒立柱附近，约占总体积的 24%，Si_3N_4 粉体绕搅拌主轴旋转。综上所述，底结构与壁结构之间为 90°时单体底-壁组合结构 Si_3N_4 粉体速度大于 0.94m/s 所占比例最多。从底结构与壁结构之间为 135°时单体底-壁组合结构 Si_3N_4 粉体速度矢量云图可以看出。在单体底结构和壁结构处 Si_3N_4 粉体速度方向发生变化，改善了底结构和壁结构处的打旋现象，Si_3N_4 粉体混合效果得到改善。

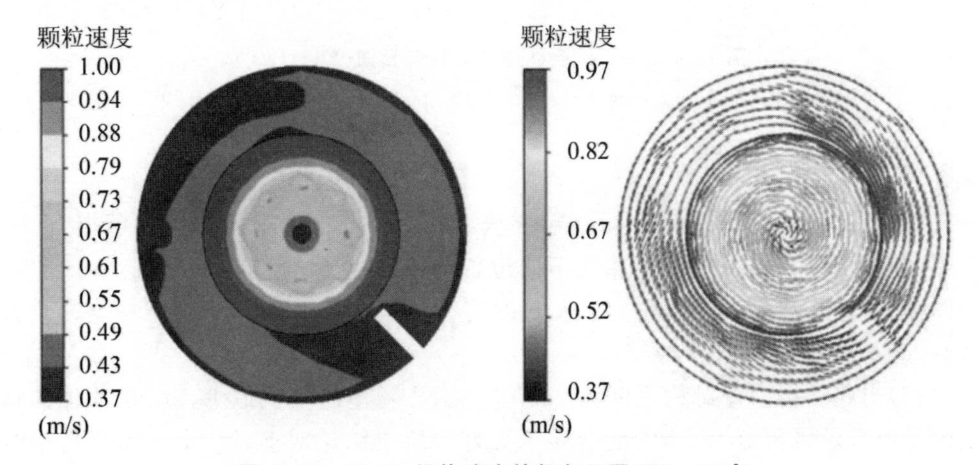

图 11-29　Si_3N_4 粉体速度的径向云图(E2－135°)

Fig. 11-29　Radial cloud chart of Si_3N_4 powder velocity (E2－135°)

底结构与壁结构之间为 180°时单体底-壁组合结构 Si_3N_4 粉体径向速度云图和速度矢量云图如图 11-30 所示：从单体底-壁组合结构 Si_3N_4 粉体的速度云图可以看出，Si_3N_4 粉体速度大于 0.94m/s 的分布在造粒立柱附近，约占总体积的 22%。综上所述，单体底-壁组合结构 Si_3N_4 粉体速度大于 0.95m/s 所占比例最多。从单体底-壁组合结构的 Si_3N_4 粉体的速度矢量云图可以看出，在底结构和壁结构处 Si_3N_4 粉体速度方向均发生变化，改善了底结构和壁结构处的打旋现象。综上所述，底结构与壁结构之间为 180°时单体底-壁组合结构可以更好地改善造粒室内的打旋现象，Si_3N_4 粉体混合效果更好。

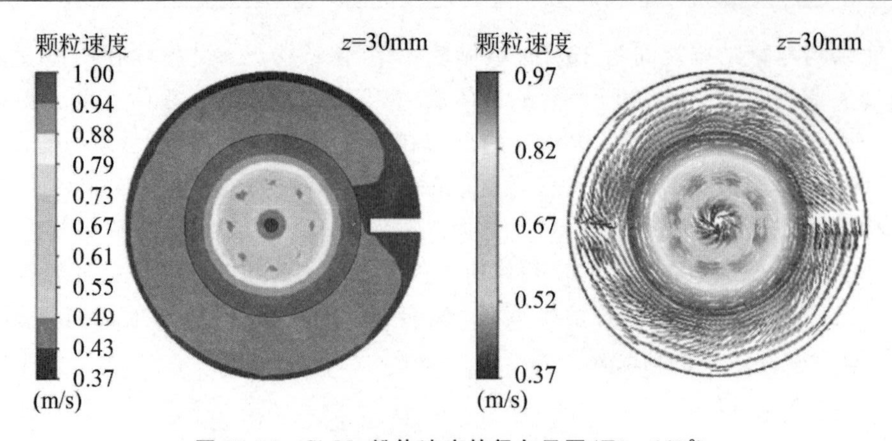

图 11-30　Si_3N_4 粉体速度的径向云图(E3－180°)

Fig. 11-30　Radial cloud chart of Si_3N_4 powder velocity (E3－180°)

11.3.4　结论

(1)利用多相流旋转耦合场制粒方法,通过欧拉-欧拉双流体模型模拟 Si_3N_4 粉体混合过程的研究,分析了加装不同位置单体底-壁组合结构的造粒室内 Si_3N_4 粉体体积分布,速度大小及方向。发现加装不同位置单体底-壁组合结构均能改善 Si_3N_4 粉体的打旋现象。

(2)当底结构与壁结构之间为 180°时,Si_3N_4 粉体的堆积最少,Si_3N_4 粉体的打旋现象改善效果更好,粉体的混合效果更好。所得结论对 Si_3N_4 多相流旋转耦合场制粒方法结构优化具有一定的指导意义。

11.4　实验分析

11.4.1　实验方法和步骤

为了进一步验证数值模拟结果的正确性,对不同底-壁组合结构造粒室制备的 Si_3N_4 颗粒进行实验分析。主要原料为 Si_3N_4 粉末,纯度为 98%。样品制备中使用的添加剂主要有 PVA 黏结剂、增强造粒效果的 SA 和增塑效果的 DBP。将 Si_3N_4 粉末加入造粒室。在旋转耦合场制粒装置的作用下,Si_3N_4 粉末逐渐变成不同粒径的 Si_3N_4 颗粒。造粒后,Si_3N_4 颗粒从造粒室中倒出。分别用 20,40,60,80

目筛对 Si_3N_4 颗粒进行筛分，选择不同的 Si_3N_4 颗粒进行检测和分析。将 20～80 目范围内的 Si_3N_4 颗粒视为有效颗粒，40～60 目范围内的 Si_3N_4 颗粒视为优良颗粒。利用多功能粉末试验机测定了 Si_3N_4 颗粒的休止角、压缩性、均匀度和板角，计算了颗粒的流动性指数。

11.4.2　实验结果分析

表 11-3 显示了不同排列组合结构对 Si_3N_4 颗粒流动性指数的影响。从表中可以看出，在制粒的最佳时间，当两相邻组合结构夹角为 90°时，造粒室制备的 Si_3N_4 颗粒的休止角、板角、均匀度和压缩性分别为 33.29°，34.87°，5.11°，8.17%，流动性指数为 87。当组合结构为 135°时，造粒室制备的 Si_3N_4 颗粒的休止角、板角、均匀性和压缩性分别为 35.98°，35.58°，5.66°，9.47%，流动性指数为 85。当组合结构为 180°时，造粒室制备的 Si_3N_4 颗粒的休止角、板角、均匀度和压缩性分别为 31.24°，34.69°，4.21°，7.62%，流动性指数为 88。结果表明，当组合结构为 180°时，Si_3N_4 颗粒的休止角、板角、均匀性和压缩性最小，流动性指数最高，提高了 Si_3N_4 颗粒的流动性。

表 11-3　旋转室结构对颗粒流动性指数的影响

Table. 11-3　Effect of rotating chamber structure on particle fluidity index

造粒室	休止角/(°)	角度/(°)	均匀度/(°)	压缩比/%	流动指数
90°	33.29	34.87	5.11	8.17	87
135°	35.98	35.58	5.66	9.47	85
180°	31.24	34.69	4.21	7.62	88

11.5　本章小结

(1)本章对旋转室内不同长度单体底-壁结构和不同位置单体底-壁结构进行了探究，通过数值模拟 Si_3N_4 粉体体积分数分布、Si_3N_4 粉体速度场进行分析，从 Si_3N_4 粉体堆积情况、运动趋势等方面研究以上结构分别对多相流旋转耦合场制粒室内流场的影响。从结果可发现，当两相邻组合结构夹角为 180°时的四边形单体底-壁结构能更好地减少 Si_3N_4 粉体在旋转室底部的堆积，提高 Si_3N_4 粉体轴向运动趋势。

(2)实验结果表明，当两相邻组合结构夹角为180°的四边形单体底-壁结构时，Si_3N_4 颗粒流动性指数最高。实验结果与数值模拟结果基本吻合，验证了数值模拟结果的正确性。所得结论对 Si_3N_4 多相流旋转耦合场制粒结构优化具有一定的指导意义。综合以上分析，在分析了单体结构对于旋转室内流场的影响后，对多体底-壁组合结构继续深入研究。

第 12 章　底-壁组合结构空间参数与气-固两相流旋转耦合场制备 Si_3N_4 颗粒混合过程的影响

12.1 引　言

本章内容主要对 Si_3N_4 多相流旋转耦合场制粒工艺中旋转室内空间参数进行参数优化[46]。首先，分别对旋转室内加设多体底-壁组合结构、不同位置多体底-壁结构的流场分析进行了探究；其次，根据数值仿真所得到的结果分别对不同结构的旋转室内 Si_3N_4 粉体的体积分布云图和速度场进行分析；最后，通过实验验证数值模拟结果的正确性。

12.2 多体底-壁组合结构流场分析

12.2.1 模拟区域简化

图 12-1 为多体底-壁组合结构 Si_3N_4 造粒室结构示意图，造粒室高度 L_1 为 300 mm，直径 T 为 235mm。粉碎铰刀直径 d_2 为 128mm，厚度 L_3 为 8mm。造粒柱高度 L_5 为 20mm，直径 d_3 为 8mm。初始 Si_3N_4 粉末高度 L_4 为 70 mm。单体底-壁组合结构模型参数中，底结构 L_6 的长度为 10mm，壁结构 L_2 的长度为 290mm，壁结构 d_1 的长度为 10mm，底结构 d_4 长度为 40mm。

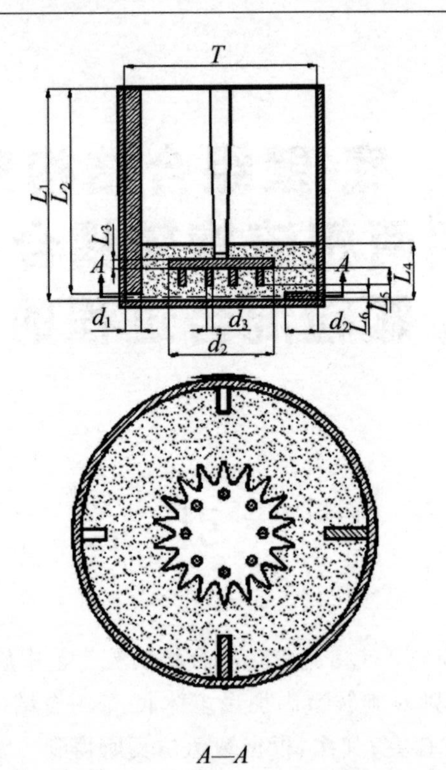

图 12-1　Si_3N_4 造粒室结构示意图

Fig. 12-1　Schematic diagram to Si_3N_4 granulation chamber

12.2.2　物理模型的建立

Si_3N_4 造粒室的结构模型如图 12-2 所示：因为粉碎铰刀和造粒立柱的结构比较复杂。对于粉碎铰刀和造粒立柱可以利用 SolidWorks 软件来进行建模，利用 ICEM 软件建立多体底-壁组合结构的造粒室。多体底-壁组合结构造粒室的计算区域可以分为两部分，粉碎铰刀和造粒立柱附近 5mm 可以设为动态计算区域，其他区域可以设为静态计算区域。动静计算区域所重合的面可以设为交界面，其他都设为壁面。

表 12-1 为多相流旋转耦合场制粒方法研究混合过程边界条件的设置。粉碎铰刀、搅拌主轴的转速为 1 000r/min，旋转室转速为 40r/min 且与搅拌主轴的旋转方向相反。动态计算区域和静态计算区域所重合的面可以设为交界面，其他都设为壁面。

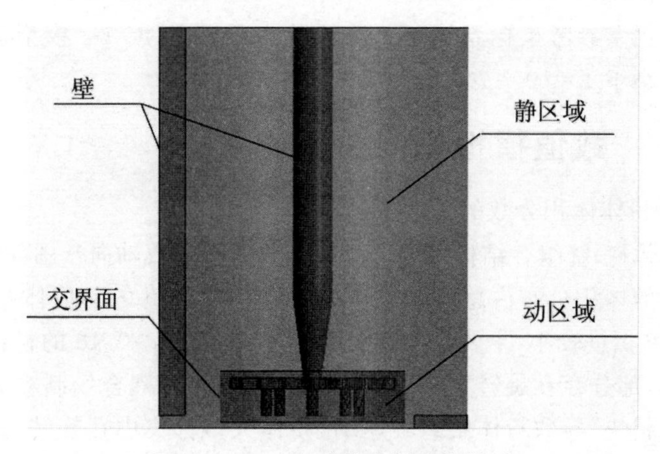

图 12-2　Si_3N_4 造粒室的结构模型

Fig. 12-2　Structure model of Si_3N_4 granulation chamber

表 12-1　Si_3N_4 造粒室边界条件的设置

Tab. 12-1　Setting of boundary conditions in Si_3N_4 granulation chamber

参数	外壁	搅拌轴	铰刀	动区域	静区域
速度/(r·min^{-1})	−40	1 000	1 000	1 000	参考系坐标
边界条件	壁面	壁面	壁面	交界面	交界面

图 12-3 显示了 Si_3N_4 多体底-壁组合结构造粒室中的网格生成。将 Si_3N_4 多体底-壁组合结构造粒室的静态计算区域划分为尺寸为 6mm 的六面体网格。动态计算区域由尺寸为 4 mm 的高度混合四边形网格划分。

(a)静区域网格划分示意图

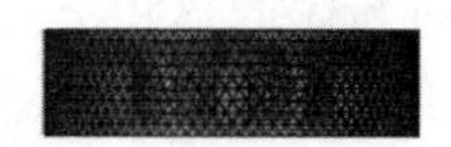

(b)动区域网格划分示意图

图 12-3　Si_3N_4 造粒室网格划分

Fig. 12-3　Mesh generation in Si_3N_4 granulation chamber

利用 fluent 软件对不同位置底-壁组合结构的 Si_3N_4 造粒机进行了流场分析。建立了欧拉一欧拉双流体模型来模拟流场分布。动态计算区采用滑动网格模型，静态计算区采用多参考坐标系模型。湍流状态采用 RNG k-ε 模型进行分析。变量收敛残差应小于 1×10^{-4}。

12.2.3 数值模拟结果分析

(1)Si_3N_4 粉体体积分数的轴向云图分析

四边形单体底-壁组合结构的 Si_3N_4 粉体的体积分数轴向云图如图 12-4 所示：造粒室中粉体的体积分布占总体积的 79%，0.18～0.20 的粉体体积分数占 9%，Si_3N_4 粉体的堆积量较小，主要集中在旋转室底部，0.16～0.18 的粉体体积分数主要集中在壁部，部分存在旋转室底部。由于多相流旋转耦合场制粒方法中的搅拌主轴旋转速度很快，导致粉体做离心运动，粉体大多都集中在旋转室壁面或底部，但是加装单体底-壁组合结构后改善了这种情况，造粒室壁部有部分堆积，底部有少量堆积。Si_3N_4 粉体的混合效果好。

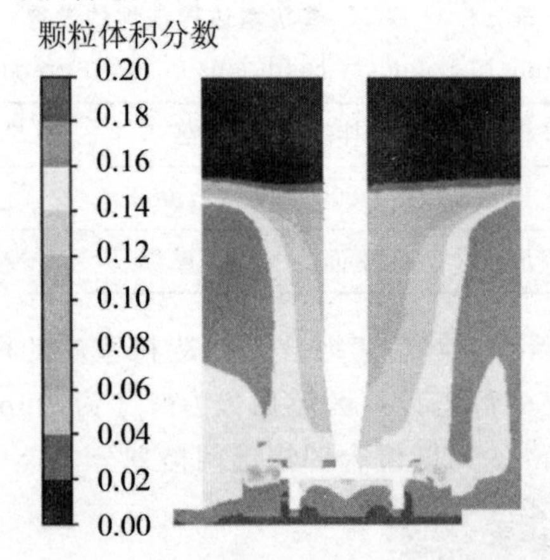

图 12-4　Si_3N_4 粉体体积分数轴向云图(F1—单体底-壁组合结构)

Fig. 12-4　Axial cloud chart of Si_3N_4 particle volume fraction

(F1—Single bottom-wall composite structure)

四边形多体底-壁组合结构的 Si_3N_4 粉体的体积分数轴向云图如图 12-5 所示：造粒室中 Si_3N_4 粉体的体积分布占总体积的 78%，Si_3N_4 粉体体积分数 0.16～0.20 的占 23%。造粒室壁和底部有少量堆积物。Si_3N_4 粉体体积分数 0.10～0.14 的在搅拌主轴附近，多体底-壁组合结构与单体体底-壁组合结构造粒室中 Si_3N_4 粉体的体积分布基本相同。但多体底-壁组合结构 Si_3N_4 粉体在底部和壁部中比单体底-壁组合结构的 Si_3N_4 粉体堆积都要少，Si_3N_4 粉体混合效果更好。

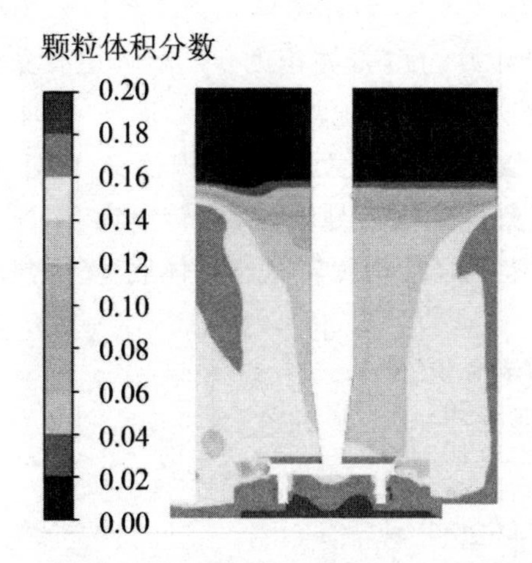

图 12-5　Si_3N_4 粉体体积分数轴向云图(F2—多体底-壁组合结构)

Fig. 12-5　Axial cloud chart of Si_3N_4 particle volume fraction

(F2—multi-body bottom-wall composite structure)

(2) Si_3N_4 粉体体积分数的径向云图分析

四边形单体底-壁组合结构的 Si_3N_4 粉体的体积分数径向云图如图 12-6 所示：Si_3N_4 粉体的体积分数小于 0.13，占总体积的 19.8%，其中 Si_3N_4 粉体的堆积量较小。大于 0.18 的 Si_3N_4 粉体体积分数占总体积的 10.5%，Si_3N_4 粉体主要集中在主轴附近，其中 Si_3N_4 粉体的堆积较少。综上所述，单体底-壁组合结构的 Si_3N_4 粉体的混合效果好。

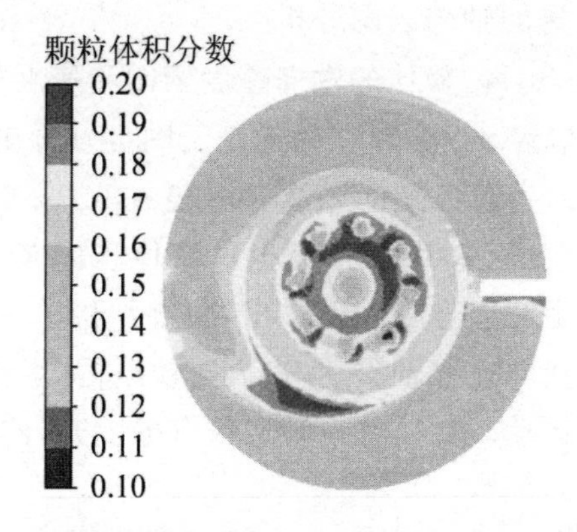

图 12-6　Si_3N_4 粉体体积分数径向云图(F1—单体底-壁组合结构)

Fig. 12-6　Radial cloud chart of Si_3N_4 particle volume fraction

(F1—Single bottom-wall composite structure)

多体底-壁组合结构的 Si_3N_4 粉体的体积分数径向云图如图 12-7 所示：0.18～0.20 的 Si_3N_4 粉体体积分数约占总体积的 16.3％，主要集中在主轴附近。Si_3N_4 粉体的聚集在这里比较明显，但其他堆积很少，Si_3N_4 粉体在 0.15～0.17 区域集中在旋转室壁部和粉碎铰刀之间，此处粉体堆积较少，此处多相流旋转耦合场制粒方法旋转室内的打旋现象得到很好地改善，旋转室内 Si_3N_4 粉体的混合效果比较好。综上所述，多体底-壁组合结构旋转室比单体底-壁组合结构旋转室内 Si_3N_4 粉体的混合效果更好。

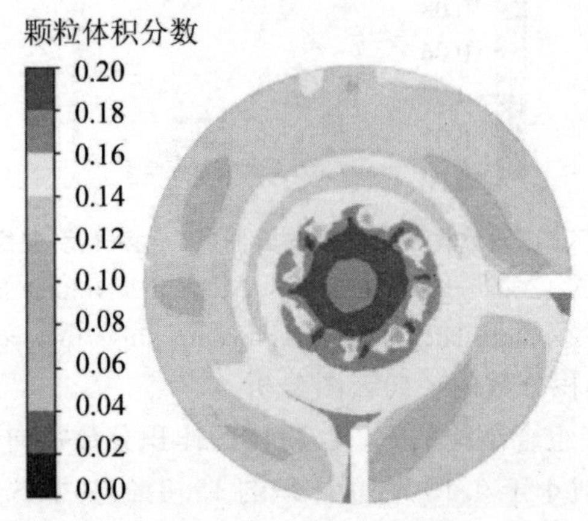

图 12-7 Si_3N_4 粉体体积分数径向云图（F2－**多体底-壁组合结构**）

Fig. 12-7 Radial cloud chart of Si_3N_4 particle volume fraction

(F2－multi-body bottom-wall composite structure)

(3)Si_3N_4 粉体速度场的轴向云图分析

单体底-壁组合结构 Si_3N_4 粉体的轴向速度云图和速度矢量轴向云图如图12-8所示：从单体底-壁组合结构 Si_3N_4 粉体的速度云图可以看出，Si_3N_4 粉体在造粒柱附近的速度大于 0.9m/s，占总体积的 8.2％，速度在 0.7～0.9m/s 之间的，主要集中在粉碎铰刀和旋流室附近，速度分布面积占总体积的 78％。从单体底-壁组合结构的 Si_3N_4 粉体的速度矢量云图可以看出，底部结构上方的粉体速度有明显的梯度差。粉体沿造粒室壁向搅拌轴移动，进入造粒结构，增强了混合趋势。壁结构侧面的粉体沿轴向剧烈运动。粉体首先沿造粒室壁上升，然后向搅拌轴下端移动，加大混合趋势。

多体底-壁组合结构的 Si_3N_4 粉体的速度云图和速度矢量云图如图 12-9 所示：从多体底-壁组合结构 Si_3N_4 粉体的速度云图可以看出，Si_3N_4 粉体在造粒柱附近的速度大于 0.9m/s，占总体积的 21.2％，速度分布面积占总体积的 73％。从多体

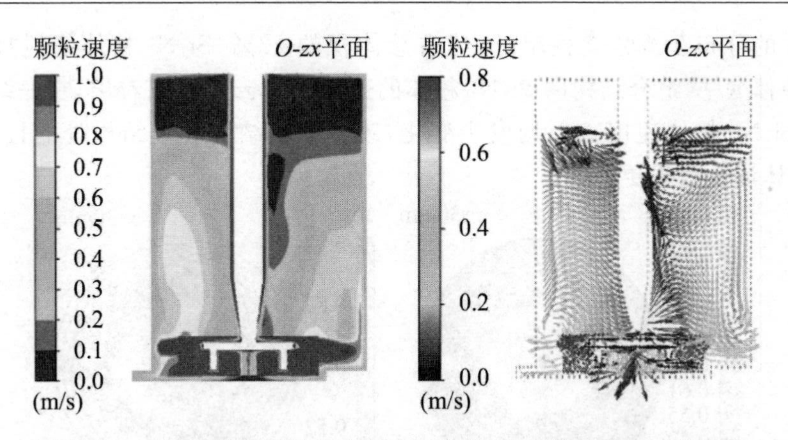

图 12-8　Si_3N_4 粉体速度场的轴向云图(F1—单体底-壁组合结构)

Fig. 12-8　Axial cloud chart of velocity field of Si_3N_4 particles

(F1—Single bottom-wall composite structure)

底-壁组合结构 Si_3N_4 粉体速度矢量云图可以看出,底部结构上方的粉体速度方向基本上是径向的。粉体沿造粒室壁向搅拌轴移动,进入造粒结构,增强了造粒趋势。壁结构侧面的粉体沿轴向剧烈运动。粉体首先沿造粒室壁上升,然后向搅拌轴下端移动,加大混合趋势。综上所述,加装多体底-壁组合结构更好地改善了轴向和径向的打旋现象,Si_3N_4 粉体的混合效果更好。

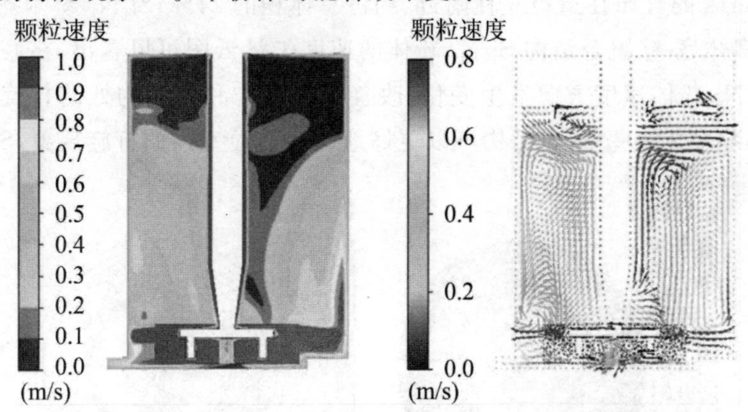

图 12-9　Si_3N_4 粉体速度场的轴向云图(F2—多体底-壁组合结构)

Fig. 12-9　Axial cloud chart of velocity field of Si_3N_4 particles

(F2—multi-body bottom-wall composite structure)

(4)Si_3N_4 粉体速度场的径向云图分析

单体底-壁组合结构 Si_3N_4 粉体径向速度云图和速度矢量云图如图 12-10 所示:从单体底-壁组合结构 Si_3N_4 粉体的速度云图可以看出,Si_3N_4 粉体速度大于

0.94m/s 的分布在造粒立柱附近，约占总体积的 22%，Si_3N_4 粉体绕搅拌主轴旋转。从单体底-壁组合结构的 Si_3N_4 粉体的速度矢量云图可以看出，在底结构和壁结构处 Si_3N_4 粉体速度方向均发生变化，改善了底结构和壁结构处的打旋现象，Si_3N_4 粉体混合效果更好。

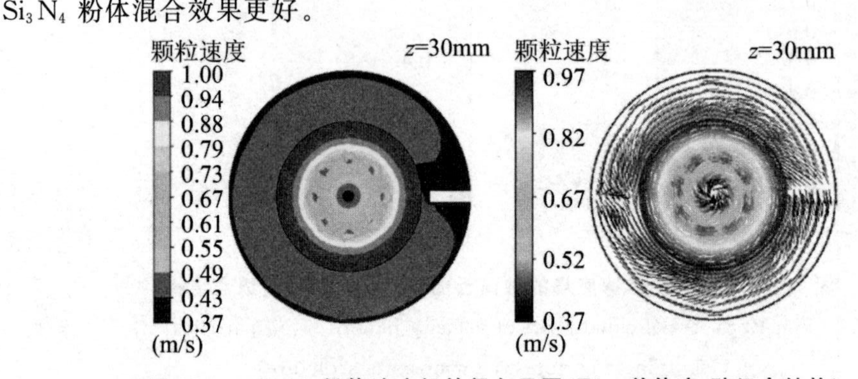

图 12-10　Si_3N_4 粉体速度场的径向云图（F1—单体底-壁组合结构）

Fig. 12-10　Radial cloud chart of velocity field of Si_3N_4 particles

（F1—Single bottom-wall composite structure）

多体底-壁组合结构 Si_3N_4 粉体的径向速度云图和速度矢量轴向云图如图 12-11 所示：从多体底-壁组合结构 Si_3N_4 粉体的速度云图可以看出，Si_3N_4 粉体速度大于 0.94m/s 的分布在造粒立柱附近，约占总体积的 24%，Si_3N_4 粉体绕搅拌主轴旋转。从多体底-壁组合结构 Si_3N_4 粉体的速度矢量云图可以看出，在底结构和壁结构处 Si_3N_4 粉体速度方向发生变化，改善了底结构和壁结构处的打旋现象。综上所述，加装多体底-壁组合结构可以更好地改善造粒室内的打旋现象，Si_3N_4 粉体混合效果更好。

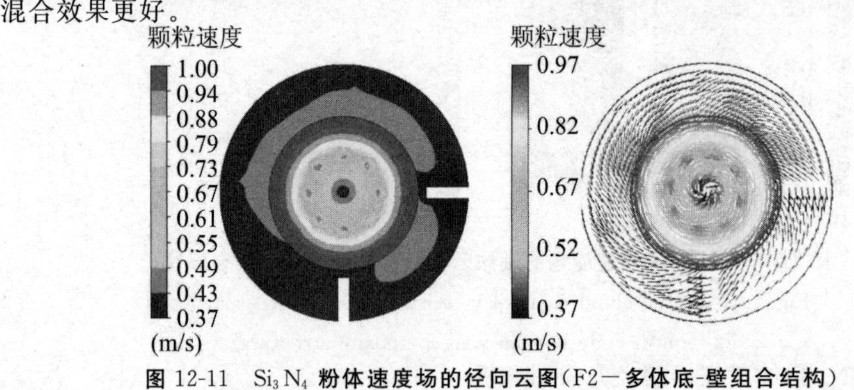

图 12-11　Si_3N_4 粉体速度场的径向云图（F2—多体底-壁组合结构）

Fig. 12-11　Radial cloud chart of velocity field of Si_3N_4 particles

（F2—multi-body bottom-wall composite structure）

12.2.4　结论

(1)由数值模拟结果可知,加装多体底-壁组合结构时,底部结构上方的粉体速度有明显的梯度差。粉体沿造粒室壁向搅拌轴移动,进入造粒结构,增强了混合趋势。壁结构侧面的粉体沿轴向剧烈运动,形成明显的速度梯度差,加大混合趋势。Si_3N_4 粉体的堆积减少,Si_3N_4 粉体的打旋现象改善效果更好,粉体的混合效果更好。

(2)当加装四边形多体底-壁组合结构时,发现四边形多体底-壁组合结构比四边形单体底-壁组合结构更有利于粉体的轴向运动。堆积现象相比于四边形单体底-壁组合结构旋转室时有所减弱。粉体的混合效果更好。

12.3　不同位置多体底-壁组合结构流场分析

12.3.1　模拟区域简化

图 12-12 为多体底-壁组合结构 Si_3N_4 造粒室结构示意图,造粒室高度 L_1 为 300 mm,直径 T 为 235mm。粉碎铰刀直径 d_2 为 128mm,厚度 L_3 为 8mm。造粒柱高度 L_5 为 20mm,直径 d_3 为 8mm。初始 Si_3N_4 粉末高度 L_4 为 70 mm。单体底-壁组合结构模型参数中,底结构 L_6 的长度为 10mm,壁结构 L_2 的长度为 290mm,壁结构 d_1 的长度为 10mm,底结构 d_4 长度为 40mm。

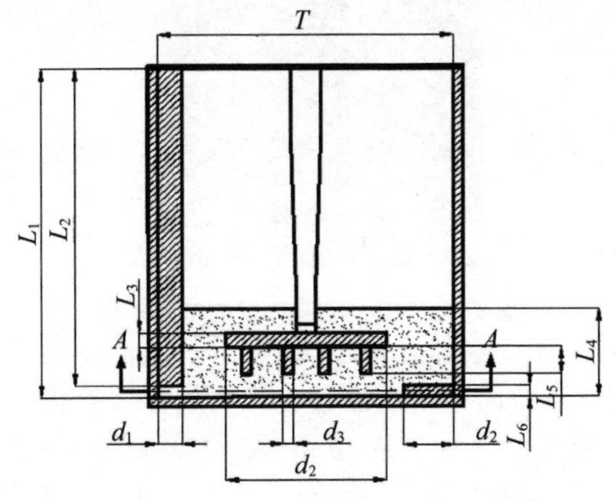

图 12-12　不同位置 Si_3N_4 造粒室结构示意图

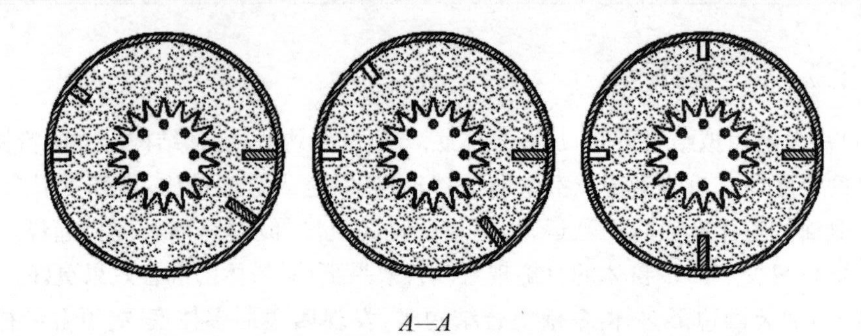

图 12-12　不同位置 Si_3N_4 造粒室结构示意图(续图)

Fig. 12-12　Schematic diagram to granulation chamber

12.3.2　物理模型的建立

图 12-13 显示了 Si_3N_4 造粒室的结构模型。因为粉碎铰刀和造粒立柱的结构比较复杂。对于粉碎铰刀和造粒立柱可以利用 SolidWorks 软件来进行建模,利用 ICEM 软件建立不同位置多体底-壁组合结构的造粒室。不同位置多体底-壁组合结构造粒室的计算区域可以分为两部分,粉碎铰刀和造粒立柱附近 5mm 可以设为动态计算区域,其他区域可以设为静态计算区域。动静计算区域所重合的面可以设为交界面,其他都设为壁面。

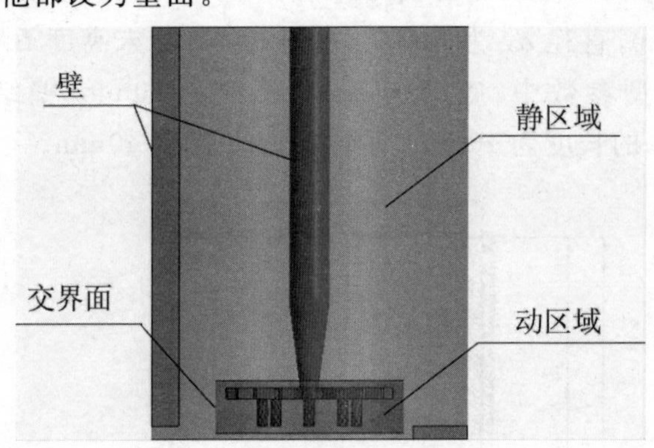

图 12-13　Si_3N_4 造粒室的结构模型

Fig. 12-13　Structure model of Si_3N_4 granulation chamber

表 12-2 为多相流旋转耦合场制粒方法研究混合过程边界条件的设置。粉碎铰刀、搅拌主轴的转速为 1 000r/min,旋转室转速为 40r/min 且与搅拌主轴的旋转方向相反。动态计算区域和静态计算区域所重合的面可以设为交界面,其他都设为壁面。

表 12-2　Si_3N_4 造粒室边界条件的设置

Tab. 19-2　Setting of boundary conditions in Si_3N_4 granulation chamber

参数	外壁	搅拌轴	铰刀	动区域	静区域
速度/($r \cdot min^{-1}$)	－40	1 000	1 000	1 000	参考系坐标
边界条件	壁面	壁面	壁面	交界面	交界面

图 12-14 显示了 Si_3N_4 多体底-壁组合结构多相流旋转耦合场制粒方法旋转室内的网格生成。将 Si_3N_4 多体底-壁组合结构多相流旋转耦合场制粒方法旋转室的静态计算区域划分为尺寸为 6mm 的六面体网格。动态计算区域由尺寸为 4 mm 的高度混合四边形网格划分。

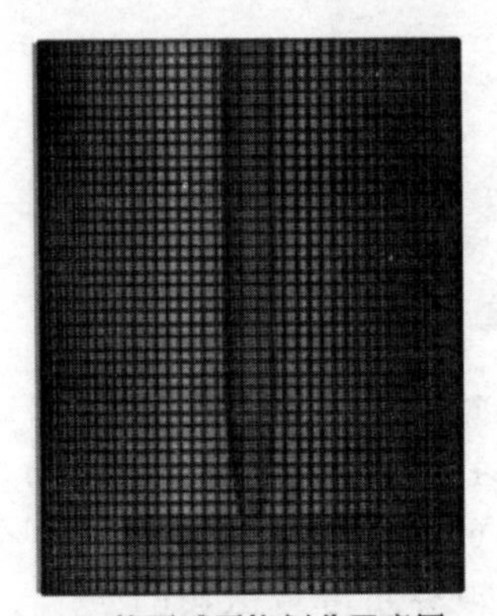

(a)静区域网格划分示意图

(a) Schematic diagram mesh in static zone

(b)动区域网格划分示意图

(b) Schematic diagram mesh in dynamic zone

图 12-14　Si_3N_4 造粒室网格划分

Fig. 12-14　Mesh generation in Si_3N_4 granulation chamber

利用 fluent 软件对不同位置底-壁组合结构的 Si_3N_4 造粒机进行了流场分析。建立了欧拉-欧拉双流体模型来模拟流场分布。动态计算区采用滑动网格模型，静态计算区采用多参考坐标系模型。湍流状态采用 RNG k-ε 模型进行分析。变量收敛残差应小于 1×10^{-4}。

12.3.3　数值模拟结果分析

(1)Si_3N_4 粉体体积分数的轴向云图分析

当多体底-壁组合结构相邻组合结构之间为 40°时，Si_3N_4 粉体的体积分数轴向云图如图 12-15 所示：造粒室中 Si_3N_4 粉体的体积分布占总体积的 72%，Si_3N_4 粉体体积分数 0.16～0.20 的占 44%，造粒室壁和底部有大量堆积物。Si_3N_4 粉体体积分数 0.10～0.14 的在搅拌主轴附近，此处的 Si_3N_4 粉体混合效果比较好。但总体来说，多体底-壁组合结构相邻结构之间为 40°时旋转室中 Si_3N_4 粉体堆积比较严重，粉体混合效果不好。

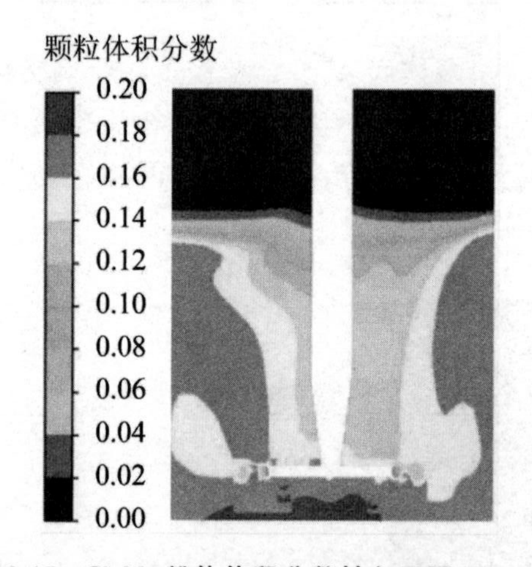

图 12-15　Si_3N_4 粉体体积分数轴向云图(G1－40°)

Fig. 12-15　Axial cloud chart of Si_3N_4 powder volume fraction (G1－40°)

当多体底-壁组合结构相邻组合结构之间为 60°时，Si_3N_4 粉体的体积分数轴向云图如图 12-16 所示：造粒室中 Si_3N_4 粉体的体积分布占总体积的 72%，Si_3N_4 粉体体积分数 0.16～0.20 的占 41%。造粒室壁和底部有大量堆积物。Si_3N_4 粉体体积分数 0.10～0.14 的在搅拌主轴附近，此处的 Si_3N_4 粉体混合效果比较好。但总体来说，多体底-壁组合结构相邻结构之间为 60°时旋转室中 Si_3N_4 粉体堆积比较严重，粉体混合效果不好。

当多体底-壁组合结构相邻组合结构之间为 90°时，Si_3N_4 粉体的体积分数轴向云图如图 12-17 所示：造粒室中 Si_3N_4 粉体的体积分布占总体积的 78%，Si_3N_4 粉体体积分数 0.16～0.20 的占 23%。造粒室壁和底部有少量堆积物，Si_3N_4 粉体体积分数 0.10～0.14 的在搅拌主轴附近，此处的 Si_3N_4 粉体混合效果比较好。多体底-壁组合结构相邻结构之间为 90°时旋转室中 Si_3N_4 粉体的体积分布最多。且多体底-壁组合结构相邻结构之间为 90°时 Si_3N_4 粉体在底部和壁部堆积最少，Si_3N_4 粉体混合效果更好。

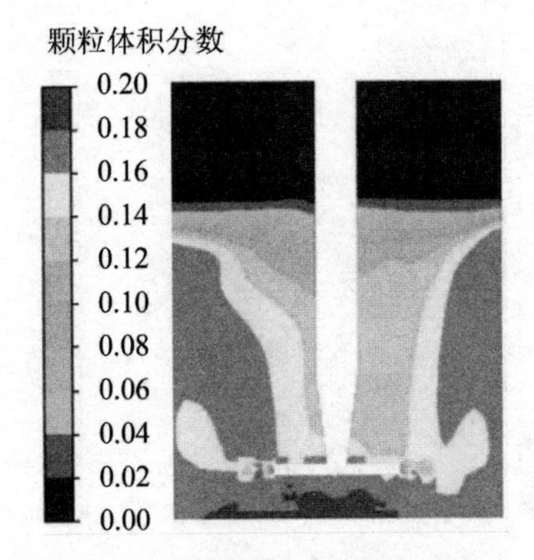

图 12-16　Si_3N_4 **粉体体积分数轴向云图**(G2－60*o*)

Fig. 12-16　Axial cloud chart of Si_3N_4 powder volume fraction (G2－60*o*)

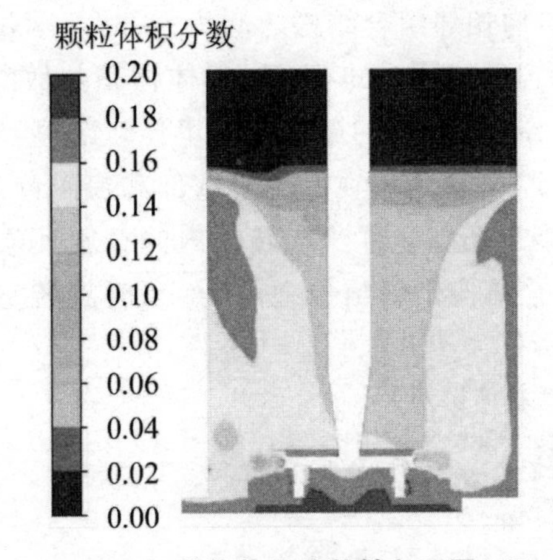

图 12-17　Si_3N_4 **粉体体积分数轴向云图**(G3－90°)

Fig. 12-17　Axial cloud chart of Si_3N_4 powder volume fraction (G3－90°)

(2)Si_3N_4 粉体体积分数的径向云图分析

当多体底-壁组合结构相邻组合结构之间为 40°时，Si_3N_4 粉体的体积分数径向云图如图 12-18 所示：0.18～0.20 的 Si_3N_4 粉体体积分数约占总体积的 25.3%，主要集中在主轴附近。Si_3N_4 粉体的聚集在这里比较明显，但其他堆积也比较多。Si_3N_4 粉体在 0.15～0.17 区域集中在旋转室壁部和粉碎铰刀之间，此处粉体堆积较少，此处多相流旋转耦合场制粒方法旋转室内的打旋现象得到很好的改善，但总体来说，多体底-壁组合结构相邻结构之间为 40°时旋转室中 Si_3N_4 粉体堆积比较严重，粉体混合效果不好。

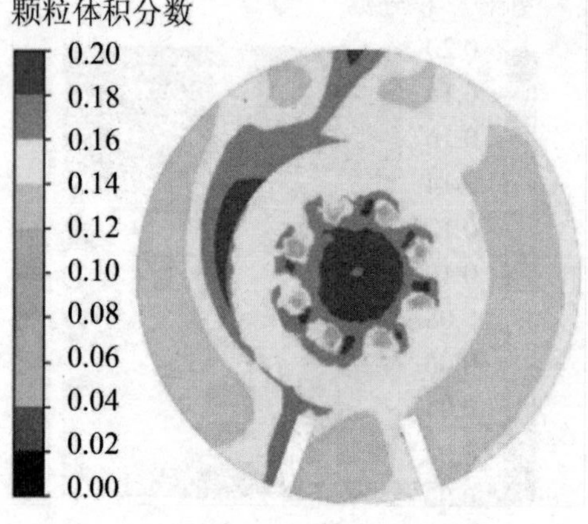

图 12-18　Si_3N_4 粉体体积分数径向云图(G1－40°)

Fig. 12-18　Radial cloud chart of Si_3N_4 powder volume fraction (G1－40°)

当多体底-壁组合结构相邻组合结构之间为 60°时,Si_3N_4 粉体的体积分数轴向云图如图 12-19 所示:0.18～0.20 的 Si_3N_4 粉体体积分数约占总体积的 26.5%,主要集中在主轴附近。Si_3N_4 粉体的聚集在这里比较明显,但其他堆积也比较多。Si_3N_4 粉体在 0.15～0.17 区域集中在旋转室壁部和粉碎铰刀之间,此处粉体堆积较少,此处多相流旋转耦合场制粒方法旋转室内的打旋现象得到很好的改善。但总体来说,多体底-壁组合结构相邻结构之间为 60°时旋转室中 Si_3N_4 粉体堆积比较严重,粉体混合效果不好。

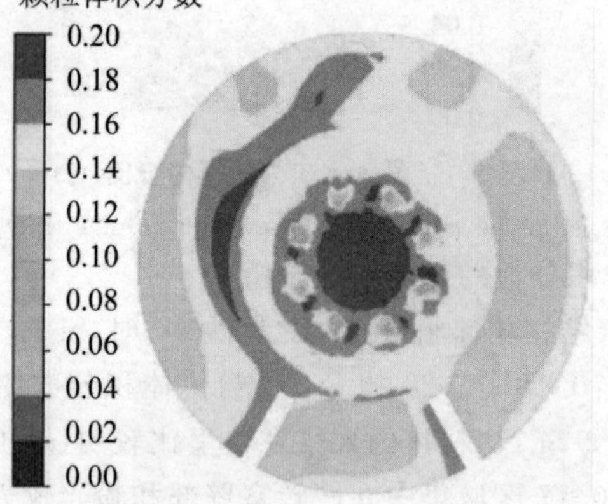

图 12-19　Si_3N_4 粉体体积分数径向云图(G2－60°)

Fig. 12-19　Radial cloud chart of Si_3N_4 powder volume fraction (G2－60°)

当多体底-壁组合结构相邻组合结构之间为 90°时,Si_3N_4 粉体的体积分数轴向云图如图 12-20 所示:0.18～0.20 的 Si_3N_4 粉体体积分数约占总体积的 16.3%,

主要集中在主轴附近。Si_3N_4 粉体的聚集在这里比较明显，但其他堆积很少，Si_3N_4 粉体在 0.15～0.17 区域集中在旋转室壁部和粉碎铰刀之间，此处粉体堆积较少，此处多相流旋转耦合场制粒方法旋转室内的打旋现象得到很好的改善，旋转室内 Si_3N_4 粉体的混合效果比较好。综上所述，相邻组合结构为 90°时 Si_3N_4 粉体的混合效果更好。

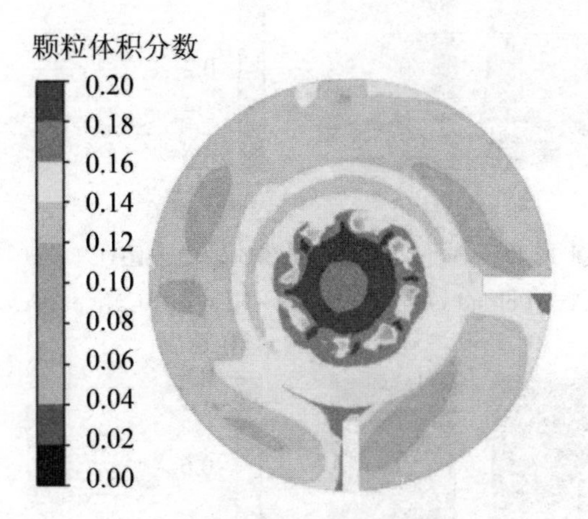

图 12-20　Si_3N_4 粉体体积分数径向云图(G3－90°)

Fig. 12-20　Radial cloud chart of Si_3N_4 powder volume fraction (G3－90°)

(3)Si_3N_4 粉体速度场的轴向云图分析

当相邻组合结构为 40°的多体底-壁组合结构时，Si_3N_4 粉体的轴向速度云图和速度矢量云图如图 12-21 所示：从多体底-壁组合结构的 Si_3N_4 粉体的速度云图可以看出，Si_3N_4 粉体在造粒柱附近的速度大于 0.9m/s，占总体积的 18.2%，速度分布面积占总体积的 73%。从相邻组合结构为 40°的多体底-壁组合结构 Si_3N_4 粉体速度矢量云图可以看出，壁结构侧面的粉体沿轴向剧烈运动。粉体首先沿造粒室壁上升，然后向搅拌轴下端移动，加大 Si_3N_4 粉体的混合。

当相邻组合结构为 60°的多体底-壁组合结构时，Si_3N_4 粉体的轴向速度云图和速度矢量云图如图 12-22 所示：从多体底-壁组合结构的 Si_3N_4 粉体的速度云图可以看出，Si_3N_4 粉体在造粒柱附近的速度大于 0.9m/s，占总体积的 18.9%，速度分布面积占总体积的 73%。从相邻组合结构为 60°的多体底-壁组合结构 Si_3N_4 粉体速度矢量云图可以看出，壁结构侧面的粉体沿轴向剧烈运动。粉体首先沿造粒室壁上升，然后向搅拌轴下端移动，加大 Si_3N_4 粉体的混合。

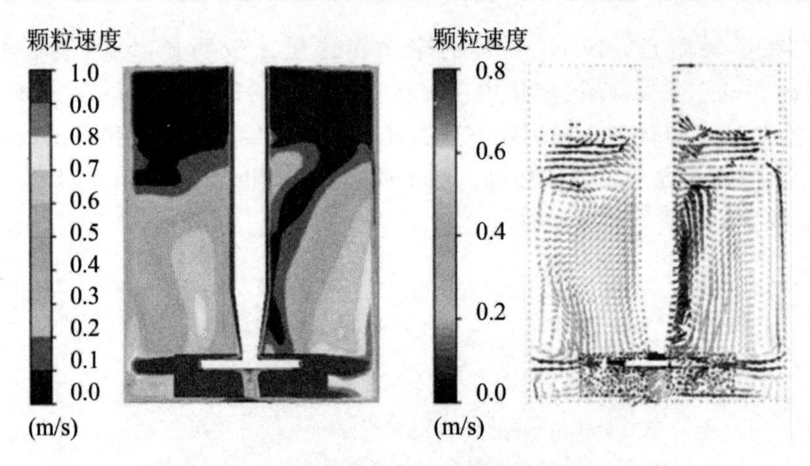

图 12-21　Si_3N_4 粉体速度场的轴向云图(G1－40°)

Fig. 12-21　Axial cloud chart of velocity field of Si_3N_4 particles (G1－40°)

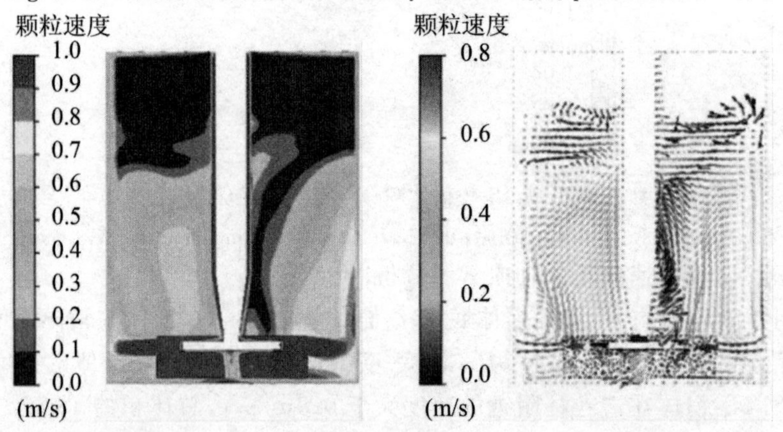

图 12-22　Si_3N_4 粉体速度场的轴向云图(G2－60°)

Fig. 12-22　Axial cloud chart of velocity field of Si_3N_4 particles (G2－60°)

当相邻组合结构为 90°的多体底-壁组合结构时,Si_3N_4 粉体的轴向速度云图和速度矢量云图如图 12-23 所示:Si_3N_4 粉体在造粒柱附近的速度大于 0.9m/s,占总体积的 21.2%,速度分布面积占总体积的 75%。从相邻组合结构为 90°的多体底-壁组合结构 Si_3N_4 粉体速度矢量云图可以看出,底部结构上方的粉体速度方向基本上是径向的。粉体沿造粒室壁向搅拌轴移动,进入造粒结构,增强 Si_3N_4 粉体的混合。壁结构侧面的粉体沿轴向剧烈运动。粉体首先沿造粒室壁上升,然后向搅拌轴下端移动,加大混合趋势。综上所述,相邻组合结构为 90°的多体底-壁组合结构更好地改善了轴向和径向的打旋现象,Si_3N_4 粉体的混合效果更好。

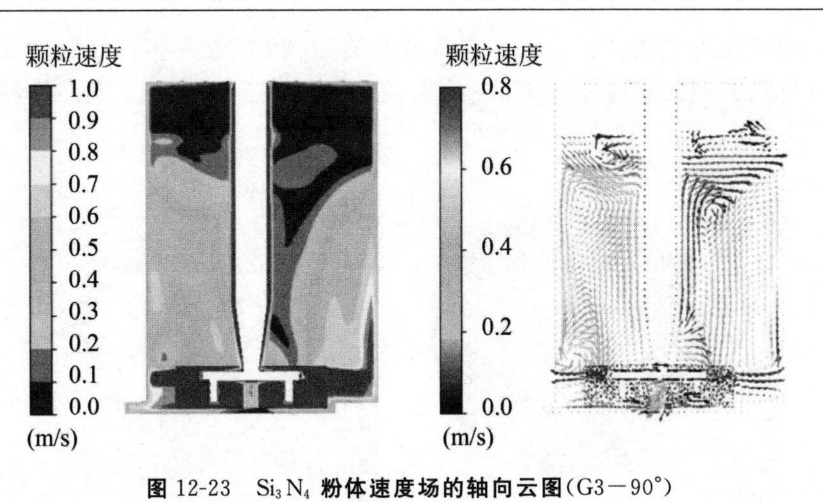

图 12-23 Si_3N_4 粉体速度场的轴向云图(G3－90°)

Fig. 12-23 Axial cloud chart of velocity field of Si_3N_4 particles (G3－90°)

(4)Si_3N_4 粉体速度场的径向云图分析

当相邻组合结构为40°的多体底-壁组合结构时,Si_3N_4 粉体的径向速度云图和速度矢量云图如图 12-24 所示:从多体底-壁组合结构 Si_3N_4 粉体速度云图可以看出,Si_3N_4 粉体速度大于 0.94m/s 的分布在造粒立柱附近,约占总体积的 23%,Si_3N_4 粉体绕搅拌主轴旋转。从多体底-壁组合结构 Si_3N_4 粉体速度矢量云图可以看出,在底结构和壁结构处 Si_3N_4 粉体速度方向发生变化,改善了底结构和壁结构处的打旋现象。

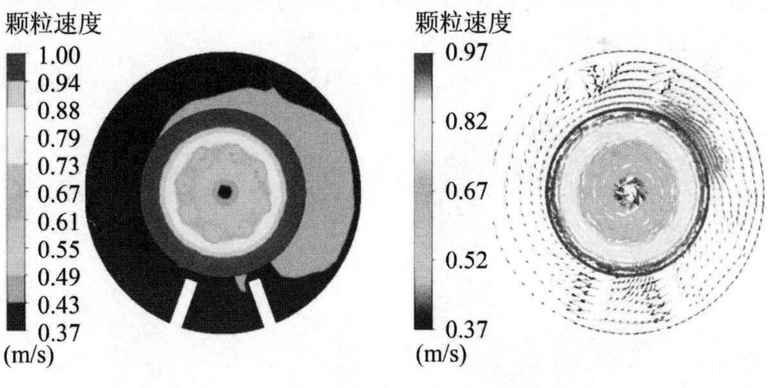

图 12-24 Si_3N_4 粉体速度场的径向云图(G1－40°)

Fig. 12-24 Radial cloud chart of velocity field of Si_3N_4 particles (G1－40°)

当相邻组合结构为60°的多体底-壁组合结构时,Si_3N_4 粉体的径向速度云图和速度矢量云图如图 12-25 所示:从多体底-壁组合结构 Si_3N_4 粉体速度云图可以看出,Si_3N_4 粉体速度大于 0.94m/s 的分布在造粒立柱附近,约占总体积的 23%,

Si_3N_4 粉体绕搅拌主轴旋转。从多体底-壁组合结构 Si_3N_4 粉体速度矢量云图可以看出，在底结构和壁结构处 Si_3N_4 粉体速度方向发生变化，改善了底结构和壁结构处的打旋现象，但改善效果不是很明显。

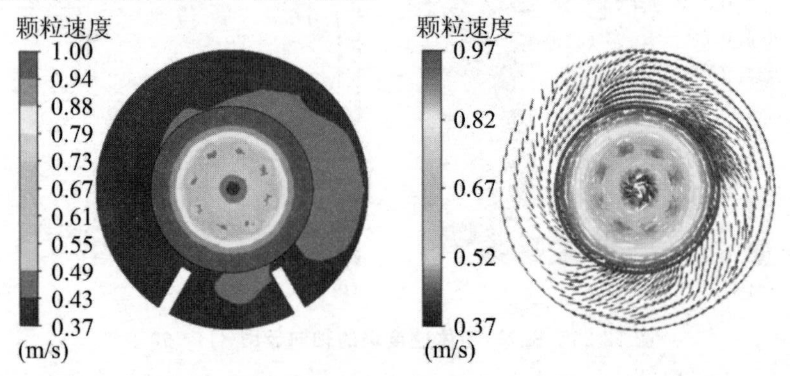

图 12-25　Si_3N_4 粉体速度场的径向云图(G2－60°)

Fig. 12-25　Radial cloud chart of velocity field of Si_3N_4 particles (G2－60°)

当相邻组合结构为 90°的多体底-壁组合结构时，Si_3N_4 粉体的径向速度云图和速度矢量云图如图 12-26 所示：从多体底-壁组合结构 Si_3N_4 粉体速度云图可以看出，Si_3N_4 粉体速度大于 0.94m/s 的分布在造粒立柱附近，约占总体积的 24%，Si_3N_4 粉体绕搅拌主轴旋转。从多体底-壁组合结构 Si_3N_4 粉体速度矢量云图可以看出，在底结构和壁结构处 Si_3N_4 粉体速度方向发生变化，改善了底结构和壁结构处的打旋现象。综上所述，相邻组合结构为 90°的多体底-壁组合结构可以更好地改善造粒室内的打旋现象，Si_3N_4 粉体混合效果更好。

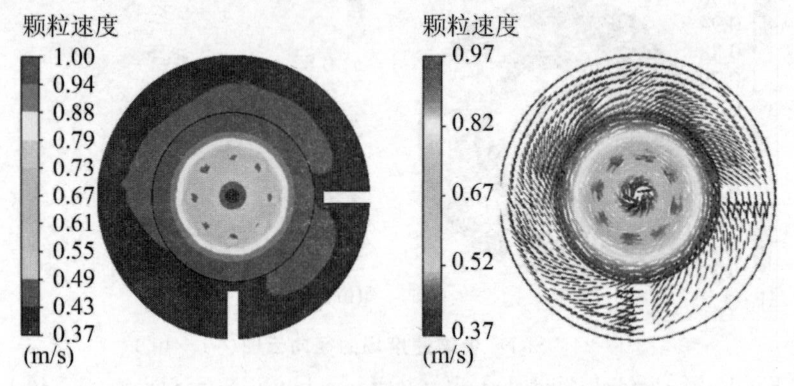

图 12-26　Si_3N_4 粉体速度场的径向云图(G3－90°)

Fig. 12-26 Radial cloud chart of velocity field of Si_3N_4 particles (G3－90°)

12.3.4　结论

(1)利用多相流旋转耦合场制粒方法，通过欧拉-欧拉双流体模型模拟 Si_3N_4 粉体混合过程的研究。分析了加装不同位置多体底-壁组合结构的造粒室内 Si_3N_4 粉体体积分布、速度大小及方向。发现加装不同位置多体底-壁组合结构均能改善 Si_3N_4 粉体的打旋现象。

(2)当相邻组合结构为 90°时，Si_3N_4 粉体的堆积最少，Si_3N_4 粉体的打旋现象改善效果更好，粉体的混合效果更好。所得结论对 Si_3N_4 多相流旋转耦合场制粒方法结构优化具有一定的指导意义。

12.4　实验分析

12.4.1　实验方法和步骤

为了进一步验证数值模拟结果的正确性，对单体底-壁组合结构和多体底-壁组合结构造粒室制备的 Si_3N_4 颗粒进行了实验分析。主要原料为 Si_3N_4 粉末，纯度为 98%。样品制备中使用的添加剂主要有 PVA 黏结剂、增强造粒效果的 SA 和增塑效果的 DBP。将 Si_3N_4 粉末加入造粒室。在旋转耦合场制粒装置作用下，Si_3N_4 粉末逐渐变成不同粒径的 Si_3N_4 颗粒。造粒后，Si_3N_4 颗粒从造粒室中倒出。分别用 20，40，60，80 目筛对 Si_3N_4 颗粒进行筛分，选择不同的 Si_3N_4 颗粒进行检测和分析。将 20～80 目范围内的 Si_3N_4 颗粒视为有效颗粒，40～60 目范围内的 Si_3N_4 颗粒视为优良颗粒。利用多功能粉末试验机测定了 Si_3N_4 颗粒的休止角、压缩性、均匀度和板角，计算了颗粒的流动性指数。

12.4.2　实验结果分析

表 12-3 显示了单体底-壁组合结构和多体底部组合结构对 Si_3N_4 颗粒流动性指数的影响。从表中可以看出，在制粒的最佳时间，当为单体底-壁组合结构时，造粒室制备的 Si_3N_4 颗粒的休止角、板角、均匀度和压缩性分别为 33.29°，34.87°，5.11°，8.17%。流动性指数为 87。当为多体底部组合结构时，造粒室制备的 Si_3N_4 颗粒的休止角、板角、均匀度和压缩性分别为 31.24°，34.69°，4.21°，7.62%。

流动性指数为 89。结果表明，当组合结构为多体底部组合结构时，Si_3N_4 颗粒的休止角、板角、均匀性和压缩性最小，流动性指数最高，提高了 Si_3N_4 颗粒的流动性，颗粒的粒化效果最好。

表 12-3　组合材料结构布置对 Si_3N_4 颗粒流动性指标的影响

Table. 12-3　Effect of composite structure arrangement on Si_3N_4 particle fluidity index

造粒室	休止角/°	板角/°	均匀度/°	压缩比/%	流动指数
单体	33.29	34.87	5.11	8.17	87
多体	31.24	34.69	4.21	7.62	89

12.5　本章小结

(1)本章对旋转室内多体底-壁结构和不同位置多体底-壁结构进行了探究，通过数值模拟 Si_3N_4 粉体体积分数分布、Si_3N_4 粉体速度场进行分析，从 Si_3N_4 粉体堆积情况、运动趋势等方面研究以上结构分别对多相流旋转耦合场制粒室内流场的影响。从结果可发现，当两相邻组合结构夹角为 90°时的四边形多体底-壁结构能更好地减少 Si_3N_4 粉体在旋转室底部的堆积，提高 Si_3N_4 粉体轴向运动趋势。

(2)实验结果表明，当两相邻组合结构夹角为 90°时的四边形多体底-壁结构时，流动性指数最高。实验结果与数值模拟结果基本吻合，验证了数值模拟结果的正确性。所得结论对 Si_3N_4 多相流旋转耦合场制粒结构优化具有一定的指导意义。

第13章　结论与展望

13.1　结　论

本书对多相流旋转耦合场制粒工艺中的混合阶段进行探究，主要分析了各类Si_3N_4粉体粒化结构对旋转耦合场制粒室内流场的影响，通过数值模拟对比旋转耦合场制粒室内Si_3N_4粉体体积分数分布和Si_3N_4粉体速度场的流场状态；再通过实验分析所制Si_3N_4颗粒流动性、颗粒级配。具体结论如下：

(1)建立了多相流旋转耦合场制备Si_3N_4粉体混合过程的数理模型。模拟粉体和空气的体积分数分布和速度场，为旋转耦合场制备Si_3N_4粉体混合过程的流场状态的分析提供了一定依据。

(2)当加装单体底-壁组合结构时，Si_3N_4粉体的堆积比加装单体底结构或单体壁结构要少，Si_3N_4粉体的打旋现象比加装单体底结构或单体壁结构改善效果更好，粉体的混合效果更好。

(3)当加装单体底-壁组合结构的底结构长度为40cm、底结构和壁结构之间的角度为180°时的四边形单体底-壁结构能更好地减少Si_3N_4粉体在旋转室底部的堆积，提高Si_3N_4粉体轴向运动趋势，增强粉体的混合效果。

(4)当两相邻组合结构夹角为90°时的四边形多体底-壁结构相对于单体底-壁组合结构，能更好地减少Si_3N_4粉体在旋转室底部的堆积，提高Si_3N_4粉体轴向运动趋势，粉体的混合效果更好。

(5) 本课题对于多相流旋转耦合场制粒工艺中旋转室流场的分析提供了理论依据，并在一定程度上提高了Si_3N_4颗粒流动性、级配比及合格率。同时，对Si_3N_4粉体粒化结构进行了优化分析。研究成果对于多相流旋转耦合场制粒工艺技术在生产应用上的推广具有可参考的理论指导意义。

13.2 展　望

本课题只针对 Si_3N_4 粉体在制粒阶段中的粒化过程进行了探究，对 Si_3N_4 粉体成型过程并未深入研究，后续阶段可对 Si_3N_4 粉体的成型过程进行深入研究。

参考文献

[1]Huang C, Zou B, Liu Y, et al. Study on friction characterization and wear-resistance properties of Si_3N_4 ceramic sliding against different high-temperature alloys[J]. Ceramics International, 2016, 42(15):17210-17221.

[2]金卫东，任成祖，王太勇. Si_3N_4 混合陶瓷球轴承滚动接触疲劳性能[J]. 轴承，2004(02):36-40.

[3]Xu Z, Shi X, Zhang Q, et al. Wear and friction of TiAl matrix self-lubricating composites against Si_3N_4 in air at room and elevated temperatures[J]. Tribology Transactions, 2014, 57(6):1017-1027.

[4]刘家文. 环形裂纹位置对有润滑的 Si_3N_4 滚动接触疲劳失效的影响:断裂机理分析[J]. 国外轴承技术，2002(1):24-31.

[5]Thompson S C, Pandit A, Padture N P, et al. Stepwise-Graded Si_3N_4-SiC Ceramics with Improved Wear Properties[J]. Journal of the American Ceramic Society, 2002, 85(8): 2059-2064.

[6]王黎钦，贾虹霞，郑德志，等. 高可靠性陶瓷轴承技术研究进展[J]. 航空发动机，2013，039(002):6-13.

[7]Hvizdoš P, Dusza J, Balázsi C. Tribological properties of Si_3N_4-graphene nanocomposites[J]. Journal of the European Ceramic Society, 2013, 33(12):2359-2364.

[8]吴南星，成飞，余冬玲，陈涛，方长福，廖达海. 陶瓷墙地砖干法制粉造粒过程湿含量数值分析[J]. 人工晶体学报，2016，45(10):2536-2541+2555.

[9]Kalyon D M, Malik M. Axial laminar flow of viscoplastic fluids in a concentric annulus subject to wall slip [J]. Rheologica Acta, 2012, 51(9): 805-820.

[10]Mehdipour I, Khayat K H. Effect of particle-size distribution and specific surface area of different binder systems on packing density and flow characteristics of cement paste[J]. Cement and Concrete Composites, 2017, 78:120-131.

[11]余冬玲，郑琦，邓立钧，等. 陶瓷干法造粒搅拌槽结构对粉体混合效果的影响[J]. 硅酸盐通报，2019，038(005):1442-1447.

[12]N X Wu, L J Deng, D H Liao. Numerical analysis of temperature field in the high speed rotary dry-milling process[C] Materials Science and Engineering Conference Series, 2018,35(6):56-65.

[13]Chu K W, Wang B, Xu D L, et al. CFD-DEM simulation of the gas-solid flow in a cyclone separator[J]. chemical engineering science, 2011, 66(5):834-847.

[14]胡健平，徐国华，史勇杰，等. 基于 CFD-DEM 耦合数值模拟的全尺寸直升机沙盲形成机理[J]. 航空学报，2019，41(03):159-173.

[15]Y. Guo, C. Y. Wu, Thornton C. Modeling gas-particle two-phase flows with complex and moving boundaries using DEM-CFD with an immersed boundary method[J]. Aiche Journal, 2013, 59(4):1075-1087.

[16]黄波，陈晶晶. 基于 CFD-EDEM 重介质旋流器内煤颗粒运动特性分析[J]. 煤矿机械，2015(07):274-276.

[17]Qian F, Huang N, Lu J, et al. CFD-DEM simulation of the filtration performance for fibrous media based on the mimic structure[J]. Computers & Chemical Engineering, 2014, 71:478-488.

[18]喻黎明，谭弘，邹小艳，等. 基于 CFD-DEM 耦合的迷宫流道水沙运动数值模拟[J]. 农业机械学报，2016，047(008):65-71.

[19]Chenlong D , Cheng S , Lingling W , et al. CFD-DEM simulation of fluid-solid flow of a tapered column separation bed[J]. Mining science and technology, 2015, 025(005):855-859.

[20]卢洲，刘雪东，潘兵. 基于 CFD-DEM 方法的柱状颗粒在弯管中输送过程的数值模拟[J]. 中国粉体技术，2011，017(005):65-69.

[21]Peng Z, Doroodchi E, Luo C, et al. Influence of void fraction calculation on fidelity of CFD-DEM simulation of gas-solid bubbling fluidized beds[J]. AIChE Journal, 2014, 60(6):2000-2018.

[22]Maxim R, Fu J S, Pickles M, et al. Modelling effects of processing parameters on granule porosity in high-shear granulation[J]. Granular Matter, 2004, 6(2-3):131-135.

[23]Jerry Westerweel, Gerrit E. Elsinga, Ronald J. Adrian. Particle Image Velocimetry for Complex and Turbulent Flows[J]. Annual Review of Fluid Mechanics, 2013, 45(1):409-436.

[24]吴南星，甘振华，赵增怡，等. 挡板对陶瓷干法造粒气-固两相流混合过程的影响[J]. 硅酸盐通报，2019，38(01):244-250.

[25]吴南星，占甜甜，黄佳雯. 基于 FLUENT 的干法造粒机搅拌器的结构优化[J]. 中国陶瓷，2015，51(07):32-36.

[26]江竹亭，宁翔，赵增怡，等. 单体壁结构对干法制备氧化锆颗粒混合过程的影响[J]. 中国陶瓷，2019，55(12):33-41.

[27]王星星，刘志炎，龙伟民，等. 椭圆底封头十字形挡板搅拌釜内流场研究[J]. 机械工程学报，2014，050(006):156-164.

[28]吴南星，邓立钧，朱祚祥，等. 十字形挡板造粒室内干法制粉混料过程数值模拟[J]. 硅酸盐通报，2018，37(11):178-183.

[29]王彦静，刘宇，崔素萍. 我国建筑陶瓷行业碳排放及减排潜力分析[J]. 材料导报，2018，32(22):3967-3972.

[30]Nguyen T M, Wu Q M J. Robust Student's-t Mixture Model With Spatial Constraints and Its Application in Medical Image Segmentation[J]. IEEE Transactions on Medical Imaging, 2012, 31(1):103-116.

[31]吴南星，赵增怡，花拥斌，宁翔，徐佳杰，廖达海. 陶瓷墙地砖干法制粉造粒立柱与颗粒均匀度的影响[J]. 硅酸盐通报，2017，36(11):3630-3635.

[32]童亮，余罡，彭政，等. 基于 VOF 模型与动网格技术的两相流耦合模拟[J]. 武汉理工大学学报，2008，30(04):525-528.

[33]王维，李佑楚. 颗粒流体两相流模型研究进展[J]. 化学进展，2000，12(2):208-217.

[34]Tenneti S, Subramaniam S. Particle-resolved direct numerical simulation for gas-solid flow. model development[J]. Annual Review of Fluid Mechanics, 2014, 46(1): 199-230.

[35]吴南星，成飞，余冬玲，廖达海，方长福. 陶瓷墙地砖干法造粒机主轴偏心率对造粒效果的研究[J]. 中国陶瓷，2016，52(10):50-53.

[36]Adams D, Yee L, Williams R, et al. CFD Investigation into Diesel PCCI Combustion with Optimized Fuel Injection[J]. Journal of Clinical Epidemiology, 2011, 4(3): 517-531.

[37]余冬玲，花拥斌，吴南星，等. 陶瓷墙地砖干法造粒过程坯料粉体成形与造粒室转速的影响[J]. 硅酸盐通报，2017，36(10):3353-3360.

[38]Galle J, Preziosi L, Tosin A. Contact inhibition of growth described using a multiphase model and an individual cell based model[J]. Applied Mathematics Letters, 2009,22(22):1483-1490.

[39]Stefano Curcio. A multiphase model to analyze transport phenomena in food drying processes. [J]. Drying Technology, 2010, 28(6): 773-785.

[40]谭超，董峰. 多相流过程参数检测技术综述[J]. 自动化学报，2013，39(11):1923-1932.

[41]余冬玲，刘子硕，黄韩凌燕. 陶瓷外墙砖干法造粒坯料颗粒与膨润土含量的影响[J]. 中国陶瓷工业，2019，026(001):9-14.

[42]Fisher G B, Bookhagen B, Amos C B. Channel planform geometry and slopes from freely available high-spatial resolution imagery and DEM fusion: Implications for channel width scalings, erosion proxies, and fluvial signatures in tectonically active landscapes[J]. Geomorphology, 2013, 194(2):46-56.

[43]刘向军，赵燕，徐旭常，等. 稠密气固两相流中颗粒团运动的 DEM 模型研究[J]. 工程热物理学报，2016，27(3):519-522.

[44]Peng Z, Doroodchi E, Luo C, et al. Influence of void fraction calculation on fidelity of CFD-DEM simulation of gas-solid bubbling fluidized beds[J]. Aiche Journal, 2017,60(6):2000-2018.

[45]Ariza-Villaverde A B, Jiménez-Hornero F J, Ravé E G D. Multifractal analysis applied to the study of the accuracy of DEM-based stream derivation[J]. Geomorphology, 2016,197(3):85-95.

[46]Wu N X, Zhan T T, Jiang Z T. The Selection of Ceramic Dry Granulating Machine Spray Device Based on the DPM Model[J]. Applied Mechanics & Materials, 2015, 716-717:573-576.

研究成果及发表的学术论文

1. 相关研究课题

[1]国家自然科学基金,项目名称:基于 CFD-DEM 耦合方法的 Si_3N_4 粉体干法制备机理研究,项目编号:51964022,项目立项时间:2019 年 01 月,余冬玲主持。

[2]国家自然科学基金,项目名称:陶瓷新型节能干法造粒机理及其装备关键技术研究,项目编号:51365018,项目结题时间:2018 年 04 月,吴南星主持。

[3]国家自然科学基金,项目名称:陶瓷技术装备学术前沿与发展战略高层论坛,项目编号:51245007,项目结题时间:2014 年 05 月,吴南星主持。

[4]江西省科技厅自然科学基金,项目名称:陶瓷干法造粒装备基础理论研究,项目编号:20114BAB206005,项目结题时间:2014 年 12 月,吴南星主持。

[5]江西省高等学校科技落地计划项目,项目名称:陶瓷新型节能干法制粉机研制及其基础理论研究,项目编号:KJLD14074,项目结题时间:2017 年 12 月,吴南星主持。

[6]横向课题,项目名称:建筑陶瓷干法制粉装备技术开发,合作单位:安徽赛而特离心机有限公司,项目结题时间:2017 年 12 月,吴南星主持。

[7]江西省教育厅科技项目,多孔陶瓷坯体 3DP 技术成形基础理论研究,项目编号:752002-00258,项目结题时间:2017 年 12 月,廖达海主持。

[8]景德镇市科技局项目,陶瓷墙地砖新型干法造粒制粉技术装备研发(制),项目编号:753004-008,项目结题时间:2018 年 6 月,廖达海主持。

[9]景德镇陶瓷大学校自选项目,陶瓷墙地砖干法制粉坯料成形机理研究,项目结题时间:2016 年 12 月,廖达海主持。

[10]江西省教育厅科技项目,氮化硅陶瓷轴承球表面的缺陷形成机理及性能

优化研究，项目编号：720-05237，项目立项时间：2019 年 11 月，廖达海主持。

[11]江西省教育厅科技项目，干-湿组合式氮化硅粉体颗粒的成形过程及性能研究，项目编号：720-05186，项目立项时间：2019 年 11 月，吴南星主持。

2. 已授权相关专利

[1]吴南星，廖达海，方长福，江竹亭，成飞，黄佳雯，占甜甜，陈正林. 振动搅拌式陶瓷干法造粒机及造粒方法[P]. 江西：CN104906998A，2015-09-16.

[2]余冬玲，刘莉娅，黄韩凌燕，江竹亭，刘子硕，邓佩瑶，吴南星，廖达海. 一种陶瓷干法造粒螺旋进料及壁刮板装置[P]. CN209138566U，2019-07-23.

[3]余冬玲，宁翔，冼倍林，吴南星，江竹亭，廖达海. 一种陶瓷粉体旋转流场式连续混料设备[P]. CN109224981A，2019-01-18.

[4]吴南星，甘振华，王伟，余冬玲，江竹亭，陈涛，廖达海. 一种双螺旋式陶泥挤出造粒机[P]. 江西：CN207522793U，2018-06-22.

[5]吴南星，赵增怡，余冬玲，江竹亭，陈涛，方长福，廖达海，花拥斌，刘幸. 连续式陶瓷干法造粒及分离机[P]. 江西：CN206286031U，2017-06-30.

[6]吴南星，赵增怡，徐佳杰，宁翔，朱祚祥，花拥斌，程章云，刘玉涛. 一种松散型建筑陶瓷干法制粒装置[P]. 江西：CN206276487U，2017-06-27.

[7]吴南星，赵增怡，宁翔，徐佳杰，朱祚祥，程章云，花拥斌，刘玉涛. 一种桶式建筑陶瓷干法多级造粒粉碎装置[P]. 江西：CN206262669U，2017-06-20.

[8]吴南星，赵增怡，宁翔，徐佳杰，朱祚祥，程章云，花拥斌，刘玉涛. 一种桶式建筑陶瓷干法造粒及分离装置[P]. 江西：CN206242214U，2017-06-13.

[9]吴南星，占甜甜，余冬玲，廖达海，江竹亭，陈正林. 一种陶瓷墙地砖干法制粉机[P]. 江西：CN204395900U，2015-06-17.

[10]吴南星，占甜甜，方长福，余冬玲，廖达海，江竹亭. 一种陶瓷搅拌式干法造粒机[P]. 江西：CN204261634U，2015-04-15.

[11]廖达海，朱祚祥，刘玉涛，花拥斌，宁翔，徐佳杰，程章云. 一种陶瓷墙地砖坯料干法造粒及筛分装置[P]. 江西：CN207086043U，2018-03-13.

[12]廖达海，吴南星，余冬玲，江竹亭，成飞，陈涛，方长福，刘玉涛，宁翔. 循环式陶瓷面砖坯料干法造粒装置[P]. 江西：CN206285860U，2017-06-30.

3. 已发表相关学术论文

[1]D H Liao,Q Zheng,Z Y Zhao,N X Wu. Numerical analysis on gas-solid mixing in ceramic dry granulation room with baffles,IOP Conf. Series: Materials Science and Engineering,2019,479(02):21-28.

[2]Wu N X,Deng L J,Liao D H. Numerical analysis of temperature field in the high speed rotary dry-milling process[J]. Materials Science and Engineering Conference Series. Materials Science and Engineering Conference Series,2018:012078.

[3]Wu N X,Bao X,Liao D H,et al. Analysis of Temperature Field on Ceramic Dry Granulation Machine[J]. Advanced Materials Research,2014,951:49-52.

[4]Wu N X,Zhan T T,Jiang Z T. The Selection of Ceramic Dry Granulating Machine Spray Device Based on the DPM Model[J]. Applied Mechanics & Materials,2015,716-717:573-576.

[5]Wu N X,Zhan T T,Liao D H. The Effect of Dry Granulating Machine Spindle Eccentricity on the Granulation[J]. Advanced Materials Research,2015,1094:374-378.

[6]余冬玲,郑琦,邓立钧,吴南星,陈涛,廖达海. 陶瓷干法造粒搅拌槽结构对粉体混合效果的影响[J]. 硅酸盐通报,2019,38(05):1442-1447.

[7]余冬玲,刘子硕,黄韩凌燕. 陶瓷外墙砖干法造粒坯料颗粒与膨润土含量的影响[J]. 中国陶瓷工业,2019,26(01):9-14.

[8]余冬玲,花拥斌,吴南星,廖达海,朱祚祥,刘玉涛. 陶瓷墙地砖干法造粒过程坯料粉体成形与造粒室转速的影响[J]. 硅酸盐通报,2017,36(10):3353-3360.

[9]吴南星,赵增怡,朱祚祥,廖达海,余冬玲,陈涛. 基于铰刀厚度的陶瓷干法造粒混料过程数值分析[J]. 中国粉体技术,2018,24(01):25-31.

[10]吴南星,赵增怡,花拥斌,宁翔,徐佳杰,廖达海. 陶瓷墙地砖干法制粉造粒立柱与颗粒均匀度的影响[J]. 硅酸盐通报,2017,36(11):3630-3635.

[11]吴南星,赵增怡,花拥斌,余冬玲,方长福,廖达海. 建筑陶瓷干法造粒过程坯料颗粒含水率的研究[J]. 陶瓷学报,2017,38(03):421-424.

[12]吴南星,成飞,余冬玲,陈涛,方长福,廖达海. 陶瓷墙地砖干法制粉造粒过

程湿含量数值分析[J]. 人工晶体学报,2016,45(10):2536-2541+2555.

[13]吴南星,成飞,余冬玲,陈涛,方长福,廖达海. 基于 CFD 的建筑陶瓷干法制备过程温度场分析[J]. 人工晶体学报,2016,45(10):2542-2548.

[14]吴南星,成飞,余冬玲,廖达海,方长福. 陶瓷墙地砖干法造粒机主轴偏心率对造粒效果的研究[J]. 中国陶瓷,2016,52(10):50-53.

[15]吴南星,成飞,余冬玲,廖达海,方长福. 陶瓷干法造粒过程温度场对造粒效果的研究[J]. 硅酸盐通报,2016,35(03):837-842.

[16]吴南星,占甜甜,黄佳雯. 基于 FLUENT 的干法造粒机搅拌器的结构优化[J]. 中国陶瓷,2015,51(07):32-36.

[17]吴南星,黄佳雯,占甜甜. 陶瓷干法造粒喷雾装置雾化效果的数值模拟[J]. 陶瓷学报,2015,36(02):185-189.

[18]吴南星,廖达海,占甜甜. 陶瓷干法制粉机搅拌轴偏心距对颗粒分散性的影响[J]. 硅酸盐通报,2014,33(12):3300-3303.

[19]吴南星,鲍星,廖达海,肖志锋. 陶瓷干法造粒机叶片安装高度对造粒效果的影响[J]. 陶瓷学报,2014,35(04):415-418.

[20]吴南星,廖达海,肖志锋. 陶瓷干法造粒机的数值模拟及其优化设计[J]. 陶瓷学报,2014,35(01):82-87.

[21]吴南星,赵增怡,花拥斌,程章云,刘玉涛,廖达海. 旋转流场式陶瓷干法制粉造粒立柱直径对粉体级配的影响[J]. 中国粉体技术,2018,24(03):34-38.

[22]廖达海,朱祚祥,吴南星,江竹亭,陈涛. 基于 CFD 的陶瓷干法制粉造粒室挡板数目优化[J]. 硅酸盐通报,2018,37(05):1667-1674.

[23]廖达海,宁翔,吴南星,江竹亭,陈涛. 陶瓷墙地砖干法制粉坯料颗粒与主轴转速分析[J]. 陶瓷学报,2018,39(02):207-212.

[24]廖达海,朱祚祥,吴南星,余冬玲,陈涛. 陶瓷干法造粒过程坯料颗粒成形与雾化液含量的影响,人工晶体学报,2017,46(08):1442-1449.